进化思维

达尔文对我们世界观的影响

Evolutionair Denken

克里斯·布斯克斯 著

徐纪贵 译

四川人民出版社

图书在版编目（CIP）数据

进化思维：达尔文对我们世界观的影响／（荷）克里斯·布斯克斯著；徐纪贵译. —4版. —成都：四川人民出版社，2022.4
ISBN 978-7-220-12665-9

Ⅰ.①进… Ⅱ.①克…②徐… Ⅲ.①达尔文学说—研究 Ⅳ.①Q111.2

中国版本图书馆CIP数据核字（2022）第007133号

荷兰文原版2006年出版于阿姆斯特丹（2008年第4次印刷），原书名为：Evolutionair denken. De invloed van Darwin op ons wereld-Beeld. 由Uitgeverij Nieuwezijds 出版社出版
©2006, 2018 by Chris Buskes
本书的出版得到NLPVF基金会的支持
图进字 21-2009-24号

JINHUA SIWEI

进化思维
——达尔文对我们世界观的影响

DAERWEN DUI WOMEN SHIJIEGUAN DE YINGXIANG

克里斯·布斯克斯　著　徐纪贵　译

出 品 人	黄立新
责任编辑	韩　波　周晓琴
营销策划	张明辉
装帧设计	戴雨虹
封面设计	蒋宏工作室
责任校对	袁晓红　林　泉
责任印制	许　茜

出版发行	四川人民出版社（成都槐树街2号）
网　　址	http://www.scpph.com
E-mail	scrmcbs@sina.com
新浪微博	@四川人民出版社
微信公众号	四川人民出版社
发行部业务电话	（028）86259624　86259453
防盗版举报电话	（028）86259624
照　　排	四川胜翔数码印务设计有限公司
印　　刷	成都蜀通印务有限责任公司
成品尺寸	170mm×240mm
印　　张	24
字　　数	312千
版　　次	2022年4月第4版
印　　次	2022年4月第1次印刷
书　　号	ISBN 978-7-220-12665-9
定　　价	76.00元

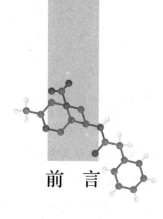

前　言

　　本书的主题是论述查尔斯·达尔文的精神遗产进化论。进化论是从古至今学者所提出的最具说服力且影响最广泛的思想纲领之一。故而任何人都应该学习进化论，哪怕仅仅是想在达尔文的理论所引起的相互对立的论战中表表态也罢。本书旨在提供一个内容丰富而又容易理解的概述，帮助读者多角度地熟悉进化思维——因为其所涉及的，不仅有生物学，而且还有其他许多学科。进化论之所以值得我们认真地加以研究，不单是因为其具有令人觉得意外的简单明了而又说明力强的特点，而且主要是因为这个理论产生了科学、哲学与世界观方面与我们大家都有关联的深远后果。

　　2002年，本人接受了就"达尔文的精神遗产"这个题目为奈梅亨①的拉德伯德大学所开设的跨学科高级讲座研讨班授课的任务，于是产生了撰写此书的想法。因而我也要感谢尊敬的校长吉斯·布洛姆博士教授，是他给予我机会加入这个雄心勃勃的项目，还要感谢协调员亨克·威廉姆斯及其工作人员的出色的组织工作。我同样要衷心感谢雷蒙德·科尔毕、蔡斯·戈尔德施米特和埃斯特班·利瓦斯的激动人心的客座讲学。他们的讲学显著地提高了研讨班的水平。然而应当感谢的，主要还是"达尔文的

---

① 荷兰城市名。

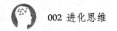

精神遗产"研讨班的参加者——在过去几年里，正是他们，磨砺了我的智慧、我的思想，并且填补了我的知识空白。

我还要感谢我的同事莫妮卡·默艾森和鲍威尔·斯鲁林科，他们不惮辛劳，通读原稿，并添加了很有价值的注释。

写书是一项孤独的、需要专心致志的任务。意识到爱我的人对我的支持，才使我有毅力坐在电脑面前工作许多个小时。谨将本书献给——没有他们，后面的长篇论文就写不出来的——所有的人。

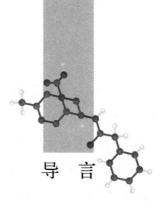

导　言

新思想的征兆

有人认为,在公元纪年的第二个千年,查尔斯·达尔文的杰作《物种起源》所具有的社会意义,犹如第一个千年之《圣经》。无论如何,事实上是达尔文引起了科学史上没有先例的一场彻底的思想变革。达尔文改变了我们关于自身和世界的设想,这是一种根本性的变革,并且是不可逆转的变革,其改变的程度超过了哥白尼、伽利略、牛顿和爱因斯坦所带来的改变。

毫无疑问,进化论具有里程碑式的意义——它是人类历史上最伟大的智力成就之一。此类科学革命的特点是,它们把先前相互隔离的研究领域结合起来,并提出许许多多的新问题,而且最重要的是,使我们能以更敏锐的新眼光观察世界。这一切也适合于,并且在越来越高的程度上适合于进化论。这是因为,达尔文的开创性发现,开启了一个崭新的思考切入点,我们正开始理解其为数众多的内在含义。最重要的也许是,我们无需引证超自然的教义①,就能理解生命之进化和人的产生。

达尔文推翻了他那个时代居于主导地位的世界观。在2000多年的时间

————————————
① 超自然的教义,指《圣经》中关于上帝创造人的说法。

里，人们一直坚信，是一位高高在上的生灵创造出了地球上的一切生命。难道没有从四肢、感觉器官或者神经系统的结构及其复杂性得出唯一的结论，即有一个创造者，一个专司手艺之神，创造出这一切吗?这种看法的基础，就是所谓的设计论证：每样复杂的东西，都以一个智慧的设计师为前提。现在，乍一看，这个论证一定是有些好处的。复杂而功能性的东西，往往不是突然产生的，或者是既无目的又无目标的。人工制品如钟表、计算机或者大型喷气式客机，是由工程师、设计师以及其他聪明的人构思与制造出来的。这些人工制品体现了人的聪明才智。由于随便抓一个昆虫来，都比最现代化的计算机或航天飞机要复杂得多，那现在仍然生存于世的生物，就更加复杂了。总之，如果人们研究生物的功能与复杂性，就会很难摆脱"这一切都是有人怀着明确的目标意识而设计出来的"印象。所以，在很长的历史时期里，也找不到理由怀疑创造的猜测。在长达2000多年的岁月里，人们到处发现，有一个上帝指派的工程师在从事这项创造工程。

直到达尔文出场，才给我们提供了一个有关生命之奇妙的多样性与实用性的解释。原来生命并非来自"天上"，而是来自"地上"：我们这个行星上的一切生物，都起源于大约40亿年前产生于海洋里的有机分子和低级的单细胞生物。在遗传学的层面上，种属最不相同的生物，却是彼此关系密切的亲戚。人的身上控制胚胎发育的控制基因，在其他一切脊椎动物，甚至在昆虫的身上也能见到。从遗传学的角度来看，人与其近亲黑猩猩和倭黑猩猩之间的区别极小。关于生命的共同起源及其进化的科学证明，具有令人倾倒的魅力。达尔文所发现的盲目的机制即自然选择，显然可以模拟智慧的设计。

达尔文思想所意味的变革，完全符合美国的科学理论家托马斯·库恩所说的"范式转换"的实例。依据库恩的观点，在历史的进程中，曾经一次又一次发生科学革命，即一个范式或者一种世界观被另一所取代。哥白尼使世界观从"以地球为中心"转变为"以太阳为中心"，便是一个经典的例子。哥白尼断言，宇宙的中心不是地球而是太阳，这使他的同时代人大吃一惊。

库恩说，范式转换之后，研究者们又在另一个世界里找到了自我：真实的现实忽然出现在一个完全不同的视野里。随着科学革命的发生，不仅仅是理论，而且一般的世界观和科学实践都会发生改变。达尔文的进化论亦然。

进化论的含义

美国哲学家丹尼尔·丹尼特论及达尔文的进化论时，提到一种宇宙之酸。实际上，这宇宙之酸浸入每一种传统的概念之后，便会留下一种革命的世界观。这个比喻绝不含有否定之意。恰恰相反，丹尼特认为，"进化论迫使我们重新审视深深地植根于我们头脑之中的许多信念"的看法是正确的。当今几乎没有任何一个科学领域没有受到达尔文"酸"的渗透。在150年之后，进化论的知识已经浸入了其他所有的学科。丹尼特认为，谁都无法摆脱达尔文的"危险的"理论的侵蚀作用。连梵蒂冈也于不久之前做出屈膝跪拜的动作。教皇约翰·保罗二世于1996年宣布，再也不能把进化论当作空想式的假说而加以排斥。不过，自从天主教会承认"人的身躯有可能是由初期的生命形式演变而成的"以来，它却依旧坚持认为，灵魂是直接来自上帝的。在教皇宣布新观点之前几年，即在1992年，罗马教皇宣布为伽利略平反。显然，人家可是想要避免将来再犯类似的错误。

如前所述，进化论极端地怀疑我们深深植根于头脑之中的关于"我们是谁，我们从何而来"的想象。达尔文的发现摧毁了人的特殊地位。原来我们并不是依照上帝的模样被创造出来的，而是一种自然选择的盲目而渐进的过程的结果。尽管这个观点遭到了某些人的否定，但是神圣的信条却被拉下了宝座，并且解除了神秘事物的魔力。难道人不再是有点儿聪明的猴子了吗?况且进化论与人文科学领域之内的一些基本信念也似乎是有矛盾的。我们是取决于我们的天性或者是取决于我们的文化?是基因控制我们的行为或者是我们拥有自由的意志?进化论对于宗教究竟意味着什么?某些有名的科学家认为,在达尔文之后,人们再也不可能相信上帝了。

许诺与危险

与现代物理学和其他科学门类不同,进化论中包含着关于一系列哲学问题及世界观问题的直接的影响深远的结论。从进化的角度来看,有的传统概念获得了崭新的价值地位,如人的身份问题(我们是谁,我们从何而来?),道德的起源(我们是受到自私自利基因的控制呢,或者可能是无条件的利他主义呢?)或者人的精神的起源(我们的意识有什么功用?动物也能思想吗?)。进化信念的许诺之大,在于它许诺,帮助我们学会更好地理解"人是什么,人从何处来"。这样就等于是进化论在迄今彼此隔离的科学门类之间架起一座桥梁。在社会科学中产生了这样一种认识,即一种现代进化生物学的知识对于形成人与社会的一幅全面的形象是必不可少的。于是便产生了社会生物学和进化心理学。在几十年前,这样一种相互产生有利影响的情形恐怕是不可想象的。

但是,进化论本身也隐含着危险。它能诱使科学家与幻想者滥用它的思想。我们只要想想社会达尔文主义和"优生学"就明白了。他们借达尔文的主张论证,我们必须任由命运摆布那些需要救助的同类,因为这样才是符合自然法则的。进化论可以用于为不平等、贫穷与战争作"科学的"辩解。优生学的信奉者(查尔斯·达尔文的一个堂弟创造出这个"优生"的概念,其含义为"良好的出生")走得更远。为了"改良"人类这个物种,要对含有"坏基因"的人施行强制绝育或者干脆把他们杀死,以使将来的一代代人免于遭受这种"畸形种"的祸害。而今借助遗传学的手段干预进化过程,比以往任何时候都更有现实意义。随着人类基因组的解密,我们在某种程度上便占有了我们自己的结构设计图。对人类的进化东修修西补补的诱惑很大,所以毫不奇怪,许多人对这种发展是疑虑重重的。

另一个危险在于,我们由于万分喜悦而忘乎所以,以致沉浸于某种形式的生物学决定论——这种思想认为，人完完全全取决于其生物学的天性，即其基因。在时间的长河中，对于"影响人的最大的因素是自然还是文化"的问题，人们时而这样回答，时而那样回答。而在社会科学中，长期居于主导地位的，是文化决定论的信条，即认为人完全是其文化与所处社会环境及其所受教育的产物。现在，这一点的相对性特征越来越突出了。当前人的形象越来越深刻地受到自然与生物科学的影响。某些过分热心的进化论者甚至认为，人们可以把所有的人的特征都归因于几条简单的进化原理。归根结底，一切都是围绕着基因的区别转。在这方面，文化不外乎是一种"生物学的适应"，这种适应使我们能够把我们的基因传递下去。这样一种简化的论断，当然是有所不足的，故而也是不值得追求的。我们的文化，起码是和我们的天性同样重要并且同样是决定性的因素。但是这两种影响之间又有什么样的相互影响作用的问题，仍然未能找到答案。

本书目标与结构

达尔文给我们留下了一份值得谨慎而认真地加以管理的遗产。上面所提到的问题，对我们大家都很重要。任何一个理性的人，都不能不理睬达尔文的范式，因为进化思想的观点与危险性和我们所有的人都有关。故而这本书也是面向每一个想熟悉进化论及其内涵的人。以往讨论这方面问题时，往往被误解与偏见歪曲了。只有当我们能够区分思想与胡言乱语，区分事实与虚构，我们才能对许许多多互相矛盾的问题做出有根有据而又深思熟虑的评价。我是否获得了成功，留待读者评说。

要阅读此书，不需要事先具有专业知识。本书尽量避免使用科学界的行话，专业术语都予以详尽的解释。希望能够促使读者用自己的头脑进行思考。如果达到了这一点，那本书的目的也就达到了。

关于本书的结构，再说几句：全书共有十六章。在前四章所组成的导言部分，是以进化论为中心。这个部分在广阔的历史背景上呈现出达尔文的发现，论及现代进化生物学的各个侧面，如自然选择与性选择，物种的产生与人类的进化。其余各章则是探讨进化论对于其他学科意味着什么，或者能意味着什么的问题。真的能够说各个学科可以相互产生影响吗?我们还能了解社会生物学和进化心理学以及其他学科。从进化的角度考察语言、文化、艺术及宗教的产生。我们深入地研究是否能以一种新的眼光观察道德、宗教以及美学的问题。也探讨了社会达尔文主义和优生学的危险性。最后研究的是，进化是不是朝着一个特定的方向运动，进化是否等同于或者不等同于进步。

目录 Contents

目
录

Contents

目
录

Contents

第1章

追寻进化的足迹

古代的世界观与中世纪的世界观

从某些方面来看，当代的进化生物学是科学革命臻于巅峰之时的总结。15世纪和16世纪以哥白尼和伽利略为代表的研究家们所开创的这场科学革命，首先开始于天文学、物理学与力学领域——此类学科所研究的，是天体，是无机物质的特性。人们发现，天体与其他物理研究对象的运动，均服从于自然的可以量化描述的规律性。达尔文在19世纪指出，生命之产生与发展，也是自然的、依循规律而进行的一种过程的结果。为了将他的这个研究成果纳入科学的发展历程而就其位，概述一下西方科学的发展史是很有意义的。

在公元前三四世纪，两位古典时代最伟大的思想家柏拉图和亚里士多德认为，位于宇宙中心的地球是静止不动的，众天体都环绕着地球运行（地球中心世界观）。宇宙被划分为分属两个等级的、彼此完全不同的领域：一个是地上的，一个是天上的。地球在月球之下的空间范围中，具有既不是完美无缺而又并非永恒的特征。按柏拉图的说法，地上万物只不过是永恒思想或形式的隐隐约约的写照。在月球之下的一切东西，都是由土、水、气、火四种元素所组成的。这四种元素中的任何一种，都分别奔向指定给它们的那个自然的位置。土位于宇宙中心其所归属的那个自然的位置。故而一块石头会掉到地上，安居于自己的落脚点。而按照亚里士多德的看法，世上万物都会奔向其最后的定居点。水元素的自然位置是地面，空气与火则奔向大气上层其自己的自然位置。这便是火焰之所以往上蹿的原因所在。

在月球轨道的另一侧，是布满恒星与行星的天穹。在那里，起支配作用的是完全不同的规则。在那里，一切都是完整无缺而永恒不变的。众天体均沿着形式相同并且一成不变的圆形轨道围绕地球运行。它们由元素以太（也称作“第五元素”或者“精”）所组成。按照亚里士多德的观点，有恒星分布的最外层空间，是“第一”（或称“自身不动的”）推动力使其运行起来的。这种神的力量的主宰，同时又是其自身的起因。而柏拉图在论及这种关系时，则称之为“次神”或者神所指派的建造地球和整个宇宙的“建筑师”。依据希腊古典哲学家的观点，不仅仅在宇宙中，而且在地球本身，也都可以发现，存在着一种自下而上的等级制，亦即等级顺序。其最低一级是无机物，上一级是植物，更上一级是动物，最高一级则是人类。在这所谓的自然阶梯，即一部巨大的阶梯或者说“存在之链”上，现实所必须遵循的，是一种自然的、永恒不变的秩序。后来在希腊古典主义时代，亚里士多德的以地球为中心的宇宙学说，被亚历山大的天文学家托勒密进一步精致化了。除了其他方法，他还借助于所谓的“本轮”①或曰辅助圆，对行星的运动加以解释。

古典的亚里士多德世界观，是以目的论或者说用途为准。万物都竭力达到自己的目的或者目标。诚然，是亚里士多德将起因区分为几种类型（其中真实的起因是迄今仍然有效的一个概念），但是他却认为，其最终的起因或曰目标动因才是最重要的。目的论不仅仅解释石头为何会掉落，

_____

① 指行星本身的运行轨道。

火为何会上蹿，而且也解释，新芽是怎样从胚胎中发出来的。目的论还解释，为什么孩子会长大，为何一条幼虫会变成一只蝴蝶，一枚山毛榉果实会长成一株山毛榉树，等等。这些实例表明，这种目标动因说特别适合对自然生物的变化加以解释。

我们今天的生物学的"功能"概念，依旧反映了这种以目的为准的对自然的解释。譬如我们说，心脏的功能（即目的）是使血液在全身流通，或者说，动物的伪装色之功能（即目的），就是为了迷惑猛兽及其猎物。而功能特点的目的只有一个，就是造成或者保持一种希望的状态。不过，今日的一位生物学家会说，运动的原则并不是一种意识之中的形式，而是在进化的过程中逐步形成的遗传图谱。亚里士多德不仅仅是一位伟大的哲学家，他还是一位有许多重大发现的重要的生物学家。但是，他的"无生命的自然物质也有一个追求的目的或者用途"的观点，今天却无人赞同了。

在古典时代的晚期，教会作家奥古斯汀（公元4—5世纪）接受了柏拉图的"次神"和亚里士多德的"自身不动的"推动力观点。于是，古代的世界观和自然阶梯论便被神学所纳入。而地球及其全部生物则因此而成为上帝的创造物。有生命的自然物体现了上帝创造之尽善尽美，因为所有的植物和动物门类均具有一定的本质属性。因此，人们认为，生物的种类是永恒不变的，因为上帝是不会做半截子事的。个别生物来来去去，然而种群却是不会发生变化的。在中世纪时期，古典的、将万物划分为等级的世界观，绝大部分都是完好无损的。上帝依照自己的模样造出了人，又把地球托付给人。在中世纪也有人初次明确地提到"设计论据"之说。宇宙中的等级顺序，特别是有生命的自然物，其有实用性的功能及整体，均使人推测，一定有一位富于才智的设计师或者建筑师创造出它们——犹如人们在某一感觉器官如眼睛的构造与功能上所发现的那样。

公元13世纪，神学家兼哲学家托马斯·阿奎那将设计论据归入上帝存在的论据之中。世上万物都是目的明确地并且针对其实用性而建造成的——这只能得出一个结论，即上帝是存在的，正是上帝把世界安排成现在这个样子。中世纪的所谓经院哲学思想之特色是，教条与权威扮演着重要的角色。《圣经》中的说法或者亚里士多德所表述的思想，都不需要通过实验进行检验。凡是哲学与《圣经》相互矛盾之处，后者总是正确的。中世纪在博物学问题方面，人们把亚里士多德视为特别重要的权威。唯一的遗憾是，此公却是一名"异教徒"。

科学革命

自15世纪起，文艺复兴的影响波及整个欧洲。对古典时期的兴趣被重新点燃，同时渐渐地形成了一种与经院哲学传统思想决裂的批判性的思维方式。人们不再相信教条主义的教导，而是开始了自己探索世界的旅程。公元16世纪，波兰天文学家尼古拉·哥白尼宣告，位于宇宙中心的，并不是地球，而是太阳（以太阳为中心的世界观）。附带说明一下，其实这种认识，也是部分地以神学信念为其基础的。哥白尼认为，太阳作为无所不能的上帝的代表，应该得到尊敬而占有宇宙万物的中心位置。然而，新的世界观却与以亚里士多德的学说为根基的基督教教义不相吻合。

在17世纪上半叶，意大利的数学家兼物理学家伽利略力图通过理论推导和实验来证明哥白尼的宇宙体系。他论证道，人们的日常经验表明，地球是静止不动的，但同时又是围绕着太阳旋转并且绕着本身的轴进行自转的。这样一来，伽利略很快就与教会发生了冲突。犹如亚里士多德、托勒密和哥白尼，伽利略也坚信，天体都是匀速地沿着正圆形轨道运行的。依据他的观点，这种运动形式，是一切天体的自然状态。按照伽利略的观点，实际上，连石头掉落的轨迹都是圆形轨道的一段弧线，因为这轨道也是与地球同步运转的。于是伽利略成为了第一位断言"地上的力学和天上的力学（力学是物理学中研究物体运动的一个分支）是一样的"科学家，这样一来，将月球之下及月球之上的区域划分为若干层级的理论便失效了。然而依据哥白尼的理论，总是无法确切预言行星的位置。后来直到德意志天文学家开普勒证明，行星的运行轨道不是一个正圆而是一个椭圆形之时，这种正圆轨道的观点才发生了改变。

伽利略指出，即使是亚里士多德这样的权威，也是可能出错的。亚里士多德曾经断言，物体下落的速度，重的比轻的快。人们传说，伽俐略做过一次反证实验——他让两个球体，一个是木球，另一个是金属球，同时从比萨斜塔上落下。令在场的学者们大为惊讶的是，两个球体几乎是同时掉到地上。此外，伽利略还利用荷兰磨制透镜的师傅们所发明的望远镜，来进一步论证哥白尼的世界观。他还发现了月球上的山脉与环形山、太阳表面的斑点以及木星的最大四个卫星。而所有这些观察结果，都与亚里士多德的学说和基督教的教义相矛盾。因而双方的对峙就难以避免。1633年，伽利略被宗教裁判所判刑，禁止其公开发表言论并且处以终生软禁的惩罚。此外，他还必须公开收回自己所宣传的观点。按照一则不足为信的传言，伽利略在判决之后高喊了一句："地球确实是在运动着呀！"（Eppur si Muove！）当然，伽利略的遭遇毕竟比其同时代的战友布鲁诺要好——后者同他一样，是哥白尼的世界观的信徒，于1600年在罗马的鲜花广场被活活地烧死了。不过，教会却越来越丧失了自己的权威。现代科学已经势不可挡地蓬勃发展起来了。

16—17世纪科学革命的特点，是采取了数学的量化方法。宇宙中以及地上的运动都可以用数学的语言来加以描述。宇宙是一座结构复杂的机械钟，其运行遵循着自然的规律。而亚里士多德的以目的为动因的观点，其有效期却并不比科学原理长——起码在天文学与力学领域中是这样的。其后，人们假设了数个物理学的作用动因：一块石头之所以坠落，并非因为这是其规定的运动方式，而是因为有一个外力作用于它。英国的数学家兼物理学家牛顿证明，借助于他的三条运动定律和处处存在的引力作用，可以对椭圆形行星轨道加以解释。动力学的基本原理，并非圆周运动，而是形式相同的直线运动。牛顿的第一定律明确定义，一个运动物体，只要未因外力的影响而被迫改变其运动状态，就将继续进行直线运动。万有引力定律所表述的是，宇宙中任何物体对另一个物体，都会沿着两个物体的中心之间的连线，施加一个作用力。此作用力之大小，则与这两个物体的质量之积成正比，同时又与两个物体之间的距离的平方成反比。行星通过太阳的引力作用而沿着椭圆轨道运行。自此，将月球上下的空间划分为两个层级的论点，便最终成为了历史。地面上与天空中的一切运动，全都服从于牛顿的几条定律。

自然神学

科学革命主要发生在研究无生命的自然的学科如天文学和力学之中。于是人们可以不通过神祇的力量就弄懂大自然和天体的运动。而有机世界的状况就是另外一回事了。直到19世纪的中期，哲学家和科学家们依旧认为，生物的复杂性及其功能性特点，均透露出这是一位专司创造之神亲手所为。于是乎，"设计论证"之有效性便丝毫不变地保留下来。英国的教士兼学者威廉·佩利是其最为大众所熟知的捍卫者之一。在他的于1802年所出版的论著《自然神学》①中，他提出了可以通过观察大自然而推导出上帝确实存在的观点。故而人们将其所代表的思潮又称作"自然神学"。佩利论证道，假设你的脚在田野上踢到一块石头，你将不会去追问，石头是怎样来到这个地点的，它是如何产生的。而当你在田野上发现了一块怀表时，那就不一样了。因为怀表的存在必须有一个前提，即事先有人将它制造出来。每张设计图都得先有一位设计者。佩利认为，对于我们在田野上所遇见的生物而言，这更是必需的前提条件。即使是最简单的生物，也要比制造得极其精巧的怀表复杂许多倍。只有一位十分睿智的创造者，才能设计出种类繁多的生物来——这样多的生物岂能偶然产生。

佩利和自然神学的其他代表人物，喜欢以人的眼睛为例进行推论，指

---

① 此书原名 *Natural theology：or evidence of the existence and attributes of the deity collected from the appearences of nature*。

出其绝妙的结构，必定是依据一个设计而制造出来的。按照他们的论述，人类同所有的脊椎动物一样，拥有类似于照相机的眼睛及其全套附件：透镜（即眼角膜）、光圈（即瞳孔）、快门（即眼皮）和感光材料（即视网膜）。当然，也有不同的设计方案。譬如昆虫拥有复眼——就其总体而言，这复眼无论从哪个方面来说，都不逊色于透镜式眼睛。佩利的观点是，像眼睛这样高度复杂而综合配套的器官，不可能是不经过仔细地斟酌就凭空产生的。时至今日，仍有进化论的反对者以眼睛为例，论证达尔文的理论是站不住脚的。他们一再强调指出，进化的偶然性特点，使得复杂而整体性的创造物不可能诞生（所谓"复杂而整体性的"，是指一个功能优异的组织"系统"，其中众多的组件都是彼此协调一致的）。这个"创造论证"也有各种不同的版本。有人假定，若一场龙卷风刮过一座飞机零部件产品的堆场，龙卷风将各种零部件组装成一架可以飞上天的喷气式飞机的几率有多大？或者换个说法：假定一只猴子坐到打字机上敲击键盘，它将莎士比亚的一个剧本打出来的概率会有多大？等等，等等。

达尔文于1827年中断其在爱丁堡大学的医学学习，随后从1828年至1831年在剑桥学习神学与古典英语，在此期间，他深入细致地研读威廉·佩利的自然神学。佩利的论著他几乎能够背诵。而他当时却丝毫没有料到，有朝一日自己会成为一个将创造论证推翻的人。他之所以要将创造论证推翻，是因为一个复杂的设计方案，并非一定需要一个赋有才智的设计者才能设计出来。我们将会看见，即使是结构复杂的整体，也可以通过一个盲目的、目标并不明确的自然过程而产生出来。

拉马克与斯宾塞

在达尔文的求学年代，进化的思想正是风靡八方的时尚思潮。甚至已有好几种进化学说在各处流传。早在1794年，查尔斯·达尔文的祖父伊拉斯谟·达尔文便在他的医学论文《动物生理学或有机生命定律》中，提出了"一切生物均诞生于一种'有生命的纤维'"的大胆论断。法国研究自然的学者拉马克也于18世纪提出了一种进化理论——依照该理论,一种"内力",也就是一种向更高阶段发展的趋势,推动着有机生命的进化。他假设了有用与无用的法则,以及已获得的特点的遗传性,以环境条件为前提的或多或少的使用,能够使身体的一定部分发生变化。例如铁匠,长期站在铁砧旁边劳动,其上臂肱二头肌就变得特别强劲有力。反之,假如人体的某个部分得不到或者几乎得不到使用,那它将会渐渐地萎缩。而宇航员们,连续若干个月在空间站里度过,由于他们长期处于失重的状态之中而不需要使力,所以他们就会丧失相当大一部分的肌肉质量和骨骼组织。如拉马克所假设的,倘若活着时所获得的这样一些特点是可以遗传给后代的,那么铁匠就会将自己的肌肉发达的臂膀遗传给自己的孩子。与此相反,一位刚刚从宇宙回归地球的宇航员,其所生育的孩子更有可能是虚弱无力的。按照拉马克的想法,长颈鹿的特长的脖子便是这样得来的。为了够得着汁液饱满的金合欢树叶,长颈鹿不得不一代又一代地把自己的头伸得更高一些。拉马克式的进化,进展迅速而有效。每一代人都收获了前一代的进化成果。达尔文熟知拉马克的理论,后来在其论著中亦频频引证之。直至19世纪末期,达尔文去世几年之后,才得以证明拉马克的遗传理论是站不住脚的。

在达尔文之前就发表过关于进化的言论的另一位学者,是英国的哲学家兼社会学家斯宾塞。和达尔文一样,斯宾塞也曾受到拉马克思想的激励。因为后者的进化学说针对迅速而进步性的变化提出了一种解释。但起初对斯宾塞而言,与其说进化论是一种科学假说,倒不如说是一条普遍适用的形而上学的定律。不只是在有生命的自然界中,而且也在整个的宇宙中间,都可以发现一种从同质向异质,从简单向多样化发展的过程。万物都倾向于越来越复杂化。此外,按照斯宾塞的观点,进化亦含有进步之意。进步性的发展应是一条自然规律。其实,持有这种见解的,并非只有斯宾塞一人。进步的信念深深地植根于19世纪思想家的脑子里。当斯宾塞了解到达尔文的进化学说之后,他的思想变得具体得多了。

斯宾塞主要是运用达尔文的学说来研究社会并以社会达尔文主义之父闻名于世的。社会达尔文主义认为：我们不能援助同时代的那些贫弱人群，因为这将会打破自然的平衡。至今广为流传的口号"适者生存（survival of the fittest）"也是斯宾塞给我们留下的遗产。依照他的观点，最能适应环境者方能幸存的准则，不仅仅适用于植物与动物，而且也适用于人类社会。激烈的竞争将会淘汰掉那些不能充分适应社会或者时代的个人、经济企业与组织。若仔细审视，所谓社会达尔文主义的意义，只不过比为19世纪的自由放任主义的经济政策披上一件科学外衣的努力稍多一点而已（在后面的第15章中，我们还要回到这个话题，予以详细地论述）。斯宾塞关于进化的无所不包思想，究其核心还是与拉马克如出一辙。即使是在他的社会达尔文主义之中，拉马克关于已获得的特点之遗传性的概念亦处于中心地位。即那些最能适应充满竞争的世界的个体，会将其已获得的特点遗传给自己的后代。然而，拉马克的和斯宾塞的理论，都无法解释有机自然界中所发生的变化。无论是拉马克的内力概念还是斯宾塞关于形而上学法则的信念，都不是经得起检验的假说。达尔文是世上发现——经过长期探索而未曾弄明白的——隐蔽在进化之中的运行机制的第一位科学家，同时，他的发现也是基于令人信服的科学物证的。

加拉帕戈斯燕雀

1831年9月，22岁的达尔文意外地获得邀请，作为一名没有薪酬的自然研究者，搭乘"比格尔"号测量船作一次远洋航行。那时，他刚刚结束了在剑桥的神学学习。研究自然，本来就是达尔文的兴趣所在。早在少年时代，他就到处搜集昆虫、贝壳和鸟蛋。在爱丁堡和剑桥学习时期，他常在自己的课余时间去听地质学、植物学和动物学的课。在剑桥，他和植物学教授约翰·亨斯洛建立了友谊，并多次和他一道参加田野考察。亨斯洛将他推荐给"比格尔"号的船长罗伯特·菲茨罗伊。这位船长才27岁，是一名特别虔诚的教徒，起初他并不相信达尔文具有什么能力。作为一名当时广受欢迎的相面术的信徒，他怀疑一个长着达尔文那种大鼻子的青年，会有足够的精力和毅力去远洋航行。然而他最终还是被说服了。

1831年12月27日，这艘冠名"比格尔"的简朴无华的三桅帆船驶出普利茅斯港，开始了为时五年的远航之旅。这艘船的任务，是要为英国海军部测绘南非的海岸线。后来在达尔文老年时期所撰写的自传中，他写道，这次远航之旅在自己的一生之中，是一个"无比重要的事件"。当绘图员们做本职工作时，达尔文便离船上岸，去研究植物和动物。在1835年9月15日至10月20日期间，当"比格尔"号停泊在太平洋中厄瓜多尔以西1000公里处、靠近赤道的加拉帕戈斯群岛岸边时，这组火山群岛上所生长的原始植物、动物——其中有巨型海龟［在西班牙语中，galápago（加拉帕戈）便是"龟"］和海洋巨蜥——给达尔文留下了难以磨灭的印象。

达尔文进行调查时，绝不反对射杀或者用地质锤砸死动物，将其加入自己的收藏——他本来就是一个狂热的猎人。连群岛上众多的鸟类也逃脱不了这种命运——达尔文在长长的返航过程中，将这许多鸟儿制成标本。起初他以为，自己在群岛上所捕获的只有夜鸫、乌鸫和鹪鹩等鸟类，返回英国之后才弄清楚，自己搞错了。伦敦动物学会的鸟类学家约翰·古尔德发现，他带回来的雀鸟标本几乎全属于燕雀类。然而可惜的是，达尔文却没有将这些鸟类标本按照其所生存的海岛分别堆放，而是全部堆在一起。古尔德的分类也弄得一团混乱。后来，达尔文在远洋航行途中所收集的加拉帕戈斯燕雀以及无数其他的活生物的或者生物化石的标本，在伦敦的自然史博物馆中找到了自己的归宿。在博物馆里，众多标本被保存在玻璃器皿、玻璃陈列柜和抽屉之中，犹如皇家珍宝一般，远离大众的视线。

其实燕雀的意义在于，它们让达尔文明白了物种的可变性。因为从某些方面来看，加拉帕戈斯群岛上的动物和植物是独特的。其中许多物种在世界其他地方是见不到的，甚至有的物种只能在该群岛的唯一一座海岛上见到。这一点，燕雀种群表现得特别明显。一座海岛和另一座海岛上的燕雀都是有区别的。主要是鸟喙的形状与大小差异很大。在一座海岛上，鸟喙既长又尖，而在另一座海岛上，鸟喙既短又厚。达尔文认识到，这些差别，一定与各个海岛上所提供的食物特殊有关——有的海岛与其他海岛的距离，能达到大约100公里之远。各个海岛上的燕雀渐渐地适应了各自所处的环境条件，并且由于地理分隔的缘故，便随着时间的推移而形成了不同的种群。其喙长而尖的燕雀，善于啄食虫，吸吮汁液；那些喙短而厚的燕雀，则转而善于咬破带硬壳的果实及种子（见图1-1）。还有一种啄木鸟似的燕雀，能用其强有力的喙尖作为钻洞的工具；另一种燕雀能用其类似于仙人掌刺的喙尖将朽木中的幼虫掏出来吃。后代的研究者甚至发现了一种吸血燕雀，它那尖利的喙能将动物的表皮啄破而吸食血液。

➤ 图1-1约翰·古尔德所绘的达尔文燕雀。每种雀鸟的喙都适应于其所能获得的种子或昆虫等食物

今天，人们将达尔文燕雀划分为十三类。其多样性表明，新的种类能以较快的速度产生。遗传学研究的结果是，这些种类的燕雀，彼此的亲缘关系很近，它们都是在这组群岛上演变而成的，其演变过程，很可能只有几万年时间。在远古的某个时期，风暴或者强劲的海风将一些燕雀挟带

着飘离大陆而来到这组群岛。在这群海岛上，它们演变成不同的种类，其中每种都有自己偏爱的食物，也有适应于自己所偏爱的食物的互不相同的喙。进化生物学家将这种现象称作"适应性放射"，即一个原始物种通过地理的分隔和新的生态小环境的占领而分裂成新的种类。当年，达尔文在随"比格尔"号远航的途中，尚未意识到自己的发现中包含着重大的意义，后来，他带回英国的燕雀才使他在捍卫他的进化学说的论战中成为稳操胜券的英雄。

拼图游戏成形

1836年10月2日，"比格尔"号返回英国。一年之后，达尔文在伦敦开始论证其关于嬗变——即他对物种发展的说法——的猜测。他心里完全明白，只有拿出大量的物证资料，才能说服维多利亚时代守旧而敬畏上帝的大众。他整理自己随"比格尔"号远航带回来的物种标本，收集来自不同领域的物证。

拼图的第一块，达尔文是在地质学，即研究地球的产生与发展的科学领域找到的。在这里，对此进行更深入的探讨是很重要的。直到19世纪的上半叶，地质学中有关地球史的内容，都是源自《圣经》的见解。当时许多科学家都相信，地球的历史，不会长于几千年——这是与《旧约》相一致的观点。地质学中信奉者最多的理论，是灾难学说——按其想象，地球表面的各种形态，如山峰、山谷以及海洋，都是由于发生了如远古大洪水之类的自然灾难而形成的。上帝一次又一次抖动地球，将地球抖得一片狼藉，使之变成今天的这副模样。持有这种看法的著名代表之一，是法国的动物学家乔治·居维叶。即使是达尔文，在其青年时期的相当长的岁月里，也是这种学说的追随者——他在剑桥读大学时，与一位信奉灾难学说的地质学家亚当·塞奇威克是要好的朋友。

不过，早在18世纪，苏格兰地质学家詹姆斯·赫顿就提出了另一种不同的学说，即均变论或曰现实主义论。地球已是年迈苍苍，地球表面的种种现象，都是逐渐进行着的、自然的、今天仍在起作用的演变过程的结果，譬如侵蚀、沉积和火山作用。直到19世纪，赫顿的思想才通过英国地质学家查尔斯·赖尔——此公后来也是达尔文的朋友——的言论得到推广，从而使公众得以知晓。

当达尔文1831年随"比格尔"号出海远航时，他与赖尔尚不相识，但是亨斯洛却向他推荐了赖尔的《地质学原理》——其第一卷已于当年早些时候出版。在漫长的远洋航行期间，此书和弥尔顿的《失乐园》都是达尔文所爱看的书。通过赖尔的论著，达尔文认识到，解释地球表面的复杂形状，并不需要假设有上帝的干预。地球的历史不是如《圣经》所宣称的几千年，而是有若干百万年，也就是说，它老得足以使进化过程可能完成。由于地质之力的作用，地球的表面持续地变化着，故而生物必须适应各自所处的环境条件。

在《物种起源》出版之后，英国物理学家凯尔文勋爵关于地球历史短暂的见解却使达尔文绞尽了脑汁。倘若地球真的如凯尔文所论述的那样，只有若干百万年的历史，那它必定已经冷缩而成为一块大石头了。但是火山的活动却证明了与之相反的道理。今天大家都知道，地球的内部所存在的自然放射性，使地球的冷却过程明显减速。而凯尔文当时是不可能知道这一点的。尽管赖尔绝不赞同物种具有可变性的观点，但是其现实主义论却为进化学说铺平了道路。犹如天文学先于物理学发展起来一样，地质学也是先于生物学发展起来的。

达尔文为了论证其嬗变思想所使用的第二块拼图板取自胚胎学，即研究生物从受精直至生产的发展过程的一门学科。不同种类的动物的胚胎，在其发展初期之相似，是十分明显的。脊椎动物如爬行动物、鸟类和哺乳动物的胚胎，起初甚至几乎没有区别。按照达尔文的观点，这表明，这些胚胎来源于共同的祖先。胚胎的发展，往往是依据同一张设计图。从这个起源开始，进化的过程便朝着不同的方向进行。事实上，进化的过程一再地偏离同一个主题。

因此，19世纪下半叶的生物学家认为，胚胎阶段是进化过程的一种加速的重复。生物学家恩斯特·海克尔是达尔文主义在德国的代言人，他将上述思想总结为下面的公式：个体发生是种系发生的重复（所谓个体发生，是生物的个体自受精起的发展过程，而种系发生则是一个种系或者部族如脊椎动物和节肢动物之类的发展过程）。海克尔认为，人类的胚胎会再次经历其祖先的进化过程。于是人类的胚胎会像其他脊椎动物的胚胎似的，在其发展的一定阶段长出和鱼类一样的鳃弓，或者和许多猴子相同的尾巴来。这就是说，在变成人之前，胚胎必须先变成鱼，而后变成两栖动物和爬行动物，再变成猴子。在这样的语境中，海克尔所说的，是一种"生物起源法则"。而今天，这种概括性的学说被评为过于简化了。胚胎阶段并不是以往阶段的精确重复。然而对于达尔文来说，胚胎学知识却是其起源学说的重要证据。

达尔文论证其进化论的第三块拼图板来自比较解剖学，这是研究生物结构中的差异与一致性的一门学科。在各种各样的生物的体内，某些部分及器官，尽管存在表面上的差别，但其结构却往往是一样的。蝙蝠的翅膀、鼹鼠善于挖掘的脚、鲸鱼的胸鳍以及人类的手，都是依照同一个模式构成的，并且尽管这些大小不一的构件具有互不相同的功能，但它们却显示出引人注目的相似性。它们全是基于相同的五指模式而生成的。而对于达尔文来说，这种解剖学的一致性，却又是物种具有共同起源的一个新例证。在进化的过程中，动物的基本结构获得了彼此不同的、与其所处的特定环境条件相协调的功能和特点。

进化生物学家将蝙蝠、鼹鼠、鲸鱼和人类的前肢称作"同源的"，也就是说，虽然它们具有互不相同的功能，但它们的结构却是依照相同的模式形成的，并且它们都是起源于一个共同祖先。相反，若它们具有同样的功能，但却是相对独立地发展起来的，那就只能将这些特点称作"类似的"。例如海洋中的哺乳动物，它们的鳍与蹼足便和鱼类的鳍相似但是不可追溯到一个共同的起源，即不是同源的，而是对一样的赤道栖息地的类似的适应性。另一个例子是鸟类与昆虫的翅膀，其结构也是彼此类似的。这些都是趋同进化的结果，事实上，有时进化是殊途同归，即经过不同的途径而找到相同的解决方法。

达尔文还从解剖学借用了进化的第四个物证：退化的结构。躯体的零件或者器官，如尾骨和盲肠，逐渐地失去了自己的功能。还可以举出其他实例，如鲸鱼和蛇的萎缩的后肢，生存于洞穴中的动物的退化的眼睛，等等。此类躯体零件因退化而致残缺不全，更表明所谓"上帝创造万物"的臆测之矛盾性。因为人们自然会问，上帝为何要给自己的创造物留下各种无用而多余的零件呢？如果一家工厂给自己的仪器设备安装一些完全无用的开关和坏了的电灯泡，那这样的工厂是不可能长期存在的。对于躯体上存在着退化的零件，达尔文的解释很简单：进化与修改相伴。动物与植物在进化的过程中，为了适应不同的环境，致使无用的器官逐渐退化。其所残留的，则是进化尚未使之完全消失的零件。

达尔文的第五个物证源自古生物学。古生物学给他提供的，也许是最直接最方便获得的关于进化的提示。在搭乘"比格尔"号远航途中，他不仅搜集植物、动物标本和矿石，而且搜集了大量的化石。如在阿根廷，他发现了已经灭绝的巨型地獭的骨化石和头颅化石——这种远古哺乳动物体型庞大，与今天印度的大象不相上下。其他的化石却很难鉴别，不知它们是由何种生物变成的。当他返回伦敦后，杰出的解剖学家理查德·欧文才将这些化石进行了整理分类。但欧文后来却出于忌妒之心而成为最激烈抨击达尔文的学者之一。欧文指出，达尔文带回来的化石，其实是如巨型地獭一样的，早已灭绝的巨型啮齿动物和蚁熊的遗物。

在很长时间里，这些化石都是科学的难解之谜。如此古怪的生物，究竟从何而来，它们留在了何处？直至19世纪，还有个别人推测，这些史前时期的动物，正是《圣经》中所讲述的大洪水的牺牲品。然而，鉴于生成化石的年代可以确认为长达数百万年而不是几千年，这种推测却是站不住脚的。在达尔文的眼里，这些化石就是生物的发展路线的明证。即使是那些能清楚地显示动物种群之发展过程的过渡形态以及缺失的环节，也一定可以在地层下面找到。最著名的中间形态之一，即始祖鸟的化石，于1861年在德国的巴伐利亚被发现。始祖鸟生存于1.5亿年之前，其体型的大小大致相当于一只喜鹊。它既具有爬行动物的特征（牙齿和由21节椎骨组成的尾巴），也具有鸟类的特征（独特的分叉的腿、羽毛及翅膀）。达尔文认为，始祖鸟就是恐龙与鸟类之间那缺失的一环。顺便说一下，"始祖鸟"[①]和"恐龙"[②]这两个名称，我们还得感谢命名者理查德·欧文呢。

达尔文用来支持其学说的第六个也是最后一个证据，系源自生物地理学。这是一门研究植物和动物种群之地理分布的学科。只需进行表面的观察，就很清楚，其分布并非处处相同。某些动物种群仅出现在特定的地域或者特定的大洲。如大多数有袋目动物生长在澳大利亚，而达尔文在加拉帕戈斯群岛所遇见的某些稀有生物，则仅能在该群岛见到。假如真的是上帝创造了地球上的植物和动物，那我们应能看到，生物在相近的自然条件下，应是彼此相似的。然而事实却往往并非如此。达尔文于1832年冬季，在随"比格尔"号远航途中，曾对非洲西海岸附近的佛得角群岛进行过考察。这组火山群岛，无论是从地质学还是从地理的角度来看，都与加拉帕戈斯群岛几乎是一样的。但其植物和动物却不一样。佛得角群岛上的植物和动物，主要类似于非洲大陆上同科的植物和动物，而加拉帕戈斯群岛上的，则与南美洲大陆上的很相似。故而很容易推断，群岛上的和大陆上的同科动植物都起源于比较"年轻的"共同祖先。按照达尔文的观点，地球上动植物的非均匀分布，只能以进化论为指导思想，才是可以理解的。换言之，动植物的非均匀分布，是地理上的孤立与随后的彼此不相联系的发展这两个因素相结合而产生的结果。

---

① 其拉丁语原名 Archaeopteryx，译成德语意为"古老的翅膀"。
② 其拉丁语原名 Dinosaurus，译成德语意为"可怕的蜥蜴"。

为生存而斗争

达尔文此时已不再怀疑物种的可变性了，可是进化的推动力量究竟是什么呢？有一段时期，他赞同拉马克的观点，即物种是通过"内在的追求"完善而得以发展的，然而他并不满足于这种解释。在他1837年的笔记中，我们可以读到，他对驯养动物和栽培植物的变异现象产生了兴趣。动物饲养者通过选种，成功地使狗和鸽子的种类增加到了一个闻所未闻的数量。农作物亦然，人工培育出各种谷类和甘蓝科蔬菜作物就是明证。这些品种，都是通过人工选择从某种"原型"产生出来的。选育者们经过几百年，甚至几千年的努力，选育成具有人们所期望的特性的特定的动物和植物的品种。他们努力的结果，就是使植物和动物的品种，多得令人惊叹。达尔文冥思苦想的问题是，这种选育的原则，如何能够应用于生长在自然生存空间里的生物？是谁，或者是什么，使得选择能够在人类无法控制的生物群体中得以实现？主要的问题是：新物种是如何产生的？

而达尔文之所以能解开这个谜团，多多少少是出于偶然。那是在1838年9月，在他开始秘密地研究这个问题一年之后，为了放松一下，他阅读英国经济学家马尔萨斯的《人口论》。在这部出版于1798年的作品中，马尔萨斯指出，人口的增长与供其生存的空间之扩大以及食物的供应量之增长是不同步的。人口的数量倾向于迅速增长，其增长的速度远远超过食物供应量的增速。按照马尔萨斯的观点，其结果就是，要为了生存而进行斗争，与此同时，战争、传染病和饥荒都会使人口重新缩减到适当的数量。至此，零散的拼图板块便拼合成一幅完整的画面。自然的选择便是进化过程的推动力量。达尔文观察到，一个群体中的个体，一般都有微小的差异，譬如在颜色、体型大小、是否多产、抗病力等方面，都不是完全一样的。于是达尔文就在这种变异性之中，发现了进化的推动力量。一种有利的变异，能通过自然选择而使变异的主体获得较好的幸存与繁殖的机会，并将这些特性传给自己的后代。不利的变异则会通过自然选择而受到"惩罚"——使其主体死得早一些，或者其所产生的后代的平均数量少一些。这意味着，一个群体可能会逐渐地发生变化。由于平均而言，具有有利的特性或曰特征的主体所产生的后代会多一些，于是这些特性就会渐渐地在群体中传播开来。遗传变异和自然选择使群体能以这种方式变成可以灵活地适应变化了的环境条件的统一体。

至此，还需要再回顾一下，达尔文的这种看法，意味着他与本质论的彻底决裂。本质论认为，大自然是由一成不变的本质或者说由柏拉图形态所构成的，从古希腊罗马时期直至19世纪，这种概念在自然研究者中间广泛传播。是达尔文推翻了这种传统的看法。按他的观点，规则并不是千篇一律的，而是可以发生变化的：属于同一个种类的个体，从来都不是一模一样的。更为重要的是，物种不是一成不变的，而是可以变化的。

人们有理由认为，此时的达尔文已确信自己的想法是正确的。他一定能够用他所收集的可从完全不同的各个视角证实物种变异的资料，用作为进化机制的自然选择之原理，说服公众和科学界。然而事情却刚好相反。当时的达尔文对自己的想法是否正确是根本没有把握的，他一直犹豫不决，拖了又拖，不敢马上发表自己有争议的思想。加之他的健康状况日益恶化，以致被迫中断研究工作的危险日益逼近。1839年1月29日，他与表姐埃玛·韦奇伍德结婚。同年，他被吸收入皇家学会即英国科学院，发表了他的第一部著作《调研日志》——乘船环游世界的考察日记。1842年，他举家迁出嘈杂的伦敦，移居到肯特郡的塞文诺克附近的一个名叫道恩的小村庄，住在一座幽静的乡村住宅里。在此之前，他的两个孩子已经出生。在道恩，又降生了八个孩子，其中一个在生产时夭折。饱受病痛折磨的达尔文在后半生里，几乎没有离开过这座房舍。然而，尽管他实际上是个半残废，他却孜孜不倦地坚持进行科学研究工作。

随着岁月的流逝，达尔文的手稿不断地增厚。其间，将会定名为《自然选择》的著作已包括好几部分手写草稿。达尔文不断地推敲自己的论证，增加新的细节材料以充实证据并植入观察思考的成果。然而一桩悲惨的事件却使1851年黯然失色：达尔文年仅10岁的心爱女儿安妮·伊丽莎白不幸死于传染病。自从遭受了这次幼女夭折的沉重打击，达尔文的元气一直未能完全恢复，而且也最终失去了对上帝的信仰。就在安妮病逝的这一年，达尔文结识了医生兼哲学家托马斯·亨利·赫胥黎。他俩后来成为了莫逆之交。达尔文的身体状况明显地一天不如一天。湿症、肠痉挛、虚脱、头痛、心悸、恶心，种种症状折磨着他。与体弱多病的同时代人物查尔斯·狄更斯和阿尔弗雷德·丁尼生一样，他也采取水疗法，主要是通过冷水浴来缓解病痛。在那个时候，有关达尔文的神秘病况的猜测四处流传。他是不是在阿根廷时就得了传染病？然而，早在他快要出海远航之时，症状就已经显示出来了。故而可说他更像是得了因研究工作持续不断的压力而导致的心身疾病。

《物种起源》的发表

其间，已成为达尔文的挚友的地质学家查尔斯·赖尔，于1856年4月到道恩来拜访达尔文。达尔文便将自己经过长期研究而写成的手稿给赖尔看。赖尔阅读之后，觉得手稿写得很不错，于是竭力说服达尔文发表这部手稿，可是达尔文却不同意。直到1858年6月，也就是达尔文的研究工作足足进行了20年之后，事情才出现了转机。原来是一位名叫阿尔弗雷德·拉塞尔·华莱士的英国自然研究者，正在马来群岛作研究旅行，他给达尔文寄来一部文稿。他在其中写道，在一次发烧时，他找到了物种变异问题的答案。使达尔文感到震惊的是，华莱士所作出的推论和他自己的一模一样，即自然选择是进化的推动力量。于是达尔文不得不将自己的思想公之于众，因为他不想失去领先发明权。继而通过赖尔和植物学家约瑟夫·胡克的推介，1858年当年便在伦敦的林奈学会的刊物中，以达尔文和华莱士二人共同署名的方式发表了题为"论物种形成变种的倾向；兼论变种与物种借助自然选择而永存"的论文。该文包括了华莱士的论文和达尔文尚未发表的著作的部分摘录。然而这篇论文并未引起多大反响。为了加快论著的出版，达尔文决定，将其间已然扩充成一部篇幅庞大的书稿进行了大量的删减。而其"总结"则于1859年11月以"论通过自然选择方式而实现的物种起源，或者在生存斗争中良种的保存"为标题发表。其首版所印1250册书在一天之内便销售一空，接着又迅速重印了好几次。

事实表明，达尔文对负面反应的担心在很大程度上是多余的。科学界人士大都是支持他的。诚然，也有人唱反调，但那主要是宗教界的人士，而且他们也无法阻挡达尔文思想的传播。至于达尔文的胜利，也有赖于托马斯·亨利·赫胥黎所做的巨大贡献。赫胥黎不遗余力地在舆论上捍卫达尔文的学说，结果他便得到了一个"达尔文之犬"的诨名。赫胥黎于1860年夏季与牛津主教塞缪尔·威尔伯福斯的辩论，大大提高了本人的知名度。而这位主教则是个彻头彻尾的民粹主义者，也是个很有天赋的雄辩家，他很快就将听众拉入自己的阵营。关于这次辩论，传说的版本有好几个。当他把达尔文的思想从头到尾评头论足了一番之后，为了使听众开心，还以尖酸刻薄的语言质问赫胥黎，究竟是其祖父一方还是其祖母一方是猴子的后代。然而赫胥黎却并未因此而失去自制，他镇定地回答道，他为自己有个猴子祖先而感到的羞耻，比做一个滥用自己的雄辩天赋来掩盖真相的人所会感到的要小得多。此刻大厅里才出现了真正的骚乱场面，几位受过良好的维多利亚礼仪熏陶的女士当场气得昏了过去。达尔文主义之所以能够很快赢得站住脚跟的科学理论的名声，赫胥黎可谓功不可没。凡是严肃认真的自然研究者，再也无法回避进化学说了。

魏斯曼与孟德尔

在19世纪的最后几十年里，人们逐渐认识到，达尔文已经成功地取得了重大的科学突破。《物种起源》被翻译成多种文字，达尔文的声誉迅速传遍四面八方。尽管健康不佳，但达尔文却竭尽全力投身于自己思想的广泛传播工作。1871年他发表了《人类的起源及其与性别相关的选择》。他指出，人类也是进化发展的产物。人类与猴子是起源于一个共同的祖先，这意味着，人类不会长期保持创造者们指定给自己的特殊形态。当然，维多利亚时代的公众，并未因这种思想而受到特别大的伤害，但他们却通过漫画表达出自己的愤怒（见图1-2）。

不过，达尔文的进化学说还暴露出一个奇异的缺口。达尔文及其追随者们绞尽脑汁思考，身体的特征到底是通过什么途径一代一代传下去的？显然，变异是进化的前提条件。但是，何种变异会传给第二代，何种

→ 图1-2　被画成猴子模样的达尔文

不会呢？而一个有益的品质，会不会由于通婚而渐渐弱化呢？人们虽然知道，一个精子与一个卵子相互融合会产生出新的生物，但是截至当时，谁也说不清楚，受精时什么样的信息会传给下一代。达尔文所缺少的，是一种具有说服力的遗传理论。

在生命的最后10年里，达尔文又重新回到拉马克所主张的"已获得的素质可以遗传"的观点上来。为了对此加以解释，他创造出一个自己的理论，即"泛生论"。按照该理论，性细胞不断地接收关于体内所发生的情况的信息。身体的零件与器官都制造出微细的肌体碎片（微粒），并使之经过血液通行的道路而进入精子或卵子，故而遗传信息始终是最新的。这个假说同时也解释了拉马克的使用与不使用原理。诸如一个器官被一个生物使用的强度如何，传递信息的粒子就会告诉生殖细胞。父母在生命过程中已获得的或者已失去的素质，便会以这种方式遗传给后代。由于达尔文

投身于此（同时还有别的原因），拉马克的理论在19世纪末期得以复兴。

　　然而，当德国生物学家奥古斯特·魏斯曼指出，拉马克的遗传理论与达尔文的泛生论都不正确之后，这场复兴运动便突然结束了。他拿老鼠做实验，虽然有些残酷，但还是有益的。他接连将几代老鼠的尾巴都截断，想确定它们会不会生下没有尾巴的后代。这样的情况却并未出现，每一代都产出了尾巴一样长的下一代老鼠。于是魏斯曼推论，在生命过程中所获得的素质——在这种实验中便是一次受伤——是不可遗传的。（其实他用不着如此麻烦。只要他注意看一下穆斯林青年和犹太青年的情形就可以了。千百年来，他们都要被割掉阴茎的包皮，而他们所产的儿子依旧拥有功能正常的包皮）据此，魏斯曼发展出自己的胚胎原生质理论。他为体细胞和生殖细胞画了一条鲜明的分界线。在生殖细胞，也就是胚胎原生质中，包含着的遗传材料，是不会因为体细胞中所发生的变异而受到影响的。胚胎原生质一代接一代地遗传下去，形成了一条持续不断的独有的链条，完全不受身体所发生的状况的影响。其因果关系是遗传特征进入下一代的身体，而不是相反。后来在20世纪，魏斯曼的重要见解被扩充而成为分子生物学的"中心教条"：包含在体细胞蛋白质中的信息，不会传递给DNA中的核酸。可是在魏斯曼在世的时代，人们尚未认识到这一点。反正拉马克的遗传理论无法解释，变种究竟是通过什么机制产生的。人们仍在寻找答案。

　　直到达尔文于1882年4月16日去世时，人们为了找到这个问题的答案，依然在黑暗中摸索。几乎无人知道，大家辛辛苦苦地寻找的遗传理论，早在达尔文去世前17年，就被一位捷克僧侣，名叫格雷戈尔·孟德尔的植物学家，思考出来了。早在19世纪的60年代，他就对遗传的规律性进行了研究，并在一篇标题为《植物杂交试验》的论文中发表了自己的观察结果。不过，他的开创性见解并未受到重视。通过对豌豆的杂交试验，孟德尔发现，特性会依照一定的规律遗传下去。而遗传特征则是由彼此分隔的单个元件即遗传因子所组成。遗传因子不会相互融合，只能说它们彼此

"连接"或"脱离"了。孟德尔指出，一定的特征，例如豌豆的黄色或者绿色，可能会隐藏若干代。而后说不定什么时候，又在某一代重新出现。一个"遗传因子"的表现可能会"中断"①，但不是"遗传因子"本身中断。据此，一个生物的表象（表型），远远不能说明有关其所依据的遗传蓝图（属模标本）的一切细节。尽管遗传因子经常都会通过有性繁殖而被弄得一团混乱，但它们却并不相互交融：遗传因子的粒子特点始终保持不变。孟德尔将表现出来的遗传因子（例如黄色的）称作"显性的"，将被抑制住的（例如绿色的）称作"隐性的"。孟德尔能够十分确切地预言，在什么情况下特点会显示或者不显示出来。此外，他还发现了生物的设计蓝图中本能发生的变异，即所谓突变。通过突变，有时会产生全新的表型变体。如果突变发生在性细胞中，那它就是可遗传的。

1900年是达尔文去世之后的第18年，在这一年，孟德尔的论文被重新发现了。此时人们全力以赴，试图使他的论点同达尔文的自然选择理论相互协调起来。然而这个任务可不轻松，因为不久之后便形成了两个相互竞争的阵营，也就是孟德尔派和达尔文派。孟德尔派认为，偶然性的突变是进化的动力，进化过程是跳跃式的。通过大型突变，即大规模的变异，甚至能在转瞬之间出现一个新的物种。按照孟德尔派的说法，自然选择的原理本来就是多余的。相反，达尔文派学者（有时他们也被称为生物统计学家）却深信，持续变异是进化的基础。达尔文曾经确定无疑地指出，同一个种属的生物，始终显示出微小的差异。而且只有自然选择，才能筛选出小而有益的变异。据说直到20世纪初期，孟德尔派和达尔文派之间深深的鸿沟才得以消除。

综合进化论

20世纪二三十年代，新一代学者在论坛上崭露头角，他们认认真真地

---

① 此"中断"与上面的"脱离"，原文均是德语的动词"ausschalten"。

努力，意在使两个阵营相互靠拢。新的实验与理论研究成果，使彼此之间的反感退居次要，大家又并肩前进了。达尔文派和孟德尔派的不同模式合二为一，这在很大程度上应该归功于接连登台的两部三驾马车。由于他们的加入，最终产生了现代的进化生物学，亦称新达尔文主义或曰综合进化论。20世纪20年代的第一部三驾马车的成员，有英国数学家兼生物学家罗纳德·A. 费希尔，英国遗传学家约翰·B. 霍尔丹及美国生物学家休厄尔·赖特。他们最大的功绩是，借助数学工具论证进化生物学——而这种论证方式，还是孟德尔早先开的头。这样一来，在生物学内，就出现了一门新的学科：群体遗传学。进化生物学的数学转向，主要是由霍尔丹与费希尔推动的。费希尔采用数学以及其他方法进行分析，而后指出，一个能够提供有利特性的遗传因子，能通过自然选择十分迅速地在群体中扩散。连自然选择的特例，即性选择，也能启动一个逐步升级的过程。按照费希尔与霍尔丹的观点，其实所谓进化，无非就是一个群体的遗传配置发生了变化而已。赖特的贡献在于，他发现了小群体的进化意义。一个小群体的遗传因子储备的组合，若通过偶然的波动而发生变化，要比一个大群体的变化快得多。赖特将这种偶然的变化称作"遗传因子的漂流"。遗传因子的漂流，"在新物种的产生中扮演一个重要角色。由于霍尔丹、费希尔和赖特的努力，进化生物学获得了解放。与物理学家和天文学家类似，生物学家将来也可以使用精确的数学语言。

在30年代，完成了达尔文与孟德尔知识之综合的三驾马车，其成员是美籍俄裔遗传学家西奥多修斯·杜布赞斯基、美籍德裔动物学家恩斯特·迈尔以及美国古生物学家乔治·S. 辛普森。在基辅念完大学的杜布赞斯基流亡到美国之后所进行的开创性工作，是对果蝇进行遗传学研究。他于1937年所发表的论著《遗传学与物种起源》，也许比其他任何著作都更能体现达尔文理论和孟德尔理论的融合。在该书中，除了其他观点，杜布赞斯基也指出，在每个群体中，都储存着无穷无尽的变异，故而自然选择是个持续不断的过程。变异是规律，不是特例——他的这个观点完全符合达尔文的精神。新的生物学特征，并非通过偶然性的突变，而主要是通过作为性繁殖的结果的遗传因子的重组而产生。杜布赞斯基和迈尔，也是生物物种概念（即BSC）的共同的精神父亲：物种的产生，主要通过遗传孤立。迈尔阐释道：少数几个先行者如加拉帕戈斯燕雀，可能正处于新物种产生的前夜。下面第3章，我们将对此予以详细地论述。古生物学家辛普森最后集中论述的是进化的长期影响问题。化石遗存显示，从一个物种过渡到下一个物种，不是突然完成的。进化的速度是快慢不定的，但一般都是渐进的。尽管他的这个观点受到几个同行的质疑，却与达尔文一生所论断的是一致的。具有讽刺意味的是，通过一系列科学家的辛苦努力，今天进化生物学比之前的时期更接近于符合达尔文的本意。

1942年，托马斯·赫胥黎的孙子、作家奥尔德斯的哥哥、英国生物学家朱利安·赫胥黎以其论著《进化论，现代综合论》象征性地总结了综合进化论。此书的发表，结束了一个争论不休的时期，也预告了一个新时期的开始。综合进化论，或曰新达尔文主义，在某种意义上意味着，肇始于16世纪的科学革命完成了。超自然的原因渐渐被自然原因所取代，而这自然原因，则是可以科学地加以研究的。世界机械化了：原则上没有任何现象能完全回避科学的分析。自达尔文起，我们就知道了，这条原则对有生命的自然也是适用的。为了解释我们这颗行星上的生命的发展，我们无需求助于造人的上帝，也不必寻求什么神秘的原因。基于此，我们关于人类自身和我们在宇宙中所处的位置的设想，都发生了根本性的变化。《物种起源》问世后150年来，新世界观的许多内涵尚无人能预见。然而不容置疑的是，进化范式之创建，确实是科学史上的一个难忘而且不可逆转的重大事件。

第2章

性选择

双螺旋分子结构

直至20世纪30年代末，综合进化论的发展过程绝对没有结束。正相反，在这个世纪的下半叶，进化生物学堪称现代自然科学的最重要的支柱之一。达尔文比往昔任何时候都更具有现实意义。分子生物学是一门研究生命的物质基础的学科，其诸多发现无疑具有重大的意义。这也是与往昔的决裂。在20世纪的上半叶，有些科学家和哲学家还是所谓生机论的追随者——据此理论，在有生命的和无生命的自然之间，存在着本质的区别。所有生命的基础，都应是一种神秘的非物质性的"生命力"。而分子生物学却证明，这样的假设是多余的。生命是可以从物质的角度加以解释的，为了解释生命的本质，并不需要借助神秘的非物质性的实质或者过程。

1953年，英国人弗朗西斯·克里克和美国人詹姆斯·沃森发现了DNA的分子结构，即双螺旋分子结构（见图2-1）。1962年，这两位科学家以他们的这项成就获得了诺贝尔奖。地球上的一切生命都是由两条糖－磷酸盐链构成——这两条链绕着一根共有的轴形成一个双螺旋形的结构。构成两条链的成分是四种有机碱，即腺嘌呤、胞嘧啶、鸟嘌呤、胸腺嘧啶。它们是互补的，即腺嘌呤和胸腺嘧啶，鸟嘌呤和胞嘧啶分别组合成一对。这两条有机链通过碱基对之间的氢键相互联结在一起。遗传信息和生物的结构设计便通过DNA中有机碱的排列顺序而储存起来。

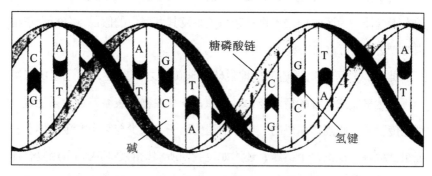

DNA结构示意图：A=腺嘌呤，T=胸腺嘧啶，C=胞嘧啶，G=鸟嘌呤
➤图2-1　双螺旋分子结构图

双螺旋分子结构的发现，再一次表明，在我们这颗行星上，生命都有一个共同的起源。一切生物均由同样的基本构建所组成。此外，分子生物学还使得我们能够对种系发展史的猜想进行审视。借助所谓的"分子钟"，我们可以重建进化史。偶然性突变的速度往往是特别恒定的，这条规律主要适用于线粒体DNA的突变。（线粒体的功能是细胞的呼吸与物质代谢；这类细胞器存在于所有动植物的细胞内。线粒体DNA仅仅由母亲遗传，而细胞核的DNA则相反，遗传自父母双方。）细胞器突变的规律，使我们可以追溯遗传的路径，并且确定物种分裂的大致时刻。两个物种的细胞器DNA之间的区别越小，则其起源路线分叉的时间就越近。举例而言，人类与黑猩猩之间的遗传差别仅为百分之几，而人类与果蝇之间的差别就要大得多。假设以往分子钟的运转速度也是恒定的，那么完全可以通过计算而断定，人类与黑猩猩的共同祖先在大约600万年前曾经生存在地球上。反之，导致产生人类的和果蝇的发展路线，却是早在若干亿年前就已经分道扬镳，各奔东西了。

在分子生物学与现代遗传学时代开始之前，生物学家只能依靠形态特征的调查来确定生物的亲缘关系。然而体形特征并不能说明一切。一只丹麦犬与一只猎獾狗在形态上的区别是显而易见的，但DNA分析却表明，这两种犬系出自同一种属，它们之间在遗传特征上的微小差别，源自于现代的人工选择。为了验证关于物种亲缘关系及其发展史的假说，分析分子结构的方法乃是可靠的工具。

此外，分子生物学还清楚地说明，遗传学之复杂性，远远超出了第一代新达尔文主义者的猜测能力。例如，一种生物的表型特征，系通过个别遗传因子彼此隔离编码的。单个的遗传因子，很少与某个特定的体形特征组合编码。议论这个话题，还不如说我们所议论的是基因和基因复合体的一个等级制度，也是在议论多种多样的相互作用。另一方面，单个的基因可以影响到多个彼此无关联的表型特征。然后再让我们来提一下所谓的"多效性"。因此，作为基础的遗传结构设计，并不是决定生物外形的唯一前提。环境因素肯定会起同样大的作用。两个从遗传学角度来说是相同的生物，可能会由于外在条件的影响而发展成大不相同的后代。一种生物的表型，具有一定的变异范围，这个事实，被生物学家称作"表型的可塑性"。

进化算法

生物的进化是一个过程，在这个过程中，起决定性作用的有三个要素，即变异、选择以及复制。偶然性的变异是进化的前提与推动力。一个群体的成员，在许多方面都是有差别的。某些特性，能使其拥有者获得寿命更长的优点，并促使其获得生物学意义上的健康素质，亦即生产后代的机会。而另一些特性则会产生负面的影响，即使其更不容易生存并长寿，并且还会使其繁殖的难度增大。一个群体中的变异，是突变和遗传重组以及通过有性繁殖而重新配置遗传因子的结果。若一种变异是可以遗传的，则能改变一个群体的遗传组成。一个群体中所发生的变异总是偶然性的，这就意味着，施加给群体的选择压力是无法预知的。倘若该群体无法更长久地适应周围的环境，那它只有等待，等待有朝一日发生一个有益的变异。故变异并非如拉马克所言，是目标明确的。即使一个生物竭尽全力而为之，它也无法获得能够有助于自己克服困难的遗传因子。

自然选择是进化机制的第二个要素。我们有理由称之为进化的发动机，即推动力。看起来，似乎是通过自然选择选定了有益于延长寿命的特性，故而就字面意义而言，不该称之为偶然性的。因为繁殖成果中的差别，并非取决于偶然。平均而言，那些最能适应环境条件的个体，将会产出最多的后代。自然选择是一只筛子，能将有利的变异与不利的分开。

最后，复制是进化机制的第三个也是最后一个要素。它是进化的关键，因为从某种意义上来说，它打开了永生之国的大门。自我繁殖的诸种生物，将遗传信息传给自己的后代。于是遗传因子就可能永生不灭。同时，生物能够自我复制的事实也表明，通过进化选择的过程，优良特性代代相传而越积越多。而其中承担有益突变任务的遗传因子，平均而言，会比具有负面影响的遗传因子得到更多的复制机会。能使生物的素质得到提高的特性，会在群体中扩散，亦会变得更强，而不利的特征则会削弱，以致被剔出。群体作为一个整体，将会以这种方式成为一个具有灵活性的，能够逐渐地改变自己的遗传因子储存，从而适应多变的环境条件的团组。

变异、选择和复制这三个要素相组合，则成为一种进化算法，即VSR算法。这种算法是一种简单的方法，只要一开始按该法进行计算，就会得出某种一定的结果。进化VSR算法的结果就是适应能力。如果进化的积累性选择过程的时间足够长，就能产生出令人特别吃惊的适应能力来。现在，让我们以人类的眼睛为例——这是一个被"神造论"者及其他反进化论者所经常引用的论据。眼睛是如此高度复杂的一个器官，它绝对不可能是偶然生成的——这就是论据。可以预料的是，虽然变异的发生是以偶然性为前提，但是自然选择却并非如此。若将第三个要素也加进去，则是完整无缺的VSR计算法：只有变异、选择与复制三个要素组合起来，才能形成犹如"聪明设计"似的机制。

眼睛多次出现在完全不同的各种生物物种——例如脊椎动物、昆虫和软体动物等——的身上。起初的时候，很可能就只是一个简单的感光细胞，或者是一种光接收器似的器官。在若干百万年的漫长历程中，设计草图的每次改进，尽管并不显著，都会被保留下来并且遗传下去——因为即使只将视野扩大百分之一，那么在这个处处存在着危险的世界里，也是很有益处的。经过许多中间阶段之后，最终产生了复杂的昆虫复眼和脊椎动物透镜似的眼睛。总之，如果注意到了进化机制的所有三个要素，才能理解复杂器官的进化。我们不妨回过头来再看看本书第1章中所举的猴子用计算机打字的那个实例，它随意敲击键盘，就能打出莎士比亚的一个剧本的概率，实际上是无穷地小。不过，假如人们给处理文稿的工作加进一个包括积累性选择的算法——用这种选择法，从猴子所打出来的偶然性文稿中，将正确的字母、空格与标点符号（如顺序正确的"Macbeth"）挑选出来——那猴子是可以取得差强人意的成功的。

为了形象化地描述自然选择的作用，现代的进化生物学教科书几乎都要以尺蠖蛾为例。这种小小的毫不引人注意的蝴蝶，在整个欧洲土生土长。特别是在英国，有人对它进行了研究。在19世纪的上半叶，尺蠖蛾大多是浅色的；它若停在长着苔藓的桦树主干上，它的敌人几乎发现不了。这种保护色便是自然选择的结果。然而随着工业化的进程，空气的污染日益加剧，树干上的苔藓越来越少，致使树干的颜色转而变深了。其后果便是，浅色蝴蝶得不到保护，变成了鸟雀的美食。令人惊讶的是，自19世纪中期起，尺蠖蛾的深色变种分布得越来越广了。其色调的短处竟然转而变为使之得以逃生的优点，并且将其浅色的同类几乎全部排挤出局而消失了。这种现象，在生物学中被称作工业黑变病。在最近几十年里，随着空气污染的缓解，人们观察到，往昔的情况又回归了。可能这个动物群体的个体又慢慢地重新披上浅色外衣了。

巨鹿与孔雀

人们可能会以为，生物的所有特性，都是通过进化过程而形成的，故而都是有其作用的。但事实并非如此。生物具有许许多多毫无作用的特性。其实这些往往是另外一些能起作用的特性的副产物。例如盲肠和男性的乳头。男性之所以有乳头，是因为早期的胚胎具有雌性的基本形式，到后期才会形成可以区分性别的特征。一种特征具有何种功能，往往是显而易见的：心脏、肺、眼睛或者尺蠖蛾的色调都是通过自然选择而获得的适应性产物。心脏的作用是，将血液压进全身的循环系统，肺给血液掺入氧气，视觉器官使生物得以收集外界的信息，尺蠖蛾的色调起伪装的作用。

不过，有的时候一种特征的功用并不是一目了然的。关于斑马身上的条纹有何功用，专家们还一直在猜测。一种解释是，和老虎一样，斑马身上的条纹是其置身于深深的草丛或矮树丛中时的伪装。这个假说没有多少说服力，因为斑马恰恰喜欢在树木稀疏的空旷草地上吃草。我们不如说它表皮上的图案，是一种引诱手段：瞧瞧，我身上披的可是一件装饰华丽的睡袍！也说不定，要是斑马的身上裹着单一浅褐色的皮，它自己会觉得更好呢。故而何种特性是通过自然选择而形成的，何种不是，我们并不总是十分有把握。相反，确定无疑的是，一种适应环境的，从而能够起作用的特性，是自然选择的结果。然而，并非每种特性都能适应环境。

除了（可能）没有什么作用的特征以外，还有这样一类显得真正与自然选择原理相矛盾的特征。教科书里引用的典型例证是巨鹿与孔雀。巨鹿生活在整个欧洲和亚洲北部的最后一个冰川期，已灭绝了大约1万年。它巨大的角，横向宽达4米，它的体重可达60公斤！直至不久之前，人们还认为，它的角可能给它带来的不利之处，必然多于其优点，并且使它加速灭绝。不过问题跟着就来了，为何这样一件碍事的装饰品会长出来呢？

巨鹿的角长期被当作所谓定型演化的实例。依据该定型演化理论，进化是朝着预先确定的方向进行，是被一种无人知道的力量所推动的。可以这样说，巨鹿的内心里有一种追求，希望自己头上的角越长越大，直到它最后由于承受不了此等重负而累倒为止。今天，关于定型演化的想法已经过时，几乎再也没有支持者了。

不过，假如将巨鹿的大角与其庞大的躯体联系起来观察，那就很清楚，其大角完全是同头颅和躯体的尺寸相配的。巨鹿的肩高超过了2米（见图2-2）。而它的角，肯定是通过自然选择而长成的吗？它的角是如此巨大，其不利之处必定多于优点，这又怎么解释呢？这种鹿特别容易引起敌人的注意，很难逃脱敌人的猎杀。加之它每年都得使巨大的鹿角脱落，而后在夏季又长起来，这岂不是需要消耗大量的营养与能量吗？既然雌鹿没有角也能够活得很好，那为何要如此浪费呢？

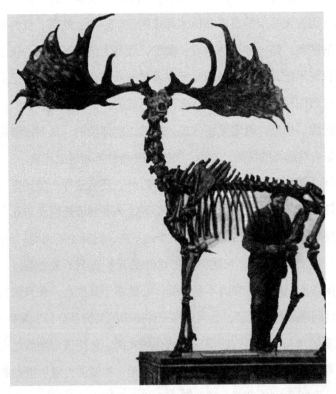

→图2-2 巨鹿的肩高超过2米，其角的宽度可达4米

　　至于第二个例子中也能引起同样疑问的，是那个显然与自然选择相矛盾的特征：雄孔雀尾部华丽的羽毛。它披着光彩熠熠的深蓝色羽毛盛装，头上还戴着自命不凡的王冠似的小帽，这全副装扮，显然都是为了吸引别人的眼球。它确确实实是个不可忽视的角色。瞧瞧吧，一旦它展开自己尾部的那个大圆盘似的羽毛之屏，呈现出一片五色斑斓，其间还点缀有数十只闪耀着彩虹色的眼睛，绝对能使观者看得眼花缭乱。它身上这样的一个尽显艳丽的特征，究竟有何用处呢？它拖着这样一大束长羽毛，使自己的行动大受限制——孔雀的飞翔能力特差——难道就是为了吸引猛兽目不转睛地盯住自己（孔雀的故乡是在亚洲南部的森林中）？如果这是自然选择的结果，那么它应当像雌孔雀那样，将自己好好地隐蔽起来，不要引起别人的注意呀。为什么要发展出这样一个特征来呢？

　　或者换一个更一般的问法吧：为何不同的性别之间会有这么大的区别呢？

雄性的竞争

　　许多动物的雄性与雌性之间，存在着外形上的差别。在这个意义上，人们称之为"性二态性"，即性别不同，形态各异。达尔文在其出版于1871年的论著《人类的起源及其与性别相关的选择》中，将性特征区分为第一性征和第二性征。被达尔文归入第一性征的，不仅有性器官，而且还有有袋目哺乳动物的袋和哺乳动物的乳腺。不同性别之间的第一性征之差别，通通与生殖有着直接的关系。然而达尔文的兴趣，则更多地在于第二性征。按他的猜测，雄性与雌性的差别如此突出，是对生殖取得成功的直接贡献。这话也适用于鹿的大角和孔雀的长尾。其他实例还有，雄性招呼蟹①的特大的螯足，雄性鹿角甲虫的奇形怪状的上颌，以及雄性极乐鸟的彩色羽毛。

---

① 生活在暖水海洋岸边的长有十只足的蟹，其雄性发情时会用其螯足发出信号以吸引雌性，状如"打招呼"一般。

即使是灵长目动物（猴子、类人猿及人类），也经常可以发现其拥有性二态性这种第二性征。堪作实例的是非洲西部土生土长的一种狒狒，被称为山魈的显性的雄性个体。它们的面部呈现彩虹的所有色调，而雌性的脸却毫不引人注意。但有的时候，性别的不同并不表现在色调或形体上，而是表现在个子的大小和体重上。大猩猩的头领，即所谓"银背男人"，便比雌性同胞大得多，体重也是雌性的三倍。又如海洋里的哺乳动物海象，其雌性的体长只及雄性的一半，至于体重，连雄性的三分之一都不到。

性别上的二态性，也可以表现在动物的行为上，如鸟类雄性的唱鸣和交尾，或者相互之间的（仪式化的）争斗。还有，在候鸟的迁徙途中，雄鸟飞在雌鸟的前头；建造复杂而精巧的巢，也是雄鸟的分内事，等等。不过如前所述，这类第二性征并无直接的益寿延年的价值，说白一点，不拥有这类性征的雌鸟，自己也能够很好地活下去。那么，为何在雌雄之间会形成这样一些引人注目的区别呢？达尔文在其研究这种神秘现象的《人类的起源及其与性别相关的选择》的第二卷中指出，第二性征是自然选择之外的一种单独的进化力的作用结果。这就是性选择。依照他的理解，"性选择是一定的个体所拥有的，仅在生殖方面有对同种同性别的其他个体的优势"（见该书第二卷第8章）。

在达尔文生前，能理解他的性选择学说的人很少。直到20世纪的下半叶，人们才认识到他是对的，他的思想远远超前于时代。

进化过程的一个重要部分是竞争。需要竞争的不仅仅是食物、栖息之所或者活动领地，而且还要竞争本群体中的异性成员。雄性之间为了夺取交配对象而发生争斗，是性选择的最基本形式。在许多物种中，只有很少的雄性能参与繁殖。在一雄多雌的物种中，竞争（即雄性争斗）最为激烈——雄性拼命找到许多雌性交配，这种竞争便会导致在两性之间产生出一种突出的二态性来。由于受到选择的压力，雄性不仅变得体型与体重越来越大，而且形成了一座装得满满的武器库，什么树杈状的角啦、牛羊的角啦、突出嘴外的长牙啦、钳子般的螯足啦，简直是要什么有什么。

让我们再回过头来说说鹿的例子：最大的公鹿头上的角最雄伟，它像一个皇帝一般，后宫里妻妾成群，它使所有的母鹿都受孕，它将自己的优点传给自己的后代。然而它的优势地位一般只能维持一年。它接连不断地交配，又与情敌恶斗，这些行为确实是严重地消耗了它的体力，末了它常常是精疲力竭而亡。不过从进化的角度来看，它的成就特别地辉煌，它的遗传因子在基因博弈的赛场上广泛散播，它就这样完成了自己的使命。下一年又会爆发一场争夺母鹿的战斗，一位新上任的最强壮的公鹿登上领队的宝座。不过，那些站在赛场的边线上观战的母鹿们，她们却丝毫不会吃亏。她们有把握，每年都能与最强壮的公鹿交配而怀孕，并且能得到最优秀的遗传因子。

至于实行一夫一妻制的物种，一般来说，两性之间的二态性的情况特别稀少，因为雄性极少为了博取雌性的欢心而必须相互交战。乌鸦科或者其他一些鸟类如信天翁便属于此类，而人类亦可归属于此类实行一夫一妻制的物种。故而男人在个子大小和体重上，与妇女并无特别大的差别。不过，后面我们还会论及，性选择在人类的身上，亦会有其作用。

雌性之挑选

至此我们已经解释过了，许多动物的雄性，体型都比雌性大，而且雄性为了和自己的情敌竞争，还把自己武装到了牙齿，然而，这却未能揭示孔雀的转盘式尾巴之谜。因为雄孔雀之间几乎不交战。这其中必定另有原因。为了解释这种现象，达尔文提出了性选择的第二种形式：雌性选择。雌孔雀挑选来做自己交尾对象的，是给自己留下最深印象的雄孔雀。尽管在雄性之间总是会发生竞争，可是竞争已不再使用武器，而是展示自己绚丽的色彩，跳交尾之舞以引起注意，或者发出求偶之声。最后，还是雌孔雀站出来结束雄孔雀的自我表演，为自己选定一个交尾伴侣。雌性的审美能力会产生出比第一种性选择更令人惊异并且更为极端的身体特征和行为特征来，因为雄性的特性与雌性的爱好是相得益彰的。其雄性后代会遗传父亲的特征，雌性后代会遗传母亲的偏好。这样一来，就会产生出绝妙的装饰，譬如雄孔雀的羽毛盛装和尾部绚丽的转盘。以简朴无华的时装表演开场的，将会通过选择周期的加工过程而演变成为越来越独特的特征。早在上个世纪的30年代，数学家兼遗传学家罗纳德·费希尔便预料到，一个特征，如尾部羽毛的长度，尽管其偶然变长的量是微小的，但这个特征却可以迅速地在一个群体之内传播。只有当这种装饰的弊大于利之时，这种升级的过程才会终止。

此外，达尔文还认为，雌孔雀会受到美观意识的左右。他在《人类的起源及其与性别相关的选择》中写道："如果我们看见，雄孔雀是故意将自己的羽毛装极其绚丽的色彩展示给雌孔雀看的……那就不可以怀疑，雌孔雀对自己的异性伙伴的漂亮衣装是赞赏的。"这种看法有点儿主观。其实不仅是孔雀，而且还有其他鸟类，似乎都赋有雅致的爱好。譬如澳大利亚和新几内亚的雄性极乐鸟，尽管从其外形来看，它与孔雀是不可同日而语的，可是它所建造的建筑物，却是比某位伊夫·克莱因的艺术作品毫不逊色的作品。而雌极乐鸟则像个真正的艺术品鉴赏家似的鉴定这些建筑物。不过，现代的生物学家却不怎么相信关于动物具有艺术意识的猜测。雌孔雀之所以选定羽毛装最华丽、衣装上眼睛似的斑点最多的雄孔雀，并非因为它外表的格外俊美，而是因为它的基因是"良种"。披着如此累赘的衣装，还能神气十足地悠闲走动的，身体一定是健康的，也不会因为受到寄生虫的伤害而得什么病。它的尾部那绚丽的大盘，正是其身体健康的标志。这就是说，雌孔雀并不是出于审美的考虑，而是出于直觉。关于进化与美学之间的关系，我们在后面的第13章中还会更详细地论述。

达尔文的思想的确超前于他那个时代，但是有一点他却弄错了：性选择并非如他所说的，是一种独特的进化力量，而是自然选择的一个特例。即使是本种属的成员，也是一个群体的生存环境的一个部分，故而也需要逐渐地去适应这个"环境"。生物在进化的过程中，不仅仅需要适应当地的地形、气候，适应自己所要捕食的动物，或者适应想要捕食它自己的敌人，而且还要适应本种属的雌雄伙伴。至于人类的情况又是怎样的？在人类的发展过程中，性选择也会有作用吗？

自然与环境之比较

关于人类的行为和人类的心灵是否通过进化而形成的这个问题，人们已经激烈地争论了很久。直到不久之前，在社会科学如心理学、人类学及社会学中，这种猜测都是被一张真正的禁忌之幕所掩盖住的。按照教育界流行的观点，一个人在很大程度上是通过教育、社会环境以及文化的塑造而成形的，而生物的与进化的影响所起的作用，则是不值一提的。现代人已经脱离了自己的生物学之根。我们作为一片尚未加以书写的树叶来到人世，而后教育和文化才在我们这片树叶上留下了痕迹。谈这个"其中也可能有生物因素在起作用"的论题无异于玩火，而且听起来有生物决定论之嫌——据此理论，人类是完完全全地取决于自己的生物学配置的。就部分人而言，这种防御姿态，其实是对20世纪以优生学和种族理论为依据的那些罪行的一种反应。故而在第二次世界大战之后，社会科学界又滑向另一个极端，转而支持纯粹的文化决定论：人类的行为是"可塑造的"，社会是"可加以影响的"。只要我们好好地教育培养我们的孩子，原则上可以把社会建设成期望的模式。社会科学家们一开始就将关于人的行为之生物学解释模式排除在外，从而借此确保自己的独立地位。

所以在1975年，当美国生物学家爱德华·O.威尔逊依据自己的判断认为，应当在遗传学和进化生物学的基础上对人的社会行为进行研究时，便遭到了异口同声的拒绝。许多人认为，威尔逊是一个性学者、种族主义者，他滥用生物学，以达到为人与人之间的不平等作辩护的目的。他为社会生物学所作的辩解，仿佛是对牛弹琴一般。

直到上个世纪的80年代，人们才改变了想法，大家认识到，社会科学的"标准模式"，是片面地强调环境的影响（教育、培养）。其实遗传的素质和环境这两个方面，都得纳入对人的行为的研究之中。自然与文化是不可分割地联系在一起的。在第5章中，我们将要更详尽地研究社会生物学和进化心理学的知识。在这里，我们仅仅是将面纱掀开一角，仅仅是对性选择在人类发展中所起的作用扫视了一眼。

石器时代的精神

前面已经说过，人类可以归入倾向于一夫一妻制的哺乳动物。由于在男人之间不会为了得到使尽可能多的妇女受孕的特权而进行格斗，故在人类中间，性二态性的表现还是比较少见的。平均来看，顶多有30％的男人体重超过妻子，将近10％的男人身材比妻子高大。男人们和雄孔雀相似，会企求女人的欢心，但他们采取的方式要复杂一些，故性选择的第二种方式，即女性选择，起的作用很重要。性选择影响到男人和女人的行为与爱好。在此，我们还得考虑到，人类的繁衍，90％以上都发生在非洲树木稀疏的草地上——那时，我们的祖先尚且以狩猎和捡拾食物为生。在这个漫长的历史时期中，一定的进化复制策略得到了回报，而与此同时，其他动物却渐渐地消失了。这部分遗传素质，我们迄今仍保留在自己的身上。

按照进化生物学的观点，我们具有一种石器时代的精神。我们现在居住在城市中，生活在错综复杂的社会里，但这只有几千年的历史，若要从根本上改变我们的就进化而言的行为、感情以及性爱好，这么短的时间是远远不够的。我们的头脑，尚未离开史前时期的发育阶段呢。诚然，今天我们有避孕手段，我们可能只是为了满足性欲而性交，这方面不会有多大的改变。可是与生俱来的行为方式，天生的偏好，并非说放弃就能放弃得了的。男人和女人都有其千差万别的复制策略以及与之有关联的偏好。而这些策略与偏好，部分地源自遗传，同时按照进化心理学家的观点，还使得异性之间产生出气质上的差别来。

在挑选配偶方面，男女双方都有涉及文化的各个方面的公式化的偏好。男人喜欢有吸引力的女青年，女人一般都更看重社会地位，更重视男人是否愿意为建立恋爱关系而投入。从进化论的角度来看，这是不难理解的。女人从性成熟起直至绝经，其卵子的储备是有限的，总共不过三四百个而已，但男人却不一样，直至高龄仍能有许多精子可供利用。加之卵细胞又比精子大得多，故产卵需要更多的能量。这样，与精子相比，卵子既是比较稀少的，又是宝贵得多的。女人一年只能生产一次，而男人理论上每天都可以产出多个孩子。除此之外，像人类这样的哺乳动物，胚胎是在雌性的体内生长的，新生儿在相当长的时间里，都需要吸食母乳。故人们可以说，这是不对称的。对于女人来说，受到生殖的影响要比男人大得多，故而她们为后代所耗费的时间和能量也多得多。而男人所投入的则要少得多，甚至可以说，他们为此而做的贡献是有限的，不过就是参与性交而已。

基于这种男女之间在生理学层面上的差别，还可以预言式地说几句：女性在其性关系中，挑选的意愿要大于男性，也更为小心谨慎，因为对她们来说，其后果的影响要深广得多。按照进化心理学家和社会生物学家的看法，女人的这种态度并非以文化素养为其前提，而是生而有之的。一般规律是：两性中投资最多者，选择权也最大。犹如海马和几种青蛙，其雄性负责哺育后代，所以在挑选交配对象时，它们的选择权就要大一些。获得这种知识，我们得感谢美国的社会生物学家罗伯特·特里弗斯——是他力求以精确的数学语言阐释性选择对配偶选择以及"双亲投资"的影响。

就某个方面来说，生育是一桩买卖，无论对男人还是女人，都与盈利和亏损有关。从进化的层面来看，两性之间存在着涉及双亲消耗问题上的冲突。因为男女双方都想以尽可能少的成本生育后代，所以双方都会陷于进退维谷的境地。他们应当采取何种策略呢？对于男人与女人，答案是不一样的。哺乳动物如人类，其女性出于不难理解的原因，总是比男性投入得多。相对而言，孩子的出生时间提前了，他们依靠母亲的时间特别长。除了其他的原因，这得归因于我们祖先的脑量爆炸性地急剧增长，从初期的人科动物的500立方厘米，增长到现代人的1500立方厘米。由于妇女的生殖道未能随着脑量的增大而变得更宽大，于是孩子出生的时间越来越提前。同时，随着脑量的增大，也开始了一个越来越长的学习过程。所以妇女需要找到一个能提供固定住处并能持续不断地提供食物的可靠的伴侣。这种优先考虑的条件，对于愿意承担部分父母投资责任的男人，会成为一种选择压力。对于他们来说，这投资是值得的，因为他们比自己的朝三暮四的同性伙伴有更好的机会生养孩子。我们看见，和其他灵长目动物不同的是，人类中的男性，在养育后代的事情上也有很大的贡献。

然而与普遍的观点相反，男人并不是预先编好遗传程序，要和尽可能多的妇女做性伴侣的。一般来说，男人都是好父亲，他们对自己的孩子兴趣很大。至于黑猩猩和倭黑猩猩，我们却不能这样说。在人类中，男人的高额投资是性选择的结果。妇女不仅仅对他在遗传方面的贡献有兴趣，而且也对他将来会不会支持抚养孩子有兴趣。鉴于男人付出了高额的投资，便使性选择受到影响而朝两个方向发展：男人们相互竞争，是为了争抢女人的稀少的卵细胞；妇女们相互竞争，则是为了得到愿意将财力物力投给孩子的稀有的男人。故在人类中，男人之间和女人之间都会发生竞争。这种关于性选择之影响的猜测，犹如前面已经提到的，已为经验研究所证实。如各种文化圈中的妇女，显然一般都更重视其伴侣的社会地位及其家庭投资的意愿，而较少注意其是否具有吸引力或者是否朝气蓬勃。男人们则正好相反，他们首选那些体态丰满且很有受孕希望的年轻女人，从进化的观点来说，这是一种可以理解的偏好，因为他们有相当的把握，知道青年妇女容易受孕生孩子。妻子的社会地位倒是次要的。若一个男人偏好年龄较大的女人，那从进化论的观点来看，不啻是死胡同；而妇女们却觉得，伴侣的年龄大小并没有多大关系，因为男人反正在很长很长的岁月里都有生产孩子的能力。

不过，新近的研究结果却表明，妇女对配偶的优选也许要复杂一些。在经期中的妇女，优选配偶的条件似乎会发生变化。当其不处于易受孕期的时候，会优选温存的男伴，而在排卵期，她们却觉得肩膀宽而下巴显得有力的大丈夫型的男子汉更有吸引力。于是一个精明的女人，她总能从两者之中的最优秀者获取好处。为了获得"良好的基因"，她专挑有吸引力的男子性交，而要软心肠的男士承担抚养孩子的责任。其他一些种类的动物如雌山雀，也是采取这种策略。然而，男人们可以采用的办法也不少。若是一个狡猾的家伙，他会把自己伪装成一个可以信赖的人，性交一完便溜之乎也。有一些男人，和多个女人一起制造出孩子后，却让别的男人抚养。据保守的估计，有百分之十的父亲，误以为其所抚养的，真是自己亲生的后代。

某些社会生物学家认为，在人类的进化过程中，男女之间曾发生进化的"军备竞赛"。男人总是更善于在妻子面前假装正人君子，而女人则在揭露此类骗子方面变得越来越老练。于是便出现了荒谬的情况，即只有在男女双方都关心子女的生活共同体之中，才会谈起忠不忠的问题。而在另外一些很少为子女投入的物种里，男性忠不忠的问题其实是毫无意义的。

性选择、通奸及感情冲动

性选择在人类也会引起生理学的适应问题。妇女们为了与异性的感情结合能够长期保持而不致中断，经常会对其男伴发出性吸引的信号。而其他灵长目动物的雌性，却仅在一个短暂的时期内诱使雄性追求。譬如在其易受孕期间，其臀部会胀大，并会发出耀眼的红光。这就是雌性黑猩猩、倭黑猩猩以及狒狒发给雄性的信号，表示其已做好了交配的准备。而在人类，女性的排卵却是看不见的，性活跃也不局限于一个短暂的时期。这样就可以预防男人去找别的女人。与其他灵长目动物相比较，男人的精子储备量排位在大猩猩之后，是最少的。这相对很少的精子储备量，显然是为一夫一妻制的生活方式确定的，属于有规律的性交行为。而实行一雄多雌制的类人猿，其雌性仅仅在发情期间才对雄性的性亲近行为有所反应。由于其雄性常常与各个雌性同胞发生多次交配行为，故会出现精子竞争的局面：精子储备量最大的雄性，对其求爱竞争者具有优势。其结果，就是产生出一种有利于射精量最大者的选择压力。黑猩猩与倭黑猩猩的睾丸也比智人属的雄性代表的大得多。

在人类中间，妇女还有一个引人注目的特征，即经久不衰的乳房。其他灵长目动物雌性的乳房仅仅在哺乳期间膨胀，但人类女性的乳房却并不是因为乳腺活跃而膨胀，而是由于脂肪与结缔组织的堆积所引起的。乳房又是持久地具有生殖能力的一个信号。此外，经久不衰的乳房也可能是一个巧妙的绝招，目的是为了掩盖怀孕的大肚子。假设一个男人知道了一个女人是孕妇，那他可能就会失去对她的兴趣。英国动物学家德斯蒙德·莫里斯于1967年在其有些过时的论著《裸猿》中，大胆地提出了另外一个解释：当人类在其进化过程中开始直立行走之时，原来灵长目动物普遍采取的那种贴背交配方式渐渐地被传教士姿势所取代了——采取这种方式，交配双方是脸对着脸的。而这样一来，猿猴家族里被视为交配的强信号的高高翘起的臀部，此刻却再也看不见了，于是作为替代，便发展出了高高隆起的乳房！

按照进化心理学家的观点，男人和女人在生殖方面有差异的策略也会引起思维的不同。男人与女人在这方面的激情并不是一样的——这主要是在涉及爱情与性欲之时。我们就以嫉妒心为例。男人和女人心怀嫉妒是出于不同的缘故，因为双方的兴趣不一样。男人自然而然的担心是，自己的投入，受益者并不是自己亲生的孩子，而是别人的孩子，故而他便成为一个类似于替布谷鸟孵蛋的雀鸟的父亲（在好几种欧洲语言里，都是因为布谷鸟这种寄生式的孵蛋行为而将其名字安在受骗丈夫的头上。如在英语里，这种男人就被称作cuckold）。使男人担心的是，自己的女性伴侣会秘密地与另一个男人通奸，因此，自己会非自愿地为别人的基因而投入。相反，女人担心的却是，男性伴侣的感情和另一个女人结合在一起，故而不再履行投入的承诺。男人对性方面的不忠反应很强烈，而女人则对感情上的不忠反应强烈。

看起来，各种文化中的妇女们，似乎都准备原谅其男性配偶在性关系方面的越轨行为，只要他们还关心家庭，并且让感情的纽带保持完整就行。只要男人不离家而去，不带着往往是更年轻的情妇另立门户，妻子都会睁只眼闭只眼装作不知其隐情。相反，在所有的文化中，妇女的通奸都被视为无耻的行径，因为这种行为破坏了男人将自己的基因传给下一代的大事。反正一个女人起码知道，自己所生的每个孩子，总有百分之五十的基因是从她自己的身上得到的。

性选择与文化

不久前，美国的音乐杂志《滚石》发表了历代最佳摇滚吉他歌星前100名的排行榜。根据其读者的评选，吉米·亨德里克斯名列榜首。然而引人注目的是，名列其中的只有两位女性，即琼妮·米切尔（72）和琼·杰特（87）。98位男士对2位女士，这不平衡何其大也。与之相似然而不是那么极端的例子还有，那就是在古典音乐与爵士乐领域中的情形。妇女在其中也做出了部分的贡献，可是能排在最前列的极为稀少（暂且不谈女歌星）。伟大的作曲家、艺术家和科学家，几乎无一例外都是男性。局部而言，出现这种现象的前提条件，肯定是在文化方面。要在这些领域里出类拔萃，女士们的胆量不如男士那样大，或者说她们得不到证明自己有能力的机会。无论如何，反正历史上的情形就是如此。不过，这种文化的解释还需要补以佐证。因为一般来说，男士们都显得更尽心尽力于事业，他们更有志气，更企求得到重视，他们巴望青云直上，乐于显示自己的社会地位，犹如孔雀爱炫耀其华丽的尾屏那样。为了显示自己的能力，他们驾驶昂贵的小轿车，将豪富当作华服裹在身上。男人们如同着了魔一般迷恋自己的社会地位，因为在任何文化环境里，什么名声啦，财富啦，权力啦，通通是值得追求的。

按照美国进化心理学家杰弗里·米勒的观点，男人们这种追求奢华之心，正是自然选择的结果。其所推出的，并非生理上的装饰物，如孔雀尾部拖着的那束长羽毛或者乌鸫的鸣唱，而是艺术、技术与科学之类的大脑装潢。男人们力图将自己的成就和专业知识展示给别的男人和异性看。

按米勒的说法，艺术与文化是一种具有性吸引力的手段。至于我们的大脑及其相关的能力，我们得感谢自然选择的赐予。米勒的假说是大胆的，但也是有趣的。按照时下流行的看法，大脑容量的急剧膨胀，全靠自然选择的作用。当我们的祖先开始直立行走，制造石头工具，并且开始说话时，一种强大的选择压力是有利于脑量的增长的。不过，这种理论却有一个问题，就是没有人能够确切地说出，推动这个过程的，究竟是什么力量。因为一涉及人脑这个器官，人们就会提出与涉及孔雀的长羽毛尾巴时一样的问题：这样一件令人惊叹不已的装饰物到底有何用处？因为在远古若干百万年的漫长时期中，尽管我们的祖先并没有特大的脑，但也能够像与我们的亲缘关系最近的类人猿一样应付自如。故而我们说，人类脑量的增长全靠自然选择，这句话至少是需要作补充的。

而米勒所提出作为替代的这种理论，则可避免这个难题，因为性选择，特别是女性的偏好，犹如我们已看见的，将进化推到了顶峰。一个偶然产生的并不显著的特征，可能会越来越放大。按照米勒的看法，这个放大的过程，也包括人脑在内。我们祖先的样本中的女性，便是优选那种由于具有才智和创造性而出类拔萃的配偶。犹如孔雀的华丽尾羽，既具有创造性的智慧，也是基因优良的表征。通过女性的优选，这个发展过程得以加速，而且时至今日，这个过程尚未结束。

米勒的理论得到了脑研究成果的支持。与其他灵长目动物不同的是，人的大脑分为两半，两半各自具有不同的功能。左半脑承担言语等任务，右半脑则负责空间定位。男性两半球的分隔是最引人注目的。这也许可以说明，为何从很多方面看，男人都是喜欢自我炫耀的，但也可以解释，为何男人得某些精神疾病如精神分裂症之类的，比女人多得多。对性选择可能会产生的影响的研究，尚处于蹒跚学步的阶段。不过有一些成果已然显示，有可能是通过自然选择而形成了男人和女人的生理学机制、行为以及心灵。在下一章中我们将会看到，自然选择在最重要的进化事件之一，即新物种的诞生过程中，也是起过作用的。

第3章
物 种 的 形 成

奥秘中的奥秘

我们在第1章中已经得知，达尔文和华莱士对物种演变之谜进行了研究。而动物和植物的物种，则由生物的种群所构成。在一个种群中，几乎总会发生某种范围的变异，即是说，个体彼此之间是有所区别的，这类区别又往往是可以遗传的。有利的变异会通过自然选择而得到"酬报"，不利的则受到"惩罚"。因此，该过程是积累性的：能够带来延长生命益处的特性和特征，能经过许多代遗传下去，并得到优化，而不利的特性与特征则会逐渐剔出。基因的贮备便会通过这种方式发生变化。承受着选择压力的种群，会朝着一定的方向发展，以使个体所谓更好地适应（时时变化着的）环境。我们可以再举出前一章曾经提及的尺蠖蛾为例。

物种是可以慢慢变化的。可是一个新的物种是怎样产生，何时产生的呢？究竟是什么机制使物种得以形成的呢？在很长的历史时期中，这都是一个巨大的秘密。1836年，英国的物理学家兼哲学家约翰·赫歇耳将动物和植物的新物种的形成称作"奥秘中的奥秘"。这就是说，他显然是在达尔文之前就改变了物种不会发生变化的想法。然而，直到19世纪的中期，普遍的看法仍旧是，自从上帝创造了地上的植物和动物以来，物种一直都是保持不变的。尽管一个物种的个体彼此之间会有差别，但种和属都是上帝所创造的单位，它们都具有一定的不可改变的根本性特征，而且这些特征都是该种生物的个体所独有的。当人们发现了越来越多的动植物化石，并且发现，这些化石是由那些与当时生存在地球上的动植物完全两样的物种所变成的时，人们才开始对物种持久不变的看法产生了怀疑。显然，曾在地上生存过的生物，此时已然灭绝。有些研究自然的学者以突发性灾难事件，如《圣经》中的大洪水传说为依据作出解释，但是这类化石已有数百万年的历史，与其所作的解释是矛盾的。

人们倾向于认为，是达尔文为否定这整个令人茫然的解释做好了准备。然而，尽管达尔文以其主要论著的标题许诺，对物种的起源作出解释，但他却恰恰未能做到这一点。虽然他详细描述了物种通过自然选择而发生变化的过程（种系进化），但是对一个新的物种是怎样产生，为什么会产生的问题，他肯定是没有给出答案的。达尔文猜测，在加拉帕戈斯群岛上，由于地理的隔离而发展出新种类的燕雀，这是正确的，不过当时他尚未掌握现代的遗传学研究方法——使用这种方法，可对此类物种散布的历史过程进行研究。

只是到了上个世纪的三四十年代，才得以借助"种群遗传学"和进化的综合研究方法对这个问题作出解释。照这么说，隔离状态中的复制便是最初形成物种的基础，而且通过这种方式，种群得以彼此不相往来地各自继续发展下去。到一定的时刻，差别会变得很大，可以说，已经变成了两个不同的种类。不过，在我们深入地研究物种形成的细节之前，我们还得先提出一个问题：究竟什么是物种？或者更宏观地问，大自然是如何建立秩序的？因为人们一提到生物学和进化论，就会马上提出这个应该如何给大自然分类的根本问题。什么应归为一类，什么不能？为生物分类的学问就是分类学或曰生物分类学？

皇帝的动物

阿根廷作家博尔赫斯在其发表于1952年的一篇短文中提到一种分类法。据说这是古代中国的一部书名为《物华天宝之有用知识》的百科全书中所记载的。其短文中写道：

在其陈旧的书页上写着，动物的分类如下：（a）属于皇帝的动物；（b）涂了防腐香料的动物；（c）驯化的；（d）乳猪；（e）妖精；（f）怪兽；（g）流浪狗；（h）本分类表中所列的；（i）发疯般的；（j）不计其数的；（k）用特别精致的驼毛笔画的；（l）诸如此类的；（m）打破水罐的；（n）远看像苍蝇的。

在这里，博尔赫斯以其众所周知的荒诞笔法切中了要害之一。世界的秩序与结构在很大程度上取决于我们的纲要与分类。我们以语言为手段规范事物，而语言则为我们提供一个宽广的回旋余地。例如北美的夏安印第安人就知道种属概念vovetas可以表示不同的物种：秃鹫或者更一般的称呼猛禽，但也可以是蜻蜓，甚至是龙卷风或者强旋风。这么一些很不相同的事物怎么会结合成一个名词呢？原来秃鹫、蜻蜓与龙卷风对于夏安族人来说都属于一类，因为它们都是像螺旋线一般在空中移动。所以夏安族人是以其移动方式来给世上万物分类的。

从理论上来说，分类的方法可以有无限多种。例如可以将动物划分为仅仅两类，会飞的和不会飞的。属于第一类的有乌鸦、蝙蝠或者马蜂等，属于第二类的有龟、象以及蚯蚓等。也可以按照动物的颜色、体型大小或者是否柔软等因素进行分类。这样一种分类方法自然是特别随意特别主观的。生物的分类起码得考虑到它们的亲缘关系。然而，这样也并非完全没有问题。有的彼此很相像的生物，其实毫无共同之处。譬如在狼和20世纪已经灭绝的塔斯马尼亚①袋狼之间，存在着惊人的一致性，尽管它们的发展路径早在1亿多年以前就各奔东西了。狼是胎生哺乳动物，而袋狼却属于有袋目。另一方面，两种外形看起来差别很大的生物，例如丹麦犬与猎獾狗同属一种，即所谓家犬②，这意味着，两者可能什么时候以某种类似于杂技的动作发生过交配，结果产出了既健康又多产的后代来。

总之，这生物的分类，也并不是如乍看起来那么简单的一回事情。今天，我们借助分子生物学的方法，很容易解读生物的亲缘关系。但这并不是说，分类学是一门现代的研究学科。刚好相反，对大自然的秩序的研究，起码可以上溯到亚里士多德时代。是他将自己所知道的动物种类按照形态特征和解剖学特征进行了分类。这位希腊哲学家很清楚，任何分类方法都得以一定的准则为前提。譬如他将动物划分为卵生与活体出生的两大类，并由此得出一个正确的知识，即海豚不属于鱼类。然而，分类学领域最重要的种种进步，对亚里士多德来说，却要再等2000年才会出现。

直到18世纪，生物分类学的发展才跨出了一大步。瑞典研究自然的学者卡尔·林奈率先提出了一种等级制的分类法，使生物界的秩序陷入一团混乱。他坚定不移地推行拉丁语双名制——直至今日，这种命名法仍然通行。每种生物都得到一个属名，例如*Homo*③，和一个种名，例如*sapiens*④。同属同种的生物，其种名一模一样（属名和种名都用斜体字母书写，属名首字母大写，而种名则小写）。*Homo*属所包含的种，除了*Homo sapiens*［智人］以外，还包括*H.erectus*［直立人］和*H.habilis*［能人］（如果名称的含义明确，属名也可以缩写）。

---

① 澳大利亚以南的海上群岛。
② 原文Canis familiaris系拉丁语，意为"与人类亲近的犬类"，前人译为"家犬"。
③ 意为人属。
④ 意为智人。

	人	果蝇	橡树
界	动物界	动物界	植物界
门	脊柱动物门	节肢动物门	维管束植物门
纲	哺乳动物纲	昆虫纲	被子植物纲
目	灵长目	双翅目	山毛榉目
科	人科	果蝇科	山毛榉科
属	人属	果蝇属	栎属
种	智人种	黑腹蝇种	栎种

表3-1 人、果蝇及橡树的分类表

　　林奈除了知道种和属以外，还知道等级制中其余更高的级别，如目、纲、界等。种在属之下，属在目之下，目在纲之下，最后，纲在界之下。林奈像亚里士多德已经分好类的那样，只将万物划分为动物和植物两个界。后世的研究者如德国的生物学家恩斯特·海克尔，又添加了三个界：真菌［Fungi］（霉菌、酵母、真菌）、原生生物［Protista］（单细胞真核生物）及原核生物［Monera］。其中后两类产生于20世纪——当时人们发现，在有核的单细胞生物［或称真核生物］与无核的单细胞生物［或称原核生物］之间，存在着一个根本性的区别。属于原核生物的，有细菌和地球上最早出现的生命形式蓝藻细菌等。在林奈的生物分类等级制中，还有其他类别，即科和门。所以，每个界都可以分成不同的门纲目科属种。表3-1所示，便是对比三个物种分类的一个实例。

　　林奈所首创的生物等级制分类法，在过去的200年间得到了细化，迄今仍在国际上通用。而且这方法还在进行很有意义的发展。如在"界"之前，又添加了一个被称作"域"的级别。按照有些生物学家的观点，一切生物均可归入这三个域之中：原始细菌（即"太古的"原核细菌）、真细菌（即"现代的"原核细菌）和真核生物（所有的真核生物，这就是说，包括粘菌、真菌、植物和动物，甚至人类）。这种新的分类法在很大程度上是以分子生物学的研究成果为依据。因为从细胞的层面上来看，原始细菌与真细菌之间的区别要比这两者与真核生物之间的区别大。

生物学物种纲要

达尔文的学说不仅对生物学，而且也对分类学具有重要的意义，因为它将林奈所首创的生物等级制分类法套用于进化关系之中。而生物之间的亲缘关系，则是以起源为基础。归根到底，所有的生物相互之间都是有亲缘关系的。如人、果蝇与橡树便有共同的祖先。倘若我们回顾足够久远的往昔时，我们就会看见，各条分道的发展曲线重新汇合在一起。已然流逝的时间与分道的数量，决定亲缘关系的深浅。达尔文在发现进化现象的同时，也给大自然搭建了一部递进的阶梯，即一个依循等级制进行创造的过程，同时这还是一部具有动态发展特点的阶梯。物种不是永恒不变的，而是暂时的，可变的。我们需要研究种群进化的原动力，而不是去寻觅一个物种的本质，寻觅其一般的形式。到最后，这原动力也会决定一个物种的进化取向，于是我们又回到开头所提出的问题：新物种究竟是如何产生的？

现今人们关于物种之形成的观点，来源于恩斯特·迈尔——他是美籍德裔生物学家兼鸟类学家，是综合进化论的奠基者之一。他在哈佛大学担任了几十年动物学教授，2005年2月3日以百岁高龄去世。在退休之后，他依旧每日驾车去自己原来效力的单位——他在那里有个办公室。当他99岁之时，他的家人觉得，他该留在家里了，于是便收缴了他的汽车钥匙。一年后他便辞世而去。迈尔编撰的所谓生物学物种纲要（或简称BSC）中，对物种是这样定义的：

一个物种是由若干个自然种群所组成的一个集团，其中各个种群有相互交配的可能，并且是与其他同类集团彼此隔离地自我复制。

迈尔认为，所谓相互交配的种群，就是那些组成一个物种的、能够彼此交换基因——真能交换的或者有交换的可能性——的个体。从理论上来说，在种群之间一定会发生基因的流动。属于同一个种类的个体，可能会在自然条件下产出有繁殖能力的后代，而分属于不同种类的个体，则不行。假如基因流中断了，各种群会彼此无关地继续向前发展，以这种方式，就可能会产生出一个新的物种来。按迈尔的观点，彼此隔离的复制，正是物种形成的发动机。

一个物种的个体，虽然被一个共有的基因贮备库连接在一起，但它们并非个个一样。在每个种类的内部，特征与特性的变异是很大的，而变异能使种群之间在形态上出现差异。于是便有了亚种的名称。如以人种为例，可以将智人区分为高加索人种、矮黑人种、蒙古人种、澳大利亚土著人种，等等。然而，这些其实都属于同一个种类，因为亚种群的基因（有可能）是可以互相交换的。人类亚种之间存在着区别，部分地与分布地域十分广袤有关。生活在赤道附近的人与北方的人相比较，外貌一般都有差别。最引人注目的是肤色差别很大：阳光越强烈的地方，肤色越黑。而且还能确定，其身体结构方面也有差别。进化生物学中有一个贝格曼规则：在温血脊椎动物（其中也包括人类）中，一个生活在较冷地区的种类的个体，按平均计算，要比生活在较温暖地区的体型大一些。体型较大，则保温效果更好。与此相关的还有一个阿伦规则：按照这条规则，寒冷地区的哺乳动物的耳朵或尾巴之类裸露部分要比其生活在温暖地区的亲戚的小一些。在寒冷的气候中，长耳朵长尾巴很容易冻坏。

另外，现代人类的遗传基因的变异性，比之我们的亲戚类人猿，则是小得惊人。肤色或身体结构上的差别仅是表面的差别，是在相对较近的古代所形成的。否则应该如何解释，人类的遗传材料怎么会显示出如此高的遗传同质性？近年来，人们对此提出了很多猜测，而其中的一个猜测则是很可能符合实际情况的。这个猜测就是，当时我们人类遭遇了一个遗传的瓶颈。据说在大约10万年之前，一场灭顶之灾使我们祖先的人口数量急剧减少。人们以今天千差万别的基因变种之分布为基础进行估算，推测当时处于危机高点（在大概8万年之前）的人类之人口数量，不会比几千个多多少。只不过相当于今天一个村庄的人口数量而已！差一点我们人类就在地球上灭绝了。总之，这样一来，人类最初的遗传多样性便丧失了许多。我们全是一小群劫后余生者的后代。对于人口数量剧减的原因，人们的评说是矛盾重重。也许当时传染病八方流行，也许印度尼西亚群岛的一座火山大爆发，带来了横扫世界各地的毁灭性后果——也有此类后果的遗迹保存至今。不过，后一种说法并不能解释，为何其他物种，如类人猿，显然没有遭受到灾难的重创——因为其遗传的多样性比人类的丰富得多。

不管其具体情形究竟怎样，反正种群的部分，或曰亚种，由于各种原因而陷于孤立，于是基因流便随着种群主体的减少而减少，或者干脆就完全中断了。前面我们已经简略地提过此类复制障碍的一种：地理隔离。一个种群可能会由于地理障碍，如山脉、河流或海湾的阻隔而被分为两群。加拉帕戈斯群岛上的燕雀便是说明这种现象的一个好例子。风暴将几只雀鸟从南美大陆裹挟到这组群岛上来。由于再也不可能和种群主体进行基因交换，于是它们便独立地继续发展。这样，经过几千年的发展过程，便形成了燕雀的新种类。迈尔将这种现象称作地理或者异地物种形成方式。种群扎根在另一个故乡，并在这里分裂成不同的新种。按照迈尔的观点，种群的异地形成才是规律。

种群的地理形成方式中，基因漂流现象起着一种不无重要的作用。人们将一个种群中所发生的基因流量的偶然性变化称作基因漂流。而来到加拉帕戈斯群岛的为数很少的燕雀，很可能并不是其起源种群中具有平均水平的典型个体。而在较小的子种群中，一定的基因变异或倒退的特征——原先在大的起源种群中未能成功扎根者——此时却获得了机会。这其实就是一个计算概率的问题。假设在一口大箱子里关着千百只旱獭，这些旱獭的肤色一共有10种，这10种不同的肤色便是种群主体中发生了变异的体现。假设我们不加选择地从箱子里随便抓出5只旱獭，很可能抓出来的只有两三种肤色的旱獭。故这5只旱獭并不能代表整个种群。从统计学的角度来看，最令人满意的是，抓出来的5只有五种肤色。故我们说，基因漂流能够使一个孤立的小种群之基因贮备发生重大的变化。在此，迈尔将其称作"始祖效应"。所谓始祖，是那些在地理上和遗传方面都被隔离的个体，它们堪称为一个新物种的先驱。原则上说，要开始这个形成新种的过程，只要有一个受孕的雌性个体便足够了。

维多利亚湖的物种群聚

由于地理隔离而发生的异地形成，并非物种形成的唯一方式。新的物种也可能在同一个生存空间里形成。这种情形，人们称之为物种的同地形成。种群主体与其子种群之间的基因交换，可能由于自然选择和性选择的影响而受阻。在非洲的湖泊里的丽鱼，也就是每个喜好养鱼者都很熟悉的彩色鲈鱼，其所发生的物种分离便是一例。非洲维多利亚湖的丽鱼，堪与达尔文的燕雀进行比较，然而其所形成的新种，比燕雀要多得多。仅仅1.2万年，在维多利亚湖里所形成的新种，便超过了500种。故人们完全有理由将其称为物种群聚。

按照流行的看法，彩色鲈鱼的多样性，正是物种同地形成的一个范例：其中几种可能是经过河流而进入湖中的，是水面的涨落起伏致使物种的同地形成得以推进。由于水面的渐渐下降，形成了许多小水湾和盆形小湖，其中的小种群便孤立地继续发展，从而在遗传方面缺乏与外界的联系。接着水面再度上升（当然是在过了千百年之后），然而种群之间的差别已是如此之大，致使基因流不再可能发生。如果这样的一种过程数十次反复发生，就有可能出现物种群聚的现象。不过，这种解释却越来越受到质疑。

但是，丽鱼分离成为新物种的现象，我们宁可将其归入物种的同地形成。如基因调查所显示的，其物种相互间的亲缘关系特近，并且全部都是在维多利亚湖中产生的。况且根据地理数据，湖水水面时升时降的说法也是站不住脚的。一方面，这座大湖的历史只有50万年，对于要在较长的时期中出现许多次水面的升降波动还是不够长的；另一方面，它还多次完全干涸，最后一次仅仅在1.3万年之前，而这是一个更有分量的反证：湖里的几百种彩色鲈鱼，必须在这么短的时期之内，以同地形成的方式——也就是在同一个生态系统之中——发展起来。这怎么可能?

一种解释叫作适应性辐射。鱼类由于相互竞争食物，被迫在湖里寻觅不同的小生境。通过自然选择，种群渐渐地适应了自己的新环境。如有的种群专吃水藻，另一些以蜗牛为食，或者吞食昆虫或其他种类的鱼崽。而雌性的性选择也可能会起重要作用。例如一条公鱼，由于其基因发生突变，或者其基因忽然重新配置，因而形成一种不同的色调或斑纹，或者表现出另外一种引人注目的交尾行为。如果母鱼觉得这些特征对自己有吸引力，那么，无论是公鱼的特征还是母鱼的偏好，都会遗传给它们的后代。这过程一旦开始，这些特征便会迅速强化。向起源种群的基因流动将会中断，在相对较短的时间之内，就会产生出一个新的物种来。许多人都赞同物种的同地形成是由性选择推动的这种观点。

然而，人们从维多利亚湖中丽鱼的成功故事所得到的快乐，并未保持多久便被忧虑驱散。在上个世纪的50年代，为了支持当地的捕鱼业，人们将尼罗河鲈鱼引入维多利亚湖。尼罗河鲈鱼是一种肉食鱼，原先并不在这座大湖中生存，其体长可达1.5米，体重可达75公斤。引入这种鱼的后果是灾难性的，"新移民"的数量得以增加的代价是，原来生存在湖里的动物遭了大难，主要是其中的丽鱼遭遇了真正的血洗之灾。人们原本可以——如看电影的快动作镜头一般——观察达尔文的进化学说在这座湖中的表演，可是丽鱼遭殃，却更使得人们深感遗憾。荷兰生物学家泰吉斯·戈德施米特在其著作《达尔文的梦想之湖》中，对此作了详尽的描述。这场悲剧再次表明，生态系统是多么缺乏抵抗力，若人类插手其间，生物的多样性将会受到多么严重的危害。

在同地形成的种群中的隔离机制

老资格的生物学家如迈尔本人，都认为物种的异地形成，即由于地理的隔离而形成，是导致新物种产生的最重要的机制。而物种的同地形成，即在同一个栖息地里形成新种的，则要稀少得多。对此，今天的许多生物学家却有不同的看法。可能物种的同地形成，比之异地形成新物种的，即使不是更多，也是一样多的。当然，同地形成新物种的过程要复杂一些，因为基因流的中断并非仅仅依靠地理的隔离就行。那么，究竟是什么隔离机制和复制障碍在物种的同地形成中起作用呢？而在同一个起源种群里，彼此有可能进行交配而后产出后代的亚种，又怎样能够保持其隔离的状态呢？

迈尔在其于1963年出版的专著《动物物种与进化》中，描述了有利于同地形成物种的遗传隔离的各种机制。他将复制的限制条件分为两类，即：（1）能阻止有可能发生的交配或者授粉（即交配前隔离）的隔离机制；（2）在交配或者授粉之后起作用（即交配后隔离）的隔离机制。属于交配前起作用的机制的，有季节性隔离或者取决于环境条件的隔离——交配的异性对象由于这种隔离而无法相遇，因为雌雄双方可产出后代的时间在不同的月份，或者因为它们在种群主体之内所占据的小生境不同；由于行为方式有别而不容易相处，因此两个亲缘关系很近，又具有生殖能力的亚种，尽管生活在同一个区域里，却会因为性行为和发情的行为有所差别而致交配受阻。维多利亚湖里的丽鱼，正是通过性选择而形成了此类差异，故最终致使新种得以产生。

成功交配或授粉之后的隔离机制，涉及两个或多个种群——这些种群复制发展的走向早已相离很远，以致它们已无法产出有生存能力或有繁殖能力的后代来。例如当授精行为虽然发生了，但卵细胞却并未受孕（即未产生受精卵）的时候，就会出现这种情况。或者卵细胞确实受孕了，但其所产生的受精卵的存活能力却削弱了。另外还有一个可能性，即一个杂交种（杂交种个体的父母之间，在多个遗传特征方面，均有所差别）虽然出生了，而且它也有生存的能力，但它却不能繁殖后代，譬如它有不育的缺陷，就是说，它不能生成正常的配子（即成熟的卵细胞或精子）。最有名的实例是骡子，这是马与驴杂交而产出的后代。无论是公马与母驴所产的，还是母马与公驴所产的，都不能繁殖后代，尽管它们都是生机勃勃的杂种。

如前所述，迈尔本人是很不愿意相信物种会同地形成的。按照他的观点，物种的异地形成，是物种形成的最重要的一个机制。作为现代生物学界的老一辈领军人物，迈尔在他的这个领域里，影响了一代又一代的研究者。因而，同地形成的观点在长时间里，都仅仅扮演一个二流的角色。当今的人们，已渐渐开始改变看法了。东非湖泊里的丽鱼表明，在动物的一个栖息地之内形成新种，并非如人们长期以来所想象的那样是相当异常的现象。

生物物种纲要问题

显然，就何为物种，以及新物种是怎样产生的问题建构理论的工作，迄今所引起的问题还是比较少的。可是动物和植物的行为，并不总是像手册和教科书中意图使我们相信的那样。大自然并不情愿穿上我们人类给它制造的那种纲要及分类法的紧身衣。其实还有许多问题尚未得到解答。即便是迈尔的物种概念，也不是没有问题的。让我们再看一下他是怎么说的。

一个物种是若干个自然种群所组成的一个集团，其中各个种群有相互交配的可能，并且是与其他同类集团彼此隔离地复制。

最显而易见的是，迈尔所下的定义只涵盖了有性繁殖的生物。而遗传的交换是频繁的还是有所限制的，则决定种群是属于原来的种群还是另外一个种类，并且这种方式的交换，仅发生在有性繁殖的物种之内。其实，非有性繁殖的植物和动物——它们是以无性繁殖的方式进行繁殖的——也是数不胜数的。如果我们严格地按照迈尔的定义来审视，这类生物其实并不属于某个种类。这种看法当然是美中不足的，因为和有性繁殖的生物一样，非有性繁殖的生物同样是独立的群落。

非有性繁殖的一个实例是在花园、公园以及草坪上随处可见的蒲公英。它的花粉并不具有繁殖的功能，但却能够生成（双倍体的）卵细胞，而后不必经过授粉就能从中长出新的植物来。它事实上完全是一种无性繁殖的植物。人们将这种繁殖方式称作单性繁殖，或者处女孕生。

很可能这蒲公英是起源于严格遵循游戏规则的前辈植物。故而其所生成的非有性繁殖的生物便组成了有明显差别的群落。然而，按照迈尔的定义，不管其差别有多少，蒲公英都不能算是一个物种。此外，在动物界，也有单性繁殖的，如蝗虫与蚜虫。

生物物种概念的第二个问题是，所发生的杂交现象，比有关手册中所暗示的要多。这些杂交后产生的物种，往往既是能够生存的，也是可以生产后代的。因而杂种的父母双方所属的两个物种，其实不必当作两个不同的种（亚种）来看待，而只应看作是同属一种。尤其是在物种形成的初期，时常会出现有繁殖能力的杂种。特别是植物，更少理会复制的障碍。加拉帕戈斯群岛上的13种燕雀，便展示了这种实际情况。它们勉强可以归入BSC的框架之内，因为严格说来，它们并非属于不同的种类。因为它们能生产出杂种，并且其后代是有繁殖能力的。其遗传方面的差别尚属微小，还不能称之为完全意义上的新种。况且其形成物种的过程尚在进行之中。

生物物种的第三个也是最后一个问题，是和前一个问题关联着的。为了形成物种而需要进行的隔离条件下的复制，是逐渐发生的，故而进化应是一个渐进的过程。所以不可能准确地确定，分别朝不同方向发展的种群，达到一个新种的发展水平的时间点究竟何在。至于我们是否该将达尔文的燕雀视为不同的种类，那却是一个如何判断的问题，并且还取决于采用什么样的判断标准。我们是要求完全隔离地复制呢，还是允许有时也会有生气勃勃、又具有繁殖能力的杂种出世呢？我们是考察物种的整个发展历程，还是只看一张"凝固的"瞬间的照片呢？为了突出进化的时间维度，古生物学家、综合进化论的另一位奠基者G.G. 辛普森于上世纪中叶采用了进化论的物种概念（ESC），其现代版的定义如下：

一个进化的物种，是一条祖辈－后裔－种群的血缘线，这条血缘线，面对其他同类的血缘线，既能保住自己的身份，又有自身的进化倾向以及自己的历史命运。

迈尔的BSC和物种形成的"水平的"瞬间照片有关，而辛普森的ESC却相反，还兼顾了进化的"垂直的"时间维度。使生物归属于一个物种的，首先是其共同的起源：它们属于同一个谱系——它们都是出自这个谱系。

我们人类喜欢分门别类地整理事物，但大自然却并非总是心甘情愿被套入我们的模式。物种概念的定义，使我们遇到困难，并且困难也以这种或那种形式使我们觉得，较高的分类群如属、科、目或界难于理解。例如有几位生物学家不仅想把现代的人类及其直系祖先纳入智人属，而且还要将类人猿，即黑猩猩、倭黑猩猩、大猩猩及苏门答腊－北婆罗洲的雨林中的猩猩一并纳入。于是又引出了采用何种标准的问题：我们主要应该着眼于较大的一般性关联还是着眼于细节呢？不过，如果我们也可能会以不同的方式给大自然划分类别，那么由于这个原因，每种分类方法都不会有同样的说服力和适用性。从亚里士多德、林奈和达尔文以来，生物分类学已然取得了长足的进步，依靠现代的技术的与生物的分析检测手段，我们能够越来越精确地研究我们这颗行星上的生命的多个侧面。迈尔的生物物种概念及其物种形成的理论，仍是很有价值的学问，只不过时至今日，生物学家们已不再那么严格地遵循它罢了。

很有希望的巨兽

进化是一个渐进而连续的过程。达尔文本人曾经反复强调，他所中意的指导原则之一是林奈的名言，即大自然的发展变化并非跳跃式的[①]。物种之形成，是从一个种类逐渐地向另一个种类过渡的过程。可是，总是有科学家抱着"进化是通过较大的飞跃式质变而推进的"观点。而与跃变论观点相对立的，则是达尔文毕生坚持的渐变论观点。托马斯·亨利·赫胥黎在这个问题上曾经批评达尔文，因为他无法设想，生命的多样性会起源于一个一个的小步骤。

➤ 图3-1　重大突变之实例。这是在加拿大的一个花园里发现的蟾蜍。它的眼睛不是长在头上，而是长在口腔里面

　　另一位持飞跃式进化观的，是杰出的生物学家兼遗传学家里夏德·戈德施密特。由于他的犹太人出身，1935年他离开了纳粹德国，流亡到美国。同年，伯克利的加利福尼亚大学任命他为遗传学教授。戈德施密特提

———————
① 其原文为natura non facit saltus。

出的论点是，"物种并非渐进式地起源于隔离环境中的复制，而是突然地，即通过所谓的重大突变而形成的"。这种"重大突变"，往往会产生出异常的作品，如长着两颗脑袋或五只脚的动物。戈德施密特给此类动物贴上"很有希望的巨兽"的标签，而且推测，重大的突变并非总是有害处的，发生重大突变的动物，也可能在突然发生变化的环境中，获得延长寿命的很大的益处。于是此类动物及其后代将会站在一条新的发展路线的起点上。顺便提一下，恩斯特·迈尔对此并不感到高兴①。他将戈德施密特所指的动物称作"绝望的巨兽"。因为人们不知道，此类生物如何能够长期存活，又如何能够繁衍下去。犹如以往常有的情形那样，还是迈尔的权威起了决定性的作用。时至今日，戈德施密特的论点实际上再也没有代言人了。

然而，在某种意义上，戈德施密特是远远超前于时代的，因为他假设，主要是基本"控制基因"的突变，使生物体结构的设计发生了根本性的改变。这类按假设是控制胚胎发育的基因，是上个世纪80年代才发现的。今天它们被称作"同厢基因"和"干扰基因"。它们在胚胎的发育过程中扮演关键的角色。它们首先将胚胎分成各个不同的节、段，如头、躯干及躯干尾段。接着它们便制造出"信号蛋白质"，由信号蛋白质告知发育中的胚胎的细胞，应在体内何处就位。这就决定了细胞应发育成什么类型的组织，发育成什么形式。控制基因便是这样确定，一个细胞应在脑里还是在肝里发育，或者确定一种组织是发育成头、尾还是后腿。同厢基因和干扰基因其实远古时期就有，它们很早就出现在动物发展史中，在所有的脊椎动物（哺乳动物、鸟类、鱼类、爬行动物以及两栖动物）体内都发现了它们，甚至连昆虫体内都有。这又是达尔文的进化过程和"生物有一个共同的起源"的观点的一个特别有说服力的佐证。最令人惊讶的是，控制基因是可以互换的。譬如干扰基因，它本来是在人的胚胎中负责培育眼

---

① 原文是"not amused"。

睛，却也可引入鼠的胚胎与苍蝇的幼体内。在苍蝇的幼体内，它们所担当的则是制造完善的复眼的角色。

在最近的10年时间里，人们用干扰基因对果蝇之类的昆虫做了许多实验。其结果显示，干扰基因将果蝇的身体分成8段，人为制造的基因突变在其胚胎中，也在其成熟个体中，造成很大的变化。如一种昆虫长出两对翅膀，或者脚长在头上。干扰基因中发生的并不显著的自然的突变，也可能会以这种方式引起胚胎在胚胎中和表型中的重大突变。可是，从来没有人赞同戈德施密特的重大进化模式。今天差不多所有的生物学家都和达尔文和迈尔一样，是赞成渐进式进化论观点的。想来这是有道理的，因为进化过程中，极少或者从来就没有出现过，由于飞跃式突变而产生全新的生物物种的现象。发现的化石越多便越清楚，进化的步伐是特别小的。当然，间或也会出现重大突变及"巨兽"，可是与其"健康的"同类相比较，巨兽的成绩却几乎总是小得多。它们很少有生存的能力，要么就是不繁殖后代。因为一般来说，生物都是通过自然选择的精细调节而达到近乎最佳地适应所处的环境，任何较大的改变都会立刻破坏其平衡。革新过了头，一般都会使之变得更差。因此，很有希望的巨兽，几乎总是注定了要落得个失败的结局。

戈德施密特的突变论的一个弱化的版本，是上个世纪70年代初期，古生物学家奈尔斯·埃尔德雷奇和进化生物学家斯蒂芬·杰伊·古尔德所提出的断续性平衡。他们的观点是，遗留至今的化石并不支持从一个物种向下一个物种的渐进式过渡的说法。遗传链条上处处都有缺口，并且能观察到飞跃式变异的痕迹。所以达尔文的渐进式进化的设想，是一种不充分的解释。埃尔德雷奇和古尔德声称，物种的形成是跳跃式地进行的，先长时期停滞，在此期间毫无动静，然后是短时期的中断——在这种短时期中，只需要经历很少的几代，就能完成很大的进化变异之功。不过，对于究竟是什么机制推动这种突变式的物种形成过程的问题，埃尔德雷奇和古尔德也回答不了。也许种群的大量灭绝会起重要的作用，即促使劫后余生的生物再开辟新的小生境。

埃尔德雷奇和古尔德的这个理论如今也慢慢地归于湮灭。依原来的想象，应能显示飞跃式发展过程的那些化石序列中的大缺口，今天已有人作出了另外的解释。虽然看起来物种有时会突如其来地不经过渡阶段便出现，可这只是一种视觉的误差。看来，我们的古生物学知识根本就不够全面。倘若我们能见到所有的地层中埋藏的所有的化石，那么，飞跃式发展的印象很可能就会消失，或许我们就能见识到一个未曾中断的完全的物种序列。

今天的大多数进化生物学家都如前所述，是渐进式进化论者。然而他们也和达尔文一样，承认进化并非总是采取相同的速率。这就是说，有的生物的发展速率比其他生物要快一些，因为生物的一代之生存时间的长短是不一样的。如细菌的发展速率就比象和人类的快了许多倍。不过，进化也能加速，因为相对而言，若一个种群是比较小的，与较大的种群相比，其变异获得成功的概率就比较大。基因漂流与瓶颈效应也会在其中扮演一个角色。总之，进化渐进论并不排除"进化是以各种不同的速率推进的"观点。然而，人们实际上总得找到中间形态的化石，即可以填补从一个物种发展到另一个物种的渐进式过渡阶段之空缺的东西。

第4章

人 类 的 产 生

古人类学的发展

在前一章中我们已经得知，人们原则上可以不同的方式为有生命的大自然划分类别。而我们选择何种分类序列，则部分地取决于我们的意图是什么，我们有什么样的纲领，我们采用什么样的标准。这样一来，就会产生一种印象，即不可避免地总是随心所欲地划分类别。其实并非如此。在刚刚过去的100年时间里，我们有关地球上的生命之起源与发展的知识，获得了爆炸性的增长。我们越来越明白，生命是如何分裂成支系的，今天物种的多样性是如何实现的。今天的分类再也不以其外部的形态特征为基础，而是以其种系的亲缘关系为基础。源自同一个进化分支的生物，彼此之间有亲缘关系，不管其外形有多么大的差别，它们都属于同一个种系。反之，尽管外表近似，却不是源自同一个进化分支的生物，从分类学的视角来看，它们并不属于同一个群落。知识的爆炸性增长，也出现在古人类学领域——这门学科研究的，正是人类的起源与进化。一个世纪以前，人们对人类的起源与发展是完全无法看透的。然而，我们在短短几代人的时间中，就获得了对人类的进化谱系的使人着迷的认识。我们要感谢的，主要是那些寻觅残骸化石，提出关于人类进化的假说的学者，感谢他们始终不懈的工作。

我们可以把人类发展历程的再现比作玩拼图游戏，在拼图的过程中，我们将过去几十年里所发掘出来的早期类似于人的动物的重要化石逐渐地拼接成一张图像——当然还有缺漏之处。重要的是，我们今天已能相当准确地确定这些化石的历史有多长，除了其他方法，我们所采用的，是地质学的地层分析法——我们对发掘地的地层，以现代的年代确定法进行分析。其中一种就是所谓的碳测定法（即放射性碳测定法，或称C−14测定法）。碳是一种自然元素，它出现在一切有机化合物中，由同位素C−12和C−14组成。因为C−14会以已知的速度裂变为氮，故可通过测定其现有的量来确定一种有机物质的近似年龄。不过，这种方法不适于测定年代超过5万年的对象，因为经历这么长的时间，同位素就会烟消云散而不复存在了。所以人们测定年代更久远的化石，便利用一种半衰期较长的元素。这就是地壳中常见的钾−14同位素，它需要经过数百万年才会裂变成稀有气体氩。人们检测发现化石的岩石和沉积层中所含的这种气体的量，就可以确定化石的年代。以上述两种方法进行计算，都得考虑到，其中会有5%−10%的误差。最近又开发出更加精确的方法——利用这些方法，以不同的方式测定研究对象的年代，误差还会进一步降低。

在古人类学问世后的初期，研究者们还没有掌握上述的实用工具，故他们有时很容易被愚弄，如下面这个有名的例子。1912年，在英国萨塞克斯郡的一个名叫皮尔当的小地方附近，人们在一座采石场中发掘出许多保存得很好的化石，这是已灭绝的类人动物的头骨与颌骨的残片。发现"皮尔当人"的消息很快传遍全世界。这些化石所具有的特点，刚好与那时人们对现代人的祖先的推测一模一样，也就是说，其颅腔颇大，可容纳相应容量的脑，其下颌与猴类似，并长着强有力的犬齿。直到其"发现者"去世之后，一名牙科技师才于1953年断定，这其实是做得天衣无缝的伪造之作。这个"皮尔当人"，是用一个现代人的头骨进行加工，使之显得像是风化了的化石，并加上一副猩猩①的颌骨而制造出来的。所有的人，包括科学家，都上当了。从此以后，研究者们更加小心谨慎。因为骗局证实了人们的成见，即古人类学家关于我们远古祖先的各种设想其实都不过是臆测而已。

灵长目与人科

今天的人类——包括其已经灭绝的祖先，和今天的类人猿、猴以及狐猴都属于灵长目。"灵长目"这个词，是卡尔·林奈首先采用的，从字面上来说，其含义就是"名列第一者"。灵长目动物的特征是，脑的容量比较大，每只手有五根手指，并且大拇指或脚趾与其余的指头或趾头可以相对（即所谓能握住东西的手爪和脚爪），指甲是平的而不是弯的，眼睛朝前方看，妊娠期比较长。灵长目动物一般都只有一个幼崽，幼崽依赖父母喂养的时间较长。迄今仍然生存在地球上的灵长目动物，共有180种，其中大多数生活在树上。其手爪、脚爪以及空间视力都适应这样的密林环境。为了从这根树枝摆动到那根树枝，就必须准确估计相互之间的距离，并且能抓得牢。灵长目动物起源于小型的以昆虫为食的居住在树上的动物，它们主要是在夜间活动。最早的可能是生活在古新世的晚期，距今约6000万年。而大概在同一个时期，即距今约6500万年的时候，恐龙从地球上消失了——很可能是由于一块巨大的陨石从天而降，砸在今天墨西哥的尤卡坦半岛上。这使灵长目动物和其他哺乳动物获得了意想不到的机会。恐龙留下的小生境，被哺乳动物接收了，它们跨越灾难活了下来。生物学家们将这样一种现象称作"适应的辐射"。灵长目动物的脑之所以变得比较大，很可能是为了使这脑的拥有者，更容易在密林中灵活优美而协调地移动自己的身体，去抓昆虫，或者逃脱猛兽的追捕。此外，许多迹象显示，亲密相伴的集体生活，会加速脑的增长。还有一点，几乎所有的灵长目动物都

---

① 此处"猩猩"，指的是生活在婆罗洲和苏门答腊的森林中的一种树栖、素食的类人猿。

长着浓毛覆盖而不透水的皮肤。人类是唯一的例外，故动物学家德斯蒙德·莫里斯将我们人这个种类称作"裸猿"。

灵长目动物可以划分为不同的科、属及种。例如今天的人类和已经灭绝的像猿的人便属于人科。人科之内分为两属：已经灭绝的南方古猿属和人属。两属之下再分成若干不同的种（见表4—1）。

人科的两个属：南方古猿属与人属

南方古猿属	人属
阿纳姆南方古猿	能人
阿法南方古猿	卢多尔夫人
非洲南方古猿	匠人
埃塞俄比亚南方古猿	直立人
粗壮南方古猿	海德堡人
鲍氏南方古猿	尼安德特人
	智人

表4-1　人科的两个属

有时南方古猿亚科的分类法有些不同，即分为南方古猿属和傍人属。傍人之名，是为人科的一个"身强体健的"分支——埃塞俄比亚古猿、粗壮古猿和鲍氏古猿——所保留的。身材窈窕的非洲古猿和阿法古猿，都被归入南方古猿亚科中。在本章中，让我们来研究一下南方古猿这个唯一的属，而在该属之内，我们将其划分为窈窕的和粗壮的两种类型。

最早的人类

南方古猿亚科早已灭绝。这个亚科的动物，我们大多仅仅是通过化石残片而认识的。而这些残片，则全部是在非洲发掘出来的。南方古猿亚科生活在距今大约450万—150万年之间。南方古猿的一个个体的化石残片，是古人类学家雷蒙德·达特于1924年在南非发现的。那是一个少年的头骨，以陶亨少年（陶亨是南非金伯利附近的一个小地方）之名著称。经测定，其年代已超过了200万年。从其头骨来看，引人注目的是，他具有既与猿类似又与人类似的特征。此少年的脑容量还相当小，和今天的类人猿相仿，而其平平的面部和全副牙齿，更使人联想到现代的人

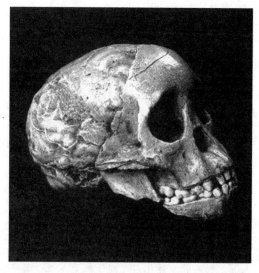

►图4-1　陶亨少年的头骨。这位非洲南方古猿的代表，生活在距今大约230万年前的非洲南部

类。达特将这个新发现的人种命名为非洲南方古猿（见图4-1）。

在上世纪的40年代，更多的化石残片在非洲出土了。这么多的残片，成为重要的证据，足以证明人类的摇篮是在非洲，而不是像荷兰人尤金·杜波依斯和其他古人类学家在20世纪前半叶所认为的，人类的摇篮是在亚洲。

其间，又在非洲的南部和东部发现了另一种南方古猿的化石。据测定，他们生活在200万年前，与已发掘出的非洲南方古猿一样古老，然而其所具有的特征，有的却是完全不同的。其粗壮得多的身体结构，给这个新种带来了粗壮南方古猿之名。其引人注目的特征是，颅腔壁很厚，颌部硕大，臼齿巨大，眉骨和颧骨显著地凸起，头盖骨顶上，从前往后有一条冠状骨。南方古猿亚科的粗壮种，生前颌部一定硕大，其头顶之冠状骨的作用，则是为了增强固定其颌部肌肉的力量。在这些早期的人种中，最粗壮的是鲍氏南方古猿——这是古人类学家夫妇玛丽与路易斯·利基于1959年在坦桑尼亚的奥杜威峡谷发现的。由于其颌部硕大，而且长着咀嚼面大

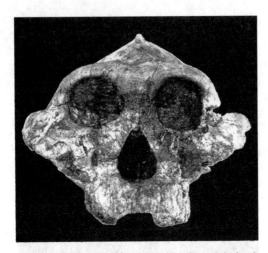

→ 图4-2 鲍氏南方古猿（"能咬破核桃的人"）的头骨。该化石发现于坦桑尼亚，其年代距今约200万年

如一个欧元硬币的臼齿，故鲍氏南方古猿又被称作"能咬破核桃的人"（见图4-2）。

尽管南方古猿亚科的外表看起来令人害怕，但它们主要是素食动物。犹如今天的人猩猩，它们采食大量的树叶和树皮（从其臼齿的磨损情况来看，和今天以植物为食的灵长目动物差不多）。很可能它们也能用自己的强有力的牙齿咬食硬壳果实。其种名"鲍氏"来自伦敦商人查尔斯·鲍伊斯——利基夫妇的多次考察活动的经费都是他代为筹措的。南方古猿亚科的窈窕型和粗壮型种的发现，证明在200万年之前，起码有四个不同的人种同时生活在非洲，若将人属的代表种类包括在内，甚至可能达到六种之多——犹如后来的发现使人们所揣测的那样。

最有名的一种南方古猿的发现，应归功于美国古人类学家唐纳德·约翰逊。1974年，他率领考察队在埃塞俄比亚的哈达进行考察时，遇见了截至当时尚未见过的一个人种的骷髅化石。其骷髅的差不多一半都保存下来了，就古人类学的概念而言，这是很不寻常的。在此之前，从未发现过这么多出自唯一一个初期人种个体的化石残片。另外，这个发现还表明，这是截至当时所知的南方古猿亚科最古老的一个代表——其年龄高达300多万年。约翰逊依据发现处是阿法三角地，将这个新人种命名为阿法南方古猿。其骨盆和牙齿表明，这是一名身高刚刚1米的成年雌性古猿的骷髅化石（见图4-3）。由于在发现的当晚，考察队员们觉得很愉快，于是便在其宿营地欣赏披头士爵士乐队的歌曲《露西在缀满钻石的天堂》，听了有几个钟头，结果远古时期的这名女士，便获得了"露西"这个名字。

令人惊讶的是，露西的髋关节的结构及其与股骨的相对位置表明，她一定是可以直立行走的。同南方古猿亚科中的其他种类一样，阿法南方古猿的脑容量只有不足500立方厘米（和现代的黑猩猩一样多），所以她能直立行走，倒是很值得注意的。对此人们便提出了关于人的头之进化的最重要的假说之一，因为到那时为止，人们都以为，对于最初的人种来说，脑容量的增长，是立于两条腿上运动的前提。而露西刚好是个反证。加之阿法南方古猿的前肢比较长，表明这个物种的代表还是擅长于攀爬的动物。1978年在坦桑尼亚的莱托利发现的化石证实，南方古猿亚科的动物是直立行走的。这引起了轰动。玛丽·利基的考察队当时遇见了保存在火山灰化石上的一串绵延达70米长的脚印（见图4－4）。从其体重在其脚后跟和脚趾上的分配方式来看，不容置疑的是，只有直立行走的人种才会留下这样的脚印（很可能就是阿法南方古猿的代表所留下的）。今天的类人猿所留下的脚印完全不同，且不说它们走的是"踝骨步"，也就是手脚并用

➤图4-3 阿法南方古猿（"露西"）。唐纳德·约翰逊发现于哈达（埃塞俄比亚）的这批化石已有320万年的历史

地移动。经测定，该处火山灰已有350万年的历史，那时在非洲尚无人种代表的身影，而仅仅生活着南方古猿亚科的动物。露西除了具有人类的典型特征如长有两条腿，平平的面部，牙齿（犬齿）比较小而外，也显出与猿类似的特征，如脑容量小。故而人们推测，初期人种的本质特征，并不是脑的容量大或者小，而是直立行走。

➤ 图4-4　莱托利（坦桑尼亚）的脚印之一。这串脚印化石是玛丽·利基于1978年发现的，其年代距今已有350万年

在几十年时间里，众所周知的阿法南方古猿是南方古猿属最古老的代表。然而在上世纪90年代，在肯尼亚的图尔卡纳湖畔，却发现了更古老的化石残片。人们将这个新发现的种类命名为"阿纳姆南方古猿"——"阿纳姆"便是图尔卡纳语中的"湖"。阿纳姆南方古猿将人科的起始年代前移到距今已有400万年左右的更久远的时期。这个发现归功于米芙·利基所率领的一支考察队。米芙是理查德·利基的妻子，而后者自己也在非洲完成了重大的发现。他的父母就是那对著名的古人类学家夫妇。

南方古猿亚科肯定是硕果累累的人种。其下属的六种不同的南方古猿，生活在距今大约400万—150万年的时期，他们生活在从今天的埃塞俄比亚到好望角的一个广袤地区。这个属的粗壮的代表产生出一个自己的进化分支，但这个分支却在大约150万年之前，落得个筋疲力尽的结局。可能这与一种成果更加丰富的新人科动物出现在地球上有关。大多数古人类学家都认为，身材苗条的阿法南方古猿和非洲南方古猿就是这种新人科动物的祖先。

实际上，倘若我们猜想，南方古猿属动物就是今天的人类和与我们亲缘关系最近的、仍然生活在地球上的黑猩猩及倭黑猩猩之类亲戚的共同祖先，那这就是一个误解。DNA检测和古人类学方法的分析证明，出现分支的时间要早得多，也就是说，出现于距今大约800万—600万年之前。可是，从这个时期遗留下来的化石证据，却几乎等于零。这就是所谓的"化石空白"[1]。虽然类人猿和人类的共同祖先尚未发现，但人们已为他起好了名字，即"Pan prior"，其意相当于"更早的黑猩猩"。

2002年发现的乍得萨赫尔人也许架起了一座通向那个时期的桥。在非洲中部发现的这个残缺不全的头骨化石，已有六七百万年的历史，得到了一个外号"图迈"——意为"生的希望"。现在还不是特别清楚，这图迈究竟是属于人科的还是猿类的一个分支。大多数古人类学家倾向于前一

---

① 原文为英语"fossil gap"。

种假设。图迈的面部平平的，像人，犬齿比较小，其牙釉质更与人类的相同，而与黑猩猩的不怎么相同。有的人甚至说，乍得萨赫尔人是直立行走的——这就是人科动物的一个特征。其枕骨大孔很深，将脊椎骨与头盖骨连接起来——新近发现的化石残片都显示出，我们可以朝这个方向猜想。乍得萨赫尔人的脑比较小，刚刚有350立方厘米。不过，这并没有多少说服力，因为所有其他的早期人科动物，脑都很小。故而图迈有可能是已知的人科动物中最古老的，他生存在人科从猿类分离出来以后不久的时期。但是这个时期所遗留下来的化石，我们知道得特别少。至于距今450万—400万年的那个时期，情况就要好得多——这主要是指与阿纳姆南方古猿和阿法南方古猿有关的情况。人属的各个种类，其证据也保存得很不错。不过，尽管重要的发现比较多，但是人科动物的进化过程却还是留下了许多未解之谜。

人类的曙光

故而人们有理由提出这样的问题：由人科动物变成人属，估计应是在哪个时期，为何会发生这样的进化？这个问题，并不总是那么容易作出明确回答的。几乎没有留下什么专属于人类的典型特征，诸如行为、语言及社交生活之类。但是毕竟有个例外：创造文化的能力。会用石头制造工具的最早的人科动物是能人——这是人属的最早的代表。能人的生活年代距今大约250万—200万年，而最古老的石制工具也出自这个时期。命名其为能人，是雷蒙德·达特的主意。其第一批化石残存是利基夫妇于上世纪50年代在坦桑尼亚的奥杜威峡谷发掘出来的。这峡谷一带，确实是无处没有埋藏在地下的简陋石制工具的残余物。在这同一个区域内发掘出来的人科动物化石，距今大约有200万年。从各个方面看来，它们和南方古猿亚科都有明显的区别。主要是它们的脑已从500立方厘米增大至750立方厘米。

同样由利基夫妇发现的卢多尔夫人，则是能人的近亲。不过还不能完全确定，他们是否真的属于两个不同的人种。有时人们将他们称作"小能人"和"大能人"；所谓卢多尔夫人，指的是后者。这两种都是在肯尼亚的库比福拉发掘出来的。很有可能这能人便是（苗条的）南方古猿亚科与晚一些时间出现的人属代表——包括现代人在内——之间所缺了的那一环。而且在能人和南方古猿亚科动物之间，还有许多引人注目的区别。另外，与粗壮南方古猿相比较，能人的身材是极其苗条的。头上那条骨棱和引人注目的颧骨完全消失了，牙齿与颌骨都变小了——据此可以推测，它

►图4-5 能人的头骨。此头骨化石是在肯尼亚的库比福拉发现的，差不多有200万年的历史。与南方古猿亚科的动物相比，能人显然具有人类的特征

们的食物是不一样的（见图4-5）。

能人男女之间的区别很小，这也是一个引人注目的特征。而南方古猿亚科动物的雌雄二态性的特点还很突出：雄性的身体结构有力得多，体重起码有雌性的两倍，这表明，它们过的是另外一种集体生活。与今天的某些类人猿一样，南方古猿亚科都是过的集体生活，其中有一个或多个居统治地位的雄性，管辖着成群的妻妾。性选择，尤其是雄性之间的竞争，产生出较大的性别差异。只需联想到大猩猩雄性的背部有一条银白色条纹就明白了。而能人更有可能是一夫一妻的配偶关系，故性选择所起的作用要小得多，不会引起雄性之间发生夺取优势地位的公开争斗。不过我们尚未得到能证实这个假说的真正确定无疑的证据，因为能人的亚种也是很多的。有的从其头颅来看，和南方古猿亚科更相像，而另有一些则很清楚，

属于新的人属。说不定在200万年前，已有人属的多个人种生活在非洲的东部。

大约在180万年前，在东非又出现了一个新的人种，即"直立人"。直立人得名于19世纪，它形象地描绘出那个时代古人类学家的先入之见：当时人们都相信，只有"真正的"人才能够直立行走。但发现露西和莱托利的脚印化石之后，却使人们改变了这个看法。起码在200万年以前，南方古猿亚科的动物便学会了直立行走。直立人的最早的标本，是在肯尼亚的图尔卡纳湖东岸和西岸，以及库比福拉和纳尼奥科托姆等地发现的。这类人科动物，人们有时也会称之为非洲直立人或"匠人"（所谓"匠人"，即指手工"工匠"。这表明，石制工具的使用越来越普遍了）。直立人的牙齿同能人一样，都表示其食物结构已发生了改变。与专门以植物为食的南方古猿亚科不同的是，直立人以肉食为主。

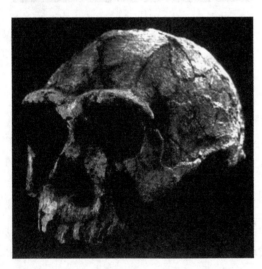

→ 图4-6 匠人，亦称非洲直立人的头骨。这是在肯尼亚的库比福拉发现的，其历史足有150万年

与能人相比较，直立人的脑的容量大大增加了，此时已达800立方厘米−900立方厘米。这个人种身体结构强壮有力，平均身高达170厘米，与今天的人大致一样高（见图4−6）。连直立人所造的石制工具，都比其前辈所造的做工更为精巧（阿舍利文化）[1]。很可能还使用了树木和竹子之类的材料，然而

———————

① 阿舍利文化，得名于法国北部索姆省首府亚眠市郊区的圣阿舍尔——此处曾发现旧石器时代的石制工具。

可以理解的是，这类材料却是什么残余物都未能保留下来。直立人居住在洞穴里面，并且人们可以根据洞穴里所发现的灰烬层，推断他们很可能是第一个掌握了用火知识的人种。

直立人是一个成果丰硕的人种，他们不仅在非洲生活了100万年，而且也在地球上其他地方生活过。这是第一个离开了非洲的人种，他们离开非洲的事件，被称作"第一次走出非洲"（后来还有第二次大迁徙）。在大约150万─100万年之前，这个人科人种已遍布近东、亚洲和欧洲各地。

早在1891年，荷兰医生兼古人类学家尤金·杜波依斯就在爪哇发现了今天被归入直立人的人种之化石残存。当时杜波依斯在梭罗河的一个拐弯处，发现了一块头盖骨、一颗牙齿，还有一根股骨。他给这些发掘出来的化石起名为"直立猿人"——后来这种猿人以"爪哇人"之名著称于世。直至今日，这些世界闻名的化石仍放在莱顿的自然博物馆的防弹玻璃柜里供人们参观。当年就引起轰动的这些化石发掘物，使杜波依斯和其他研究者如阿尔弗雷德·R.华莱士等人深信，人类的发祥地一定是在亚洲。但如前所述，这种推测是错误的，因为爪哇人的祖先，和在中国发现的"北京人"（直立人的另一个变种）一样，都是来自非洲。

2004年，印度尼西亚与澳大利亚的一个联合考察队报告，在印尼的佛罗勒斯岛发现了一个新人种的残存化石，这就是佛罗勒斯人。这个发现引起了轰动。其实这是侏儒型的直立人，其个体的身高只有1米（因为这个缘故，亦称之为"小鬼"），其脑容量较小，大概只有380立方厘米。但最令人惊讶的却是，这些化石的年代不很久远。最近的标本"只有"1.3万年。这表明，那时还有直立人生活在印尼群岛上！之所以令人惊讶，是因为普遍认为，从3万─2.5万年以来，现代人，即智人，是人属的唯一代表。

然而，此事并非仅此而已。在佛罗勒斯岛上，流传着古老的民间传说是关于"森林小毛人"的故事。这些小毛人佝偻行走，所讲的是一种极少听见的嘟嘟囔囔的话语。这描述的可能就是佛罗勒斯人吧？很可能所讲述的不过是几千年甚至只是几百年前的故事，这岂不是意味着，在不久前还有佛罗勒斯人出现在该岛上？说不定今天还有佛罗勒斯人生活在岛上山区的密林中哩！于是德斯蒙德·莫里斯不由得自言自语地问道，假如我们遇见了这样一个"小鬼"，我们该怎么办：是送他去上学呢还是把他送到动物园里面去？发现佛罗勒斯人会引起如此的轰动，证明有各种不同的变种的直立人，是一个成果格外丰硕的人科动物——用古人类学的标准来衡量，他是不久之前才从地球上消失了的。

尼安德特人之谜

在大约50万年前，依旧是在非洲，进化又出现了新的进展。发掘出来的这个时期所遗留下来的化石，使人们联想到人科动物发展历程中的又一次分蘖：海德堡人登上了进化的舞台。这种人科动物像直立人似的蜂拥而出，踏遍欧洲各地，结果这两个人种大致分布在同一个地区。其名则来源于1856年在海德堡附近所发现的那块下颌骨化石。此人科动物的个体，从其身体结构来看，不如直立人那么强健，而其脑的容量此时已达1100立方厘米－1300立方厘米。有的古人类学家认为，他是晚期直立人的一个个体，另一些却持相反的观点，称之为今天的人类（即智人）之早期（即"远古"）的一个个体。从这个方面来说，人类进化的历程依旧是一片模糊。海德堡人的非洲种群的成员，有可能就是今天的人类的直系祖先，而其欧洲种群的成员，则可能是另外一种杰出的人科动物，即尼安德特人的祖先。

人科动物尼安德特人的生存与没落的大戏都在欧洲、近东与小亚细亚上演。他之所以获得此名，是由于在杜塞尔多夫附近的尼安德特山谷地带，曾经发掘出一块颅盖骨的化石。而在非洲，却没有发现过这种人的遗物。其生存时期大概是在30万－25万年前。尽管尼安德特人很可能并不是我们的直系祖先，但从某些角度看，他却与现代人相似。假设今天有一个男性尼安德特人，衣着整洁，面部溜光，发式入时，站在交易所前面，恐怕是不大会引人注目的。尼安德特人不仅是脑容量异乎寻常地大，可达1750立方厘米（而今天的人平均只有1500立方厘米），并且还有强壮的身体（见图4-7）。这可能是为了适应冰川期的恶劣环境条件。他们用石块、砍刀以及短标枪猎杀穴熊、野牛和猛犸。他们矮壮而结实的身躯，犹如今天的爱斯基摩人似的，能抵御酷寒。

发掘出来的化石中，许多都留有骨折痊愈后落下的疤痕，这表明，其个体之间是互相护理的。大多数科学家认为，尼安德特人会安

→ 图4-7 人科动物尼安德特人的头骨。此头骨化石是在法国的费拉西发现的，大约有5万年的历史

葬死者，还会用简单的礼品，如首饰或鲜花之类，做陪葬物和死者一起埋入墓坑，这可能表示，他们的思想中已经有了天国的概念。还有许多证据证明，他们如同今天的人一样，能够发出各种各样的声音。他们的喉头和人科动物智人的一模一样，而且也长在同一个位置。考古学家史蒂文·米森在其著作《会唱歌的尼安德特人》中表达了这样的观点，即这种人科动物掌握了一种吟唱式语言。不过，尚不能断定，他们是否具有必要的认知能力，以使其话语能符合现代意义的语法。但可以肯定的是，他们起初是很有成绩的；他们以欧洲为出发点，移居到近东和小亚细亚的广大地区。他们的属于莫斯特文化——冠以化石发掘地法国莫斯特之名的文化①——的石制工具，比之人科动物直立人的工具，要精巧一些，但其创新却很少。

---

① 即旧石器时代中期的文化。

在长达几万年的时间里，他们所用的工具与技术，都是一成不变的。

如前面所述，尼安德特人可能起源于人科动物海德堡人或人科动物直立人的欧洲种群。但在大约3万年—2.5万之前，他们极其突然地消失得无影无踪。关于他们灭绝的原因，人们争论得相当激烈。莫非是新的人种，也就是我们这种人科动物智人，侵占了欧洲大陆？是他们将尼安德特人彻底消灭了？或者是把致命的疾病传染给他们？但目前尚未发现任何有关的迹象。很有可能是人科动物智人将尼安德特人逐渐地排挤走的。或许是为了抢夺同一块领地即食物来源地而发生了战争，鉴于人科动物智人的适应能力较强，故而成为战争的胜利者。或者是尼安德特人的出生率低于人科动物智人。有的研究者，如美国古人类学家米尔福德·沃尔波夫认为，尼安德特人根本没有灭绝，而是和我们智人融合在一起了，这可能意味着，他们的遗传基因，仍活在今天人们的身体之内。然而关于这个观点，是颇有争议的，因为DNA检测的结果显示，尼安德特人与今天的欧洲人种，在基因方面的区别实在是太大了，绝对不能说他们会在生物学的意义上相互融合。

第二次走出非洲

关于人科动物智人从何而来的问题，没有人能够给出一个确切的答案。所谓"出自非洲说"和"多起源地说"的支持者，在此则是互相对立的。没有争议的是，在大约3万年前，现代人在欧洲的分布就已经很广了。现代人是随同更精巧的工具而出现的。简直可以说其创造力是急剧地增长，堪称人类文化的第一声春雷。与其先辈不同的是，人科动物智人制造首饰，在洞穴里画壁画——例如在法国南部拉斯科和肖维两个地方的洞穴里，在西班牙北部阿塔米拉的洞穴里。这些是奥瑞纳文化——因在法国的奥瑞纳发掘出了大量的遗物而得名——的遗产。欧洲的人科动物智人亦以"克罗马农人"之称而遐迩闻名，这也是据其法国发掘地命名的又一例子。这个现代人的脑容量，大约为1500立方厘米（见图4—8）。

　　按照大多数研究者的看法，人科动物智人的发祥地并不在欧洲，而是在非洲。这个人种是20万年前从人科动物海德堡人的非洲种群发展起来的。"出自非洲说"的最重要的代表，是伦敦自然历史博物馆的英籍古人类学家克里斯·斯特林格。人科动物智人是在人科动物直立人之后，从非洲迁移到欧洲大陆的第二个人种——如果不把人科动物海德堡人的出走考虑在内的话。在欧洲，海德堡人碰见了人科动物直立人的一些种群，便将其驱逐出境。他门长途跋涉，走过近东、欧洲、亚洲及澳大利亚之后，于大约2万年前跨越其绝大部分已干涸无水的白令海峡，最后抵达了美洲。DNA检测同样证明了这条迁徙路线的走向。非洲人的线粒体-DNA的变异，比之欧洲人和亚洲人的要多得多。这就意味着，非洲人种群更老一些：他们所发生的突变最多。假设现代人起源于非洲，有时也要提到"黑夏娃说"：她生活在大约15万年前的非洲，是今天世上一切人种的女始祖。

→ 图4-8 人科动物智人的头骨。这块克罗马农人的头骨化石，发现于法国多尔多涅省的埃日耶村，约有3万年历史。在当地方言中，克罗马农意为"巨大而陡峭的岩石"，指的是埃日耶村后那高耸的石灰岩

不过，也有前面提到过的沃尔波夫之类的古人类学家，他们对这个人为编写的剧本没有丝毫的兴趣，而是坚信"多起源地模式"是正确的。这种理论认为，现代人在地球的各个地方都是起源于当地的人科动物直立人种群。人科动物智人并非起源于非洲，而是在各个大陆上发展起来的。假如这个假说是对的，那么迁出非洲的事件就只发生过一次，那就是人科动物直立人在大约100万年前离开故土那一次。然而，这种模式的捍卫者仅占少数。他们必须回答，为何今天世界上所有的人的基因都是这样的高度相似？引人注目的是，众人的基因贮备都是相同的，这说明，我们大家都有一个时间上离我们并不是特别久远的共同的起源。倘若各个大陆上的人都起源于生活在当地的人科动物直立人种群，那他们的基因差别必然会大得多。对这种异常现象，多起源地模式的信奉者却是这样解释的：非洲、亚洲和欧洲各地的初期人类居民经常相互接触，他们不但交流新发明、新思想，而且彼此交换基因。然而，这个剧本故事却更使人生疑。在10万年前，地球各处的人类种群，怎么可能互换基因？所以，这个多起源地模式并没有多少说服力。

连人科动物直立人的第一次走出非洲都受到一些人的质疑。如莱顿的考古学家威尔·罗布洛克斯认为，人科动物直立人可能并不是起源于非洲，而是起源于亚洲。罗布洛克斯及其英国同行罗宾·登内尔联名在《自然》杂志上发表了一篇论文，其中他们阐释了一个观点，即迄今关于人类进化的想法或许必须彻底修正才对。因为在亚洲，发现了越来越古老的人科动物直立人化石，其中有的源自和非洲最古老的化石相同的时期（170万年之前）。这种修正只需要等到在亚洲发掘出人科动物直立人的比非洲的更古老的化石就行。这样将会证实，这个人种的发祥地确实是在亚洲。罗布洛克斯认为，南方古猿亚科，或者说人科动物能人，绝对有可能早在250万年前就离开非洲，迁到亚洲来了。后来，便从这些种群发展成人科动物直立人。

尽管还远远说不上有关人类发展史的一切问题都弄清楚了，但最近几十年里，浓重的黑暗终于被光亮撕开了一道缝。不过，借助这一点光亮，我们所能看见的，却并不是一目了然的谱系图，而更应该说是荆棘丛生的迷魂阵（见图4-9）。

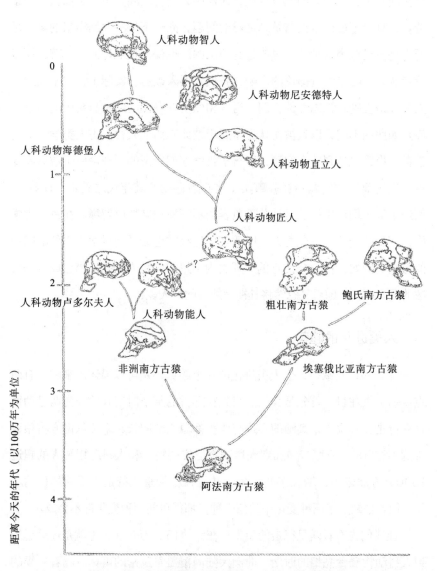

▶图4-9　人类进化的种系发展史示意图。其中的连接线段表示各个不同人种之间可能会有的遗传关系。人们所重视的是250万年-150万前的那个物种丰富的时期。人们推测的系阿法南方古猿之祖先的阿纳姆南方古猿未收入本示意图

仿佛有人觉得人类谱系学还不够复杂似的，在古人类学家之间的争论不休和彼此妒忌，简直可以说是到了令人难以置信的程度。对人科动物的化石遗存的解释可以说是五花八门。由于其间牵涉声誉问题（以及研究经费问题），在专业的化石寻觅者人群中，同行之间并不总是那么善意相待。暂且放下彼此争论与妒忌之类的问题，问一下某些发掘出来的化石是否真是自己这个人种的，总该是有理由的。也许只是亚种而已。有的怀疑论者认为，受了性选择论的影响，我们会误入歧途。实际上，"不同的"人种都是性别之二态性的实例。男人和妇女在身体的结构与头颅的形态方面是如此的不同，以致被误认为是属于彼此隔离的人种。古人类学和别的学科一样，也遇到一个问题，即科学哲学家们所谓的"理论由于数据而变得不太可靠"的问题：经验事实（化石遗存物、其年代之确定、DNA检测结果等）均可用往往是彼此不兼容的不同模式来加以解释。在古人类学中，回旋的余地是如此之大，以致其理论经常也会受到科学界之外的因素的影响。例如，在一个10年的时期之内，尼安德特人先是被描述成言语嘟哝的洞穴居民，随后又忽然将其视为纯种的野人。

人类进化的趋势

尽管知识有缺口，但人类进化的几个趋势还是可以描述出来的。有两点特别引人注目。首先是我们的祖先在远古的某个时期开始作为两足动物直立行走；其次是，其脑的容量与体积都急剧地增长起来（从南方古猿亚科的不过500立方厘米增加到人科动物尼安德特人和人科动物智人的超过1500立方厘米），增长了两倍多。并且，尽管直立行走先于脑体积的增长，但若是缺少了两种变化中的任一种，那很可能两种变化都不会成功。

让我们先看看两足行走的现象。在大约1500万年前，也就是还远远未到人科动物登台亮相的时期，非洲大陆尚覆盖着茂密的雨林。随着气候的变化，气温越来越低，干旱越来越厉害，致使原始雨林越来越稀疏。这一过程一直持续到大约1000万年前，此时已是中新世的晚期，出现了一片片树丛稀疏的草地。因环境变化而产生的选择压力，迫使南方古猿从树上下来，去寻找草地，这便是所谓的"草地说"。之所以如此猜测，也是由于想到，一块块孤立的残余林地，有可能起到进化孤岛的作用。只要比较一下加拉帕戈斯的燕雀，就能推测，人科动物也会这样彼此隔离地朝着不同的方向发展。

假如个子矮小的灵长目动物（如露西刚好只有1米高）在高高的草丛中跑过，直立行走对它是颇有益处的。若能把周围的状况一览无余，那就能及早发现猛兽。加之直立时，身体只有一小部分受到阳光的直射，这在非洲的赤道地区，肯定是有好处的。而在离地1.5米的高度，气温要比地面低很多。赤裸裸的皮肤上，有许许多多的汗腺，再同两足行走结合起来，不啻是抵御炎热的一个良方。一支由美国的人类学家和遗传学家所组成的考察队，不久前依据DNA检测得出结论：人科动物起码已经有120万年身上没有浓密的体毛覆盖了。人身上的毛皮之所以不见了，并不是由于我们开始穿上了衣服——很久很久以后才会是这样的。

图迈（乍得的萨赫尔人）的出土，引起了人们对草地说的质疑，因为这将人科动物的起源时间前推了许多。据此，人科动物必定是早在雨林里生活之时，就靠两条腿行走了。关于人科动物在1000万年－500万前的某个时期，可能经历过一个中间阶段的假说，或许对这个问题提供了一个答案：这个中间阶段就是"水猿时代"。人类进化的舞台，大多数时候是在东非的大湖的岸边及其附近。在这些地方，人科动物所过的，是水域（半水半陆）的生活，其间它们免不了要涉水而行，故而用两条腿行走应该显得是很实际的一种方式。尔后，在稍晚些的一个阶段，水猿发展成游泳和潜水的一把好手。它的食物是鱼和有壳的动物，而不是其他肉类。在上个世纪的60年代，英国的女生物学家阿利斯特·哈迪提出了自己的观点，即人类必定有过一个在有水地带的生存期。因为人类所具有的一系列特征，一般只能在海洋哺乳动物的身上见到，譬如无毛的皮肤，皮下脂肪层，潜水时奇异的条件反射——这种条件反射能减缓心脏的跳动，并减少氧气的消耗量（其他灵长目动物在这方面都不如人）。显得奇异的还有，我们人的鼻孔是朝向下方的，这在灵长目动物中间，也是一个例外——这样一来，在我们游泳时，水就不容易飞快地涌进鼻孔。然而，哈迪的有些古怪的想法，当时所收获的，却只有讥笑。在70年代，女科学记者伊莱恩·摩根曾试图为"水猿说"翻案。虽然她的书《水猿》在广大读者中得到了赞同，然而在古人类学家的群体里，却听不到回应之声。把人想象为能潜水的动物，这并不能使人特别陶醉。因为草地说——直立行走的祖先是跑过草地去追猎的设想——的说服力要强得多。不过，新近又有人对水猿说很感兴趣。

无论如何，直立行走不会是突然间就开始的，而是经过了一个逐步形成的过程。从解剖学的角度来看，直立行走需要做大量的调整，以适应新的行走方式。刚开始采取这样引人注目的行走方式，一定是相当吃力的。那么，灵长目动物为何要坚持以这种姿势行走呢？因为除了上述理由之外，还有一个很大的好处：这样行走，手就可以腾出来提东西。既然可以提东西（如食物之类），那就可以把剩余的东西拿"回家"，可以用拿回家的东西同别人进行交换，交换性行为或者交换食品都行，总之是交换自己带不回来的东西。于是，个体之间的合作就这样渐渐地开始了，从而形成了需要投入越来越多的聪明才智的更加复杂的社会生活。

在这种时刻，直立行走、脑体积，尤其是大脑皮层的增加，是环环相扣，彼此补充的。英国进化心理学家罗宾·邓巴证明，灵长目动物群体的大小与其脑的大小有关。同居一地的社会生活越复杂，脑的体积越大。它们像所有种类的猴与类人猿似的，在社会群体中生活得不错。在其群体中，把自己的和别人的地位盯紧，具有性命攸关的重要意义（苏门答腊等地单独生活的猩猩是唯一的例外）。相反，或许也会有人提出异议：南方古猿亚科动物的脑的体积和猴的一样小，仅有不过500立方厘米，但其直立行走已有几百万年之久，还是走过来了。难道脑之体积增大是不正常的？说南方古猿亚科动物中有苏门答腊等地单独生活的一种猩猩，这是相当难以置信的。在人类的进化过程中，性选择或许起过作用。如前所述，杰弗里·米勒的观点就是，性选择是这种飞跃式发展的主因。在其进化过程中所展现的知识与能力获得了报偿，脑之体积迅速膨胀便是其结果。

这在250万年前，当人属动物产生之时，尤其引人注目。最早的石制工具标志着文化的开始。而文化需要脑的积极活动。为了能传授知识与能力，就得自己先学会。加之人科动物能人和人科动物直立人的牙齿也暗示，其食物结构已经发生了变化。它们已不再是素食动物了，它们要吃大量的动物腐尸和野兽的肉。比之植物性食物，肉类中含有高质量的营养元素如动物性脂肪和蛋白质。大多数古人类学家认为，食物结构的这种改变，为脑体积的增加创造了前提。英国人类学家莱斯利·艾洛和彼得·惠勒猜想，转而食用肉类，导致"肠-脑交换①"的发生。为了给更大的脑补充能量，身体就只能通过另一个器官即肠道系统提供。肠组织为脑组织所取代。肉类吃得多，则使用肠组织的需求就会减少，因为食肉动物和食草动物相反，不需要又长又复杂的消化道。这样一来，就可以将省下来的能量用于别处，也就是转而投给变得越来越大的脑。于是，食物结构的变化就对人属动物在地球上所取得的成就做出了贡献。食肉动物也很少依赖当地的植物，不受一年四季的制约。经验丰富的猎手总能找到肉类食物——必要时，连自己的同类也能当作食物吃掉。

促使群体中的社会生活形成的，还有其他因素。在人属动物中，两性间的区别比较小，故而使人联想到，这是一雌一雄配对越来越普遍的结果。人的婴儿在最初几年里，需要得到非常多的照料与关爱。由于这个缘故，妇女便从甘愿献身的配偶得益——后者时常给她们送来富含卡路里的食物（肉类）。而生物学意义上的父亲，则越来越经常地承担这项任务，同他们一道完成这项任务的，还有其他亲戚或者整个聚居的种群。说到底，他们这是在给自己的遗传基因投资。另外，逐日扩大的群体，要依

① "肠-脑交换"原文为英语"gut-brain swap"。

靠其成员之间的有效的交际，同时，必须通过完善的语言或符号系统，才有可能进行交际。文化知识与技能的传递越来越广泛，所以越来越重要的是，脑必须很大。大脑皮层如此迅速地增加，致使人类的子女必须越来越早地降生。另外，恐怕胎儿的头颅太大，会无法通过阴道生出来。生物学家弥达斯·德克斯干脆把人的胎儿比作还需要经过变态阶段而变成蝴蝶的幼虫。当然，这太夸张了，但这话却是一语破的。比之黑猩猩的幼崽，人类的婴儿极其需要扶助。

于是我们发现，两条腿行走，吃肉，一雌一雄配对，文化的形成，脑体积的增加，这些都是彼此紧密地纠结在一起的。这些趋势相互影响，相互补足，现代人便由此而变成被排除在灵长目动物之外的"外人"了。

不管人科动物的进化细节如何，可以肯定的是，在非洲，不同的人种曾长期并存于世。在大约250万年－150万之前，那里有三种南方古猿亚科动物（非洲南方古猿、粗壮南方古猿和鲍氏南方古猿）和起码两个，甚至可能有四个真正的人种（能人、卢多尔夫人、匠人和直立人）。据此，至少在长达100万年的时期里，曾有多种人科动物并存于非洲大陆。这种看法也在转瞬之间被称作"星球大战酒吧理论"。没有哪部《星球大战》的影片中没有一个主人公云集星际酒吧的场面——在这个酒吧里，各路奇形怪状的外星人快乐地相聚在吧台旁边。至于非洲的人科动物是否像这样兄弟般亲热地彼此相待，倒是很值得怀疑的。然而可以断定，从那时以来，其种群的数量已大大缩减。时至今日，人科动物智人是一个曾经种类繁多的动物界人科的仍生存在地球上的最后一个代表。

第5章

社会生物学与进化心理学

有关人的本性的争论

人类的文化在以往数千年的时间里发展得如此之快，以致我们的头脑根本来不及去适应变化了的处境。生物的进化简直无法与文化的发展同步。人的精神仿佛还停留在石器时代：我们所具有的聪明才智，其实是为那时四处奔波的猎人兼捡拾食物的部落成员所设计的。反正社会生物学和进化心理学的论点之一就是这个意思。这两门学科在多年前被击退之后，而今又开始卷土重来了。如果我们可以相信爱德华·O.威尔逊和这两门学科的其他代表所言，则社会科学领域正处于一场真正有纲领的革命的前夜。

这位社会生物学的奠基人威尔逊，我们在前面的第2章中已做过简略的介绍。社会生物学是系统地研究动物和人类的社会行为之生物学基础的一门中间学科。威尔逊最初打算当鸟类学家，然而当他还是个孩子的时候，在钓鱼时遭遇了意外，致使右眼丧失了视力，后来连听力也减弱了，故而使他很难进大学的鸟类专业去学习。威尔逊便转而研究可以隔很近的距离进行研究的动物：昆虫。他成为昆虫学家，在哈佛大学当了几十年生物学教授。他于1997年退休。他堪称世界最重要的蚂蚁专家，有人甚至将他称作新达尔文。1991年，因为他的重达4公斤的经典巨著《蚂蚁》，他被授予普利策奖。其实他早在1979年就因为他的《论人性》一书得过普利策奖了。而《论人性》这部著作，其实是他出版于1975年的杰作《社会生物学：新综合论》的续篇。

《论人性》一出版便引起轩然大波。人们骂威尔逊是反动派、种族主义者。主要是社会学者和思想来源于马克思主义的知识分子瞧不起他的思想。几个同行甚至在《纽约时报》上发表一封读者来信，指责他同情纳粹。他们斥责威尔逊持绝对的遗传决定论观念，站在与"人类具有发展的能力，社会是可变的"进步思想截然相反的立场上。

而马克思和达尔文的立场却是不可调和的。按照马克思的观点，人取决于环境，这主要是指：取决于政治和经济的统治关系。但按照达尔文的观点，人在很大程度上取决于自身的天赋，取决于与生俱来的直觉与本能。在威尔逊此书问世的那个时期，"天性与环境"的争论，还很倾向于环境。在社会科学家中间，主流观点还是，人与社会都是可以改变的。人们不是已经克服了其所由来的生物之根的影响了吗？使人得以成为人的，是文化、教育及社会环境。威尔逊的观点收效甚微。时代尚未成熟到能接受他的这些思想的地步。大部分的人将会受其所接受的进化论精神遗产的左右。

为何过去和现在社会生物学都会遭到如此激烈的否定，可以列举诸多理由。一方面，人们将社会生物学视为一门独立的学科。虽然威尔逊的论敌们立即承认，动物的行为有可能是完全取决于生物性因素的。而正因为人不是普通的动物，他们能意识到自我的存在，他们能反思，他们生活在社会与文化的群体之中，而这些群体的复杂性，在动物界是没有先例的。况且在多种多样的文化之中，从来没有哪一种是建立在生物学基础上的。故而人们所创造的社会现实，从来不是在生物学的影响下形成的。所以，社会现实也不能由自然科学（特别是生物学），而只能由社会科学进行研究。因此，人的独特性就是其独立地位的保障。对社会生物学有所怀疑的第二个原因是，许多社会科学家相信社会是在进步的。人的行为取决于教育与文化，这就是说，社会及其成员在很高的程度上是可以互相影响的。例如不合群的，甚至有害于社会的行为，其根源在于童年不幸，所处的社会环境落后，或者缺乏教养等。如果能为其获得良好的教育培养创造前提条件，则不合群的行为可能会减少，甚至根本不会出现，社会总体上就会变得更好。

生物决定论与这样一个相信进步的理念是相左的。在20世纪70年代，持这种"不合群行为可能也该在遗传方面去找原因的"论点的科学家，不得不想到自己会受到猛烈的抨击。"布意克惠任事件"便是一例。莱顿的犯罪学专家沃特·布意克惠任所主张的观点是，在刑事犯罪行为中，生物学与遗传学的因素可能要起作用。布意克惠任立刻遭到左派知识界人士的抨击：刑事犯罪属于社会学范畴，不属于生物学范畴。犯罪的行为，仅仅发生在人与人的关系当中，动物是不会犯罪的。批评者认为，所谓犯罪行为的动因（除了教育失当或者社会环境有害之外），也可能会存在于有关者的头脑之中，这种看法是有问题的。然而，所谓性格特征如好斗性、缺乏移情能力或者耽于不良嗜好等，这些经常伴随不合群甚至犯罪的行为出现的性格特征，往往都有一个神经生理学的起因。另外，这些性格特征也是可以遗传的。当然，人体内并无犯罪基因，但也许会有能助长不合群和犯罪的行为的基因。

威尔逊的社会生物学与20世纪六七十年代的"平等思想"是不一致的。人们假设，所有的人原则上都拥有同样的潜力。换个说法：人在刚出生时，是一块"白板"，或者称之为一张白纸。儿童完全是"顺从的"生物，通过教育和教导而成形。与之相应，以其聪明才智来说，人与人之间在这方面的差别，是文化、教育和所处境遇上的差别的结果。相反，谁如果假定，人在本性上是不一样的，或者假定其聪明才智是由遗传所决定的，那就会被扣上"反动"的帽子。因为谁要是以生物学的和遗传学的影响来作解释，那就是站在伪科学的立场上为男女之间、贫富之间以及黑白之间的差别进行辩解。于是便出现了讽刺社会生物学的一幅漫画。社会生物学的代表们被缩小，悬在论点的陡峭斜坡上：男人们都被进化预先设置了程序，不是干通奸的坏事就是干强奸的坏事，而妇女们天生地安于从属地位，既为家庭也为子女操心。什么排外行为啦，种族仇恨啦，暴力行为啦，等等，等等，无一不在人的本性中找到了根源。

社会生物学的论敌所不乐意看见的是，这个威尔逊，他根本不设法为人的行为作辩解，而仅仅是给予解释。面对以威尔逊和别的研究者为敌的阵营的批判，社会生物学却不声不响地蛰伏了一段时间。他们继续进行研究，而其研究成果却很少让公众知晓。到80年代，事情才出现了转机。对人的社会行为的生物学影响及遗传影响，再度成为可以讨论的课题。其间社会生物学这个术语或多或少地被放弃使用了。今天研究者们自称是"进化心理学家"。

而这进化心理学，其实与社会生物学大体上是目标一致的。人的精神与人的行为，都被视为包罗万象的、产生于进化过程的"人之本性"的产物。

与社会生物学不同，进化心理学并非仅仅着眼于行为本身，而且还要研究人脑中的活动过程。与此同时，进化心理学还从近几十年所获得的认知科学知识获益。

在80年代所逐步发生的有利于社会生物学的根本性转变，得以继续进行。毫无疑问，这与分子生物学和遗传学领域的知识大量增加有关系。自从人的基因密码，即人类遗传特征的蓝图被破译出来，我们关于DNA的知识便迅速扩大。如此类研究中所提出的"遗传性"这个论点，便担当起比迄今所设想的显要得多的一个角色。所谓"平等思想"便受到动摇，而禁区则被突破了。

然而，思维的转变决不意味着遗传决定论已获得确立。赞同社会生物学和进化心理学观点的研究者，并不反对"教育、社会环境和文化处境对人的行为会起重要作用"的观点。对于人的发展和行为来说，不仅仅是本性（天赋），而且还有文化（环境），都会起重要的作用。此外，许多批判威尔逊的人都不得不承认，他们并未认真研读过他的论著。若是认真研读了，他们可能就会断定，其实威尔逊并不赞同严格的遗传决定论。因为他也强调，生物学的和文化的因素，是相互影响的。人的精神与人的行为，是共同进化过程的产物——在这个过程里，本性与文化是处于紧密的相互影响的关系之中。

新综合学

社会生物学并不是在20世纪70年代从天上掉下来的。它是现代的进化生物学扩展而形成的一门学科。故而威尔逊的书添了一个副题：新综合学。按照现代综合学，即达尔文的自然选择理论和孟德尔的遗传理论相结合而建立的一门学科的观点，眼下已到了"新综合学"——介于生物学与社会科学之间的一门学科——理应登台亮相的时代。其实，早在达尔文的著作中，这门学科就已初显端倪了。达尔文也是从进化的角度来考察人和动物的行为。因为对行为的研究即"动物行为学"，要求采用和生理学特征研究一样的方式进行。行为如鸟类的交尾期，完全同燕雀的喙或者保护色一样，是通过自然选择而产生的。

在20世纪60年代，动物行为学家如奥地利人康拉德·洛伦茨和卡尔·冯·弗里施，或者荷兰人尼可拉斯·廷贝根，都在这个领域取得了很大的成就。不过动物行为学主要限于研究动物的行为。在这一点上，德斯蒙德·莫里斯的著作却是一个例外，不过他的观察比较表面化，缺乏坚实的理论论证。况且在30年代的现代综合学之后，在相当长的时间里，存在着对进化生物学的误解。其中最难以消除的误解之一是，思想，一切的行为，原则上都是为了维护种系的长存。而洛伦茨却认为，人是唯一不遵守这条规则的生物。说到底，只有人才是处心积虑而有计划地剥夺自己同类的生命。动物却不会如此行事。动物的进攻行为，是一种习性，杀害同类的现象很罕见。依据洛伦茨的观点，我们可以说，人的行为是功能失误，是功能故障或功能不良。只要现代技术真是有害于人的圈套，那洛伦茨的看法就是对的。进攻性会很快出轨，因为我们掌握着种种手段，可以很有效地大规模干坏事。可是这并不意味着，人类与动物有本质上的区别。动物对其同类，也并不是温情相待。所谓进化的目的是维护种系的长存，这个出发点是不对的。误解的根源在于，对进化的看法过于美好：大自然母亲想得很周到，使万物保持平衡。这样迷人的景色，能给我们带来很多希望，因为它削弱了进化的残酷性。由于进化实际上所造成的，并非总是自私自利的个体，强者原则也不需要自动地退化为冷酷无情的竞争。动物的相互合作，往往可以视为典范。狼和狮子都是成群猎食——这可以显著地改善其成功的机会，而被追猎的动物也是成群结队以便互相保护，避免被狼和狮子逮住，等等，等等。生物学家们将其视为维护种系的一种社会行为。

　　人们应该更清楚地明白这个道理：进化并不追求目的，它也没有任何意图。即使是在维护种系方面，它也没有什么想法。人们长期不愿承认的是，动物也会表现出与臆想的生物行为准则——"你不可杀死同类"——真正背道而驰的行为。举例来说，许多结群生活的哺乳动物，如狼、狮子和黑猩猩，常常杀死自己的幼崽。如果一个年轻而身强力壮的雄性当了新首领（一号角色），它就会立即设法将前任的全部幼崽通通杀死。这种行为对种系当然是不利的，但对本群的新首领自己，却是有利的。因为新首领对种系的兴衰毫无兴趣，而是对自己的后代有兴趣。假如雌性失去了自己的幼崽，它还会重新生育，而胜出的雄性则会制造出自己的后代来。这并非一号动物有意识的决策，它的行为是通过自然选择编好程序的。对于某些种类的动物而言，杀死亲子是一种很成功的进化策略。决定这种行为的基因，比决定利他行为的基因，传播得更多。想来可以肯定，间或也会有那么一个行为发生了突变的一号动物，将这种"冷酷无情的"传统打破。不过，其基因经过不多几代的演化之后，也会被优先考虑自身利益的基因所取代。然而从长期着眼，人们所看重的，还是成功率：生成自身的复制品最多的基因，会在一个种群里赢得优势。故而一个一号动物，会尽量采用利己主义的策略，因为从进化的角度来看，投资于别人的基因，除了很少几个例外，都是特别不明智的行为。在科学界，关于进化绝不是为了维系种属或群体的观点，已逐渐成为共识。个体实质上都是自私的，说到底，其行为都受制于自私自利之心。

进化生物学家，如英国人威廉·汉密尔顿和美国人乔治·C.威廉斯，则更进了一步。他们认为，若我们是合乎逻辑地进行思考，那我们其实必须承认，进化也并不是为了有助于个体的维护或个体的兴趣。那它究竟是为了什么呢？依我们看，应该是为了维护与传播遗传特征，也就是基因。个体的遗传基因图谱可以翻译成密码而后往下传递，而个体本身是不可遗传的。生物的个体之生命根本就不够长，无法在进化过程中扮演一个角色。个体会死亡，基因则不会。基因原则上是不会消亡的：我们体内的有些基因，已存活了若干亿年之久。我们与老鼠、苍蝇及扁形动物共有这些基因。进化中最后要看的只是，何种基因得以存活下来，何种没有存活下来。所以自然选择的进行，并不是在种属或群体的层面上，更不是在生物的个体层面上。自然选择是在基因的层面上进行的。

基因选择理论是在20世纪70年代，通过英国动物学家理查德·道金斯（他是廷贝根的一个学生）的著作《自私的基因》而使广大读者得以接触到的。道金斯的优美的文笔和形象的比喻使他的这部作品成为了畅销书。在道金斯的眼里，生物的个体不过是一辆运载基因的破旧的老式汽车，或者是其基因的"一次性包装"而已。在进化过程中，基因造出越来越复杂的能延长生命的机器。它们深深地隐藏在生物的体内。这老式车按照其基因的指令，将所有的东西都安装上去，以便造出新车来。DNA便是这样持续地从一个外壳潜入下一个外壳。照这种解读法，则基因是利用生物做运载工具。对于基因而言，一个生物其实不过是一件制造更多基因的工具：基因是"自私自利的"，它们所想的就只有一件事，就是以本身为模子，造出尽可能多的复制品罢了。所谓在进化过程中，最终是为了扩散遗传特征、为了传播基因的论点，也是社会生物学和进化心理学的出发点。

社会昆虫之迷

构成社会生物学之基础的，是一个合理的问题：为什么人，还有动物，会合作共事并且互相帮助，尽管乍看起来，达尔文主义的世界仿佛是会给利己的行为偿付酬劳的？生物所追求的，是将自己的尽可能多的遗传材料偷运进下一代的基因库里去。如果因此而必须为同类腾出地盘，甚至自身灭亡，那也只好如此了。显然，"你应该为后代着想"的行为准则，比"你不可杀死同类"的行为准则威力大得多。但是，我们在大自然中以及我们自己的身上所观察到的，却与这种看法不一致。动物和人的行为，往往使人觉得，他们并不在乎自己利益的得失。在昆虫的各个庞大的目中，就有一个目的昆虫表现出这样一种忘我的行为——这是最难看透的谜一般的忘我行为之实例。这种昆虫属于膜翅目。而膜翅目之中，除了其他的，也有所谓的"社会昆虫"，如马蜂、蜜蜂及蚂蚁等。它们生活在成员众多的庞大群体之中，各个厢格式居室之间分工很严格（有负责守卫的雄性，有专门从事劳作的雌性，还有专职饲养保育的雌性）。这些组成国家式群体的昆虫，其最明显的特征之一，就是其互助合作与利他而无私的行为，简直达到了令人咋舌的程度。

人们所理解的社会生物学中的"利他而无私"的概念，一般是指其中某个个体牺牲自己的（繁殖和延长生命的）机会，以有利于同类获得机会的行为。然而此类行为，远远不总是以有意识的动因为基础，因为自我牺牲可能是通过自然选择而编入程序的——犹如一号雄性将竞争对手的幼崽杀死的行为，就是编好了程序的。在社会昆虫中间，便会出现极端的利他行为：在一个蚂蚁或蜜蜂的王国里，专门从事劳作的雌性，是没有受孕的可能性的，它们不能繁殖后代。它们毕其一生所从事的，仅仅是照料产卵女王的幼虫。

这样一种自我献身的行为怎么会产生？这主要是问，在自私自利盛行的达尔文主义世界里，自我献身的行为怎么能立得住脚呢？因为我们刚刚断定，进化是有利于自私的个体的。为了其他生物而牺牲自己的生物，有时也可能会出现，然而，负责不利于自身行为的基因，却是绝无可能传播的，这是由于无私的生物来不及繁殖后代，或者繁殖后代的可能性太小。如在社会昆虫之中，利他而无私的个体甚至没有繁殖的能力。那这自我牺牲的行为，又怎么会在每一代新的昆虫群体中立得住脚呢？社会昆虫的行为，似乎与"你应该为后代着想"的行为准则是背道而驰的。在达尔文的《物种起源》中我们可以读到，他早已对这个问题绞尽脑汁思考过，却未曾找到适当的答案，因为他当年还不知道遗传的法则。

1964年，汉密尔顿发表了一篇论文，其标题是"社会行为的遗传进化"。在这篇论文中，他以数学的精确性对奥秘的根源作了阐释。汉密尔顿称，如果我们不是集中注意力于生物个体，而是深入一步，进入基因的层面，那我们就更接近于找到答案了。我们得给自己提出这个问题：负责利他行为的基因，如何能够散播？在进化的过程中，使基因传递的各种办法都试过了。如无性繁殖的生物，干脆就采取克隆的方式把自己制造出来。而有性繁殖的生物，事情就要复杂一些。原则上它们有两种办法进行繁殖。它们可以找个伴侣，合作繁殖后代，使自己的基因得以传递下去，它们也可以找个亲缘关系很近的同类，譬如隔房兄弟姐妹中的一个，帮助繁殖后代。利他者虽然放弃了繁殖自己的后代的权利，却还是将自己的基因间接地传递下去，因为有血缘关系的亲戚，体内承载着相同的基因。一个兄弟或者一个姐妹的两个孩子，会产出一个自己的孩子。汉密尔顿的这种认识，是现代进化生物学的最重要的认识之一。这种认识除了其他作用以外，还提供了一种解释，即解释动物和人类为何会——比为陌生者操心——更多地为自己最亲近的亲戚操心的问题。

在现代的进化生物学中，这种机制被称为"亲属选择"（这个概念来源于英国进化生物学家约翰·梅纳德·史密斯）。这种选择方式的好处是，生物在提高近亲的健康合格率（即繁殖成绩）的同时，也间接地使自己的基因的传递获得了保障。故亲属选择与综合素质合格的概念之间有紧密的关系。按我们的理解，这表示，一种生物是否有成绩，即是否能将自己的基因散播到下一代的体内，与其是直接进入自己的直系后代的体内还是经由亲属的身体而间接地进入下一代的体内，是没有依赖关系的。我们也可以换个说法，这综合素质合格的概念，并不仅仅着眼于个体本身的繁殖成绩，而且还得计入其亲属的成绩，以及亲属的成绩中所包含的个体的贡献。这样一来，所谓进化的行为准则，就不能说"你应该为后代着想"，而更应该说"你应该使自己的合格的综合素质最大化"。

要确定遗传基因的血缘关系是相当简单的。出自有性繁殖的一个生物个体，其基因的一半得自母亲，另一半得自父亲。故其与父母的血缘关系就是50%，或曰1／2。而兄弟姐妹之间的亲缘关系的深浅程度按平均水平是相同的（有些双胞胎是例外，其血缘关系达到100%，或一个整1）。按同样的原则，个体与其祖父母及其孙子们、与其叔叔伯伯婶婶姑姑们的血缘关系为1／4。与其一亲等的堂兄弟表兄弟或堂姐妹表姐妹们的血缘关系为1／8。从遗传基因的角度看，一亲等的堂表兄弟和曾孙辈的一员，具有等值的血缘关系，等等。所以，对亲戚采取利他而无私的态度，自身也能在进化的进程中趋于繁盛，因为利他而无私的行为，能提高综合素质的合格率，提高基因繁殖的总成绩。例如我们通过观察得知，哺乳动物和鸟类生活在社会群体之中，一旦发现有外敌出现，其中的一个成员便会发出警报。乍看这种行为是不明智的，因为这个成员使外敌注意到了自己，从而使自己陷入首先成为猛兽或猛禽的牺牲品的危险境地。它为何要让自己陷于危险之中呢？为何总是一再地出现这种利他而无私的行为呢？汉密尔顿的回答是：如果这种自我牺牲的行为能使近亲得救，那么利他而无私的基因也能保住。假如守卫者的自我牺牲能使两个以上的兄弟姐妹得救，甚至可以说是赚了。这种行为增加了保住基因的机会。

在昆虫的国家式组织结构中，利他而无私的行为也是以亲属选择为基础的。汉密尔顿的模型清楚地说明，为何做一个不孕育的雌性膜翅动物是值得的。专事劳作的雌性，它们不是为自己的后代操劳，而是抚养平辈的姐姐妹妹。因为雄蜂们出自未受精的卵，故而只拥有一套，而不是通常的两套染色体。它们是单倍体，不是双倍体。其结果就是，姐妹们所共同拥有的基因，比与母亲或兄弟们所共同拥有的要多。姐妹两个拥有同样多的父亲的基因的概率为1（父亲正是单倍体）。因此，姐妹两个拥有同样多的母亲的基因的概率则仅有（$1 \times 1/2$）+（$1/2 \times 1/2$）=$3/4$。基于父亲是单倍体的，其姐妹间的血缘关系便是$3/4$，而不是像大多数其他动物那样，是$1/2$。所以，这些专事劳作的雌性动物，其相互之间的血缘关系，比其与假想的自己后代的血缘关系更深！这就是说，此类膜翅目动物的雌性成员，并不是以自己进行繁殖的方式来提高综合素质的合格率，而是将其母亲（女王）视为制造平辈姐妹的很有效的工厂，以至其综合素质的合格率也能获得提高。还可以换个说法：对于这些劳碌终生的雌性来说，如果母亲一次又一次地制造出新的姐妹，那么可以说，比它们自己产出后代还更值得。因此，关于不会受孕的雌性昆虫组成一个稳定的社会群体的现象，汉密尔顿的模型提供了一个能与进化学说相衔接的解释。这些雌性劳动者通过其母亲，把自己的基因的复制品散播出去。复杂的社会系统得以保住，因为新出生的姐妹们，也拥有负责合作和利他行为的基因。

亲属选择与寄生性

利他而无私的行为，其实是以基因的"自私自利"为基础的——这是从亲属选择原则所推导出来的一个观点。归根到底，表面上显得无私的行为，却是为了传递自己基因的复制品。我们每天都在观察我们周围这种机制的运行，譬如父母对子女关爱与照料的现象。父母关怀并保护自己的子女，其实是在给自己的基因投资。有的基因专门负责给后代投资的意愿，因此它们就得以通过群体而迅速地传播，其传播的速度，会比不是如此严格地照此办理的那些父母的基因更快。在此，利他行为，即父母对子女的关爱，也是以亲属选择为基础的。或者用专业的话语来说：表现型层面上的利他行为，就是属模标本层向上的自私自利。这就是说，生物所表现出来的利他行为，在遗传基因的层面上，却是自私自利。利他行为往往是与血缘关系的深浅程度紧密相关的。如统计结果就证明，继子（女）受到继父母中的一方虐待的风险，比父母都是亲生的孩子要大。

至此，很容易使人想起的一个问题是：生物个体如何知道，谁是自己的亲属呢？的确，它们不可能总是了解确切的亲缘关系。估计是这样一种情形，不过，也没有必要确切了解。个体根本不需要有意识地表现出某种行为，或者意识到构成该行为之基础的遗传因素。例如工蜂之养育蜂后的幼虫，并非因为它们知道，通过这种方式，自己的基因可以间接地传播。不，它们就是通过进化而被这样编好了程序的。故而个体误将自己的利他行为施加在非亲戚者身上的现象，有时也完全可能发生。不过，这是一种统计学风险，一般不会造成很大的损害。如果此类现象发生得不是太多，或者从宏观来看，社会体系是会保持正常的。另外，许多动物善于认出自己的亲属，如借助化学物质（信息素）、气味或者一种容易记住的问候信号。加之有的动物，如社会昆虫似的，生活在或多或少封闭的、异类很难进入的群体之中，故而很不容易出现"误认"的情况，因为群体中的所有成员，都有亲缘关系。

然而，这并不意味着，亲属选择不容易被寄生者钻空子。布谷鸟便是很好的例子，这家伙十分狡诈，善于利用异类父母对子女的关爱。这种鸟儿被博弈论者戏称为"自由骑士"[1]，犹如一个不买票站在踏板上搭车的乘客，一个从群体内部的社会体系获益而自己却不做任何贡献的个体。雌布谷鸟将卵产在异类鸟儿的巢里，使其将之当作自己的孩子抚养。不过，这样的行为可不能做得太过分，否则就会事与愿违，以彻底失败而告终。要是寄生者反客为主霸占了别人的巢，而且它们都只在别人的巢里产卵，

---

[1] 自由骑士：西方对未加入工会但享有工会会员权益的人的称呼。

如此一来，就将再也没有孵卵的鸟啦！乞讨一般的寄生者，会在一个短暂的时间里爆炸式地增多，可是随后其种群的成员数量又会迅速地减少。但是在自然界里，如此急剧的数量变化却是很罕见的。进化构思出了一个"解决方案"。这个方案所寻求的，是利他者与寄生者之间的一种稳定的比例关系（后者占获益者的大约5%），也是两个种群之间的平衡关系。进化生物学界称之为进化稳定之策略，其简称为ESS（这个术语也源自梅纳德·史密斯）。

在一个理想的世界中，谁孵谁的卵，原则上是无所谓的。只要每只鸟儿都有卵可孵，那就用不着弄清楚，它所孵的是自己的卵还是一个同类的卵，它是为了自己的基因还是为了别人的基因而操劳。在这种情况下，集群的利益即种群的维护，总是优先于个体利益的。然而，寄生的行为却清楚地表明，为何这个理想世界是个乌托邦。一旦寄生者出现，它那自己产卵却拒绝履行自己的社会义务的行为，就会使专营寄生的基因风驰电掣般在种群内蔓延。心甘情愿地为别人照料孩子者的体系便会土崩瓦解，因为这不是进化稳定策略。寄生者肆无忌惮地利用乐于助人者。无条件利他者得不到机会重建这种社会体系，因为它们已被充分利用而耗尽了自己的精力。故而，若利他行为所针对的只是亲属，则能行之有效。这样就能确保负责社会行为的基因在种群内站住脚。如前所述，从汉密尔顿的模型可以看出，在社会动物——包括人类在内——之中，利他行为和合作行为的程度，一般都是和亲缘关系的深浅度有关系的。所以从表面上看起来，似乎不会有什么真正的、无条件的利他行为。因而只有基因层面上是"自私自利的"，并且是针对血缘关系的利他行为，才有可能得到在进化过程中存活下去的机会。

相互关系之进化

然而还有另外一种策略，它既有利于合作与献身，而参与其中的个体又不必是在基因层面上彼此有亲缘关系的。上一节所得出的有些悲观的结论，或许有点失之草率。因为我们毕竟在动物和人类的种群中观察到了，不涉及后代及家庭成员的社会行为和合作行为是经常出现的。这样的行为怎么会大兴不衰呢？1971年，生物学家罗伯特·特里弗斯力图回答这个疑问。他的模型和汉密尔顿的相同，是建立在数学的和博弈论的基础之上的。按他的想法，基因可以和——基因为其拥有者所配置的——各种情绪上的反应一起做"实验"。进化不会产生纯粹的利他者或者纯粹的寄生者，而是创造出一整套行为变体，这样，各种策略都能得到使用。而决定性的问题是，有无某种一定的策略，能比一个纯粹获益者集体的策略更有成效，并且这种策略随后再也不会被此类获益者暗中侵害？特里弗斯指出，这样的策略是有的，并且可想而知，这种策略是很简单的，即是互惠行为，亦可称之为互相回报，或者如德语中的俗语"你替我挠背，我替你挠背"所表达的原则。关于对非亲属的利他行为，他的解释是，双方都必须从合作中获得益处。换句话说，社会行为必须以互惠互利为基础。

不能把以互利为基础的合作，同其他合作方式如共生及互惠搞混淆了。后两类现象从进化的角度来看，出现的时间要早得多，在生物界的各个层面，甚至在植物和微生物中，都能看见这些现象。共生与互惠的基础，一般不在于有意识的动机（犹如亲属选择似的），因为合作完全是在基因的层面上编好程序的。处于共生关系之中的，往往是完全不同的物种。例如苔藓，就是绿藻与菌类植物的共生体。另一个例子是有花植物与昆虫之间的相互依存关系。与其相反，互相利他的行为，主要发生在比较高级的动物种类——它们具有一定程度的记忆力和意识。关于这些动物种类，我们完全可以说，它们能重新认出所依存的对方之个体，并且其行为，是有意而为之的。至于合作，则还需增加一个条件，即只针对本种或本群的成员。互利的行为意味着，一个个体为另一个个体牺牲自己的时间与精力，因为它指望对方会做出回报。在群内的个体之间，会常常进行交易。不过交易却并非总是同时进行的，这又会存在寄生者趁机捡便宜的风险——它们的意图是，从别人的利他行为获取好处而不付出回报。那么，这个问题该如何解决呢？让我们来看看一个假想的例子。

假设一群猴子遭到能传染危险疾病的跳蚤的袭击。每只猴子都可自行除掉跳蚤，只是藏在它背后的毛丛缝隙之中的，它却无法自己除掉。解决这个难题的办法显而易见，那就是很容易做到的友情服务：你帮助我，我帮助你。然而寄生者却重施故伎：那些让别人仔细地搜寻自己背后的跳蚤的猴子，一转身就溜走了。但在这种情况下，它们却被发现了。一只曾多次被迷惑的猴子，总有个不会再上当的时候。于是骗子渐渐被逐出猴群，随后便被跳蚤毁掉了。所以，只有在某个时候"债"还清了，相互关照的利他才会兴盛起来。个体必须是能够互相认得出来的，欺骗必须受到惩罚。上过当的猴子，下一次必须让骗子碰钉子。因此，只与证明有合作意愿的同类打交道，才是明智得多的策略。故而最后一次相遇，是采取何种对策的决定性因素。所有较高级的社会动物（包括灵长目在内）的情况都表明，这条行为准则往往都是得到遵守的，而且博弈论也证实了，这条准则是有效的。一次又一次计算机模拟实验表明，这种彼此回报的策略是很有成效的。我们将在后面第12章对此进行详细地论述。

此刻我们不禁要问，难道这意味着，互利行为最后也还是要以基因的自私自利为基础吗？难道我们临了仍然像有的悲观主义者所宣称的，只是追求我们自身的利益吗？对此，各种观点南辕北辙。乍看悲观者的说法是有道理的，因为我们的确可以把互利的行为（如亲属选择）理解为基因繁殖的手段。那么，负责互利的基因又是如何产生，如何在进化方面达到兴旺程度的呢？这个问题的答案是：在生物躲避劫难而生存下去以及繁殖方面，合作的策略比放弃合作的策略成果更大。有的时候，如果基因的拥有者相互合作，对基因就是有益的。在这种情况下，最大限度地利用"基因的自私自利"，就是最佳的策略。如果合作策略很有成效，那么负责这种行为的基因就会在种群内散播，而合作便会在进化过程中居于主导地位。所以互利的行为，从基因的层面来看，也是自私自利的：彼此利他的行为，最后对有关生物的基因，必须是有益处的，否则通过自然选择的过程，基因连同其所造成的行为，都会被一并清除掉。所以，纯粹的利他，又显得是不可能的。

不过，对这种悲观的观点，也可能会提出如下的异议。从进化的角度看，纯粹的利他是无法立足的这个观点，很有可能是对的。在一个达尔文主义的世界里，基因必须以某种方式，从其拥有者所表现出来的行为中获得好处。但这并不意味着，自然选择不可能产生任何无私的禀性。按自己的意愿行动者，并不是非自私自利不可。相反，不只是当其完全是为了别人而献身，并且表现出极端反对利己之时，一个人才算是利他的。因为各个个体的利益可能是相互关联的。让我们回头再看看我们的猴群吧。为一个同类提供一项服务，可能是冷漠的算计，但也可能是正直的意愿。猴子们有能力缔结使多方都满意的协议。基因却无法如此行事，因为基因没有预见的能力。这就是说，相互的利他行为，并非直接给基因编好程序的。随时准备参加合作的意愿，是间接地通过感情而得以实现的。如果我们在一位熟人过生日的时候送礼物给他，我们一般都不会注意礼物的价格，以便在我们自己过生日时，看他"回送"给我们的礼物价格是否足以相当。不，只要熟人也想到了我们的生日，我们就很高兴，或者他忘记了我们的生日，我们会很失望。这种彼此回报的感情，便是自然选择的结果，所以也并不是不太正直的表现。

这样看来，建立在亲属选择基础之上的利他，也并非虚假的利他。亲属选择的基础，不是冷漠的算计，而是情感。父母对自己子女的关爱和献身精神是真诚的。我们面对自己的家庭成员所表现出来的好感，不是骗人的假象，而是出于真心。这就是说，感情并不仅仅是基因为了自己的繁殖而使出来的"花招"。我们并非自己的基因的傀儡。即使严重残疾的孩子一辈子都不能有自己的孩子，也会受到父母的毕生关爱的。亲缘关系并非产生好感的前提，有很多继父母都是全心全意地爱着自己的继子。说基因是"自私自利的"，并不意味着真有负责自私自利的基因，或者说我们大家都是自私自利者。"自私自利的基因"是个比喻，因为基因是不会有任何意愿的，它们什么都不要。

自由意志之悖论

在这里，社会生物学对利他行为的解释，触及到一个古老的哲学问题，即自由意志问题。我们原则上是可以自由行动的，还是我们的行为大多取决于某些条件呢？社会生物学的批评者如希拉里·罗斯和史蒂文·罗斯认为，以基因为中心的论断，失之于过分简化，它否认我们人的独特的经验世界。社会生物学所鼓吹的"生物决定论"，与我们的自由意志是不相容的。然而这种批评却等于是放空炮，因为一方面，社会生物学并未宣传生物决定论，另一方面，与生俱来的天赋和自由意志并不互相排斥。进化往往比人们所想象的更富有创造性。

人们可以将动物界总括地划分为编好所谓"开放性"行为程序与"封闭性"行为程序（这个术语源自恩斯特·迈尔）的生物。这两种程序都是以遗传为条件的，其作用是调节动物的发展与行为。封闭的程序最古老。我们主要是在无脊椎动物及节肢动物如昆虫的体内发现了封闭程序。封闭程序牢牢地植根于生物的基因密码之中，所以其行为的贮备量是很有限的，并且是本能性的。相反，开放性程序却允许生物从经验学习。有多种可能性供生物挑选。生物的行为经常进行调整，以适应环境的条件。

开放的程序是进化的一种比较新的发明。我们主要是在脊椎动物如鸟类及哺乳动物的体内遇见这种程序。生物如昆虫类，能够很好地利用有限的、本能性的行为贮备，然而更高级的动物相互之间有关联的行为，却复杂得多，故这种策略就不再够用了。这样的生物，绝无可能借助编好的程序来应付其可能会遭遇的、可以设想的（以及主要还是不可想象的）情况。所以，如果它赋有自主辨认并选定方向的中心（感觉器官、神经系统、大脑及感觉能力），从而能自行权衡并作出决定，那就会有效得多。在不熟悉的复杂环境中，一个"机器人似的"动物会迅速选择一条捷径，而不是像一个有适应能力的动物那样，或多或少知道自行设法。出于同一个原因，人们把"漫游者"号发射到火星上去，并不是给它预先编入固定不能变的程序，而是配置人工智能系统，以便它能够自己做决定。因为从地球发出的无线电信号，起码需要半个小时才能到达火星，故这个飞行器实际上是不可能遥控的。当然，其"自动决策系统"是NASA的科学家们为它编好程序的，但是科学家们并不是把一切细节，而是将一般的规程编定，使飞行器得以在有关重要信息的基础之上，并在一定的参数范围之内，完成其自行确定的飞行动作。

我们的意志也可以这样，超越遗传程序的框框而自行其是。按照美国的进化心理学家史蒂文·平克的观点，人的精神是由许多与生俱来的组件组合而成的一个系统。进化为我们配置了思维模式——有了思维模式，我们不仅能够通过感觉器官接收外来的刺激，并在脑子里进行加工，形成语言，而且还能解决问题，能够想象，辨认面孔，开发新思路，还有其他种种功能。我们的一般才智，都收纳在这些认知的模式之中。其他的模式，如恐惧与快乐、家庭意识、社会互动以及友谊，则负责情感过程。在这方面，我们也应该观察一下我们的彼此回报之感：鼓励合作而揭露骗局。尤其对后者，我们具有敏锐的鉴别力。进化心理学家勒达·科斯米德斯和约翰·图拜认为，我们拥有一种专门的机制，使我们能够识别寄生虫和其他利用我们的合作意愿的坏蛋。

所谓"人的精神拥有一个模式化的结构"的假说，是美国的哲学家兼认知科学家杰里·福多尔于1983年公之于众的。进化心理学界满怀热情地着手研究这个（始终还是有些猜想性质的）假说。为了说明问题，他们常常以瑞士组合刀具作为实例。这种富有创意的组合工具，不仅有可随意拉出的几把小刀，而且还有小型的螺丝刀、剪子、锯子、镊子，等等。最新的组合刀具产品甚至添加了数字测高计、优盘或MP3播放器。组合中的每一样，都可完成一项特殊的任务。按照进化生物学家的观点，我们的大脑也可以这样发挥自己的功用，只不过它不是瑞士制造厂所产的，而是产自自然选择的积累性过程罢了。进化就是这样设计改造我们的大脑，以便我们有能力应对不断出现的新挑战。平克认为，我们的精神大厦就是由这么多各种各样的模式组合而成的，其中没有一样与生俱来的本能居于领先的地位。的确，由于模式之间是相互影响的，并且是可以分别"调校"的，故而每个（健康的）人都是高度独立自主。

这就是一个悖论：我们之所以是自由的，并非因为我们没有与生俱来的本能，而正是因为我们有如此多的本能！或者让我们稍加改动套用一句让—保罗·萨特的名言：进化判决给我们自由。所以说，遗传影响我们的行为，既不意味着，我们完全是被先天所决定了的，也不意味着，自由意志就是幻想。人的天性通过进化被塑造成特别有灵活性，以致其天性可以局部地超越遗传程序的框框。我们可以抵御我们的DNA的刺激。例如平克就是一个有意不要孩子的人。

受限制的文化

我们已经断定，人是已经跨出了物种框架的灵长目动物。人科动物智人之所以与亲缘关系最近的动物有所区别，并不仅仅在于其具有一定的生理学特征，而且还由于其拥有复杂的文化。为了说明这一点，或许应该指出，这并不意味着，动物就没有文化，因为以类人猿为例，我们知道，它们是能够以非遗传的办法，将知识和能力传给下一代的。然而人类的文化，却引起了如此深刻的根本性变化，其文化是如此的复杂，以致其文化本身就是有生命的。文化的进化显然已超越了生物的进化。

社会生物学家和进化心理学家对这种情况的解释却是不一样的。根据他们的观点，这两种进化形态是紧密地交织在一起的。威尔逊就是这样创造出"并行进化"的概念，以阐明基因与文化之间的紧密关系。人类的文化创造了一个新的环境，一定的基因在这个新环境中得到了顺利发展的机会。

在200多万年以前，从我们的远祖人科动物能人开始制造石斧和其他工具，同时尝试集体狩猎技术的那个时刻起，自然选择的过程便对准了新的素质，如发明天赋、交际能力、社会才智及学习能力等。文化开辟了一片新型的小生境，而上述素质则证明，它们最适应于这个小生境。要不然头颅骨腔的容量怎么会从那个时刻的人科动物能人的750立方厘米，飞跃般地增加到现代人的平均1500立方厘米呢？这种情形，被威尔逊称作自催化过程：文化与基因的并行进化是自行推动的，最后大约在4万年前，这列进化列车便越来越频繁地上路行驶了。当其越过一道门槛之后，便进入了一个文化"大爆炸"的时期。文化的意义越重要，生物进化的影响便更深地退入后台。连威尔逊也认为，人类的文化已部分地摆脱其生物学的影响。

不过，文化的回旋余地却并不是没有限制的，这回旋余地所依赖的，是人的天性的限制。按照威尔逊的著名的（也是臭名昭著的）论点，文化受到基因的制约。文化绝对不可能完全摆脱基因的影响。对于那种站在人之天性的对立面的文化——譬如鼓吹不要孩子，或者鼓励集体自杀的，就得把缰绳猛拉一下，将它拉回正轨，否则它就死定了。

因而，人类的普遍天性会成为可能产生的文化多样性的限制因素。这样，进化心理学所代表的立场，便与文化决定论的截然相反。比如，文化决定论认为，人类的文化具有无限的适应能力并且是可变的，而进化心理学则认为，不同文化的人，其心理的素质敏感性却是相同的，譬如偏好一定的风景类型与面孔，或者见到蛇和粪便都会恶心，等等。威尔逊和平克一样，认为此类与生俱来的素质敏感性，有一个遗传的基础，若重建生物学的人类进化史，则其素质敏感性就会是可理解的。我们屈从于遗传所决定的偏好，即"次生规则"，而次生规则所构成的，正是孕育文化的温床。这些刺激中的某几种，譬如对乱伦的反感，是很强烈的，另一些则要弱些。还有，小孩子喜欢注视人的面孔。总之，与生俱来的刺激，始终还是使人快乐和痛苦的主因。如我们在前面第2章中已经说过的，进化也塑造了人的性欲。男人和妇女不同的生殖策略，不仅铸造成我们的生理学，而且也铸造出我们的心灵。男人一般都更容易受到青年女子的青春活力及其易受孕的视觉信号、性欲信号的影响，而女人们则更注重配偶的社会地位及其为将来投资的意愿。

但是，这并不意味着，以前曾引起适应性行为的模式，今天仍能引出这样的结果。如前所述，霸占着我们的现代化大脑的，是史前时代的精神。我们的脑，是自然选择的结果。要使一种模式或一部仪器，学会适应某种复杂性，那是需要一些时间的。我们的远祖（及其大脑）在其中发展的那种环境，和我们今天的城市生活环境，完全是不可同日而语的。我们这个物种，在其历史的百分之九十以上的时间里，都是由小群小群的猎人和捡食物吃的人所组成的。所以，我们和这种小群体打交道，比和数量巨大的群众打交道要灵巧得多。我们始终还是倾向于部族文化，倾向于种族感情，别的不说，在观看足球赛，发生种族冲突或者宗教冲突的时候，这种种族感情就会站到突出的位置上来。我们本能地怕蛇，尽管对裸露的旧电线的反感要更有益一些。对于我们的远祖来说，喜欢吃甜的、卡路里含量高的食物，是个很有功效的，并且有益的特性，因为在他们的生活空间里，有成熟的果子，而且随时都受到食物欠缺的威胁。而在我们今天的快餐文化中，处处都能买到油腻的甜食，这种刺激便把我们引向肥胖症，并在最糟糕的情况下把我们引向死亡。

一门学科之形成

尽管社会生物学恢复了名誉，但有关人类之天性的争论，却并没有平息下来。关于我们究竟是谁，我们是如何成为现在这个样子的，我们又是什么样的等问题，迄今仍旧激烈地争论不休。然而，激动的情绪早已不再如威尔逊初次提出社会生物学概念时那样高亢入云了。不过，关于社会生物学的科学价值和功绩，各种观点的差距依旧很大。支持者认为，社会生物学是一部大有希望的基础很扎实的研究纲领，预示我们将会借此获得丰富的新认识。通过社会生物学，社会科学终于长大了，因为社会科学被置于自然科学的坚实基础之上。在其1998年问世的知名度较低的论著《一致》（其德文版书名为《知识之统一》）中，威尔逊宣称：伟大的启蒙理想，即知识的统一，已近在咫尺。（按照人们的理解，"Consilience"意为"从不同的事实归纳推导出来的理论之一致性"。）①威尔逊在此书中的言论，是无所顾忌而且直言不讳的。他不仅期待自然科学和社会科学能尽快地相互融合，而且期待——从长远来看——经归纳而达到理论的简化：即希望自然科学逐渐并吞社会科学。心理学、社会学及人类学等，将重归认知与神经科学、社会生物学与进化心理学。可能有人会问，这个威尔逊在此是不是走得太远了？简化主义是一个古老而值得尊重的理想，但它多半会与原则问题纠缠不清。即使运用构成生物之基础的物理学的普遍法则及原理的概念，恐怕也绝无可能完全表达有生命的生物之复杂性，因为现实的较高级的层面自有其法则及原理。尽管如此，社会生物学肯定能在今天多数依然彼此分离的学科之间搭起桥梁，同时又不会使其独立性遭到动摇。

而批评社会生物学和进化心理学的学者却持完全不同的观点。在他们的眼里，不同的学科彼此靠拢，无不带来麻烦。这些学科的相对成就，只不过是一种时髦现象而已，多亏今天的新保守主义的气氛才使其得以兴盛一时。若使其暴露在光天化日之下，我们将会发现，其中所堆砌的，尽是早已过时的——被人们贴上了一张新的伪科学标签的——先入之见。而社会生物学和进化心理学对人类行为的解释，却纯粹是事后的解释，是无法证实的。有名的进化生物学家，威尔逊的哈佛同事，并且也是其最激烈的批判者——斯蒂芬·杰伊·古尔德以讥讽的口吻，将这些过于简单的解释，称作"不过就是这样一些故事罢了"。拉迪亚德·吉卜林的儿童文学作品就用过这样一个书名：《不过就是这样一些故事》。其中汇集了一些短篇故事，如《骆驼的驼峰是怎样长出来的》，或《豹子的斑点是如何生成的》等等。古尔德揶揄道，社会生物学家和进化心理学家的做法一模一样，他们咬着自己的手指思考，编出进化的电影故事，将它作为人类的某

---

① 圆括弧中的文字是德文版译者所加注的。

些行为方式的"解释"奉献给公众。关于社会生物学和进化心理学的科学地位的争论，无疑会继续进行下去。故今天就想盖棺论定是太早了。所以我们还得给最新的研究提纲留足成熟完善的时间，要不就任其要求无法实现而落空吧。

威尔逊在退休之后并没有头戴荣誉桂冠而安享清闲。他作为一个维护生物多样性的斗士而闻名遐迩。人科动物智人对我们这颗行星上的物种多样性的损害，已达到十分危险的程度，很容易导致物种大量死亡的后果。在这方面，也有某些潜伏在我们血液里的刺激阻止我们采取行动。显然，我们很难预见，我们的所作所为，究竟会在全球引起什么样的后果。我们所忧虑的对象是近邻，是村庄，是城市街区，其他的一切都会迅速地抽象化，以致隐没。此外，我们倾向于仅仅预测一代，顶多两代人之后的情形。再往后会发生什么，似乎与我们无关。最后的雨林被砍伐，鱼类资源的存量大规模减少，都是对这样一种短视的思维方式提出警告的实例。我们的行为，就像某个挨冻因而决定把伦勃朗的《守夜小屋》变成劈柴生火取暖的人。假若每个人最后都只考虑个人的利益，践踏自己的亲戚的利益，只在合作对我们有利之时才愿意加入合作，那大众的幸福，最后甚至连同我们这颗行星上的生物圈，通通都会陷入危险的境地。在这里，威尔逊看出，教育和文化的任务之一，是要使我们的短视的自私自利受到约束。文化可以纠正我们任性的倾向，这又一次表明，启蒙教育的原则是可以推广的。威尔逊认为，我们得学会区分，在我们今天的社会中，何种推动方式是最好的。若培植出了这样的次生规则，那就会给现代的人们带来更多的安全感，更多的满意。不无幸运的是，这也意味着，我们的生存环境将会得到保护。

第6章
进化与人类学

陌生的国家与民族

在前一章我们看见了，社会生物学和进化心理学的出发点，是人类的普遍天性。所以，不同时代不同文化中的人，原则上都具有同样的认知敏感性和情绪敏感性。尽管文化是多种多样的，但在一切社会中，都会出现人之行为的一定的基本模式，如家族与种族的中心地位，对亲戚的关怀，基于互相给予的利他行为，还有恐惧、快乐、愤怒或痛苦之类的基本情绪，等等。依据社会生物学家和进化心理学家的观点，这些模式大多是经由生物学途径铸造而成的。据此观点，生物学提供了人之行为的"粗坯"，而文化则为这坯子配置特殊的"内涵"。在这个过程中，文化或多或少都受到长长的"遗传之绳"的约束。

关于存在着人的普遍天性之类东西的想法，绝不是新出现的。英国哲学家大卫·休谟早在1748年就在其《人类理智研究》（第八章第一节）中写道：

人们普遍承认，在一切民族一切时代的人类行为中，存在着巨大的规律性，并且承认，人类的天性在其规则方面和过程中间都是一样的。同样的动机导致同样的行为；同样的原因产生同样的效果。追逐荣誉、吝啬、自爱、自负、仇恨、高尚、社会精神；所有这些激情，都以不同的组合，以不同的方式，在世界肇始期的人类中间进行分配，这样便构成了人间一切行为与行动的源泉——迄今仍然如此。［……］在一切时代和一切地方，人类都是极其一样的，以致历史在这方面无法为我们提供任何新鲜的或者未曾见过的东西。

休谟发出警告，要大家提防那些企图借助遥远的民族和陌生的文化来愚弄我们的人。他写道，假设有一名刚刚从某个遥远的国度返回故乡的旅游者，对我们讲述那些"与我们所有熟悉的人完全不同的"人。那些人根本不知贪婪、虚荣心及报复心为何物，他们也不知道，除了友谊、慷慨与集体精神之外，还有什么更大的乐趣。休谟认为，我们立刻就看出，这些故事都是不真实的，我们会说，这个讲故事的人是在撒谎，他完全像个在其讲述中编入肯陶洛斯人①与龙的故事，或编入奇迹以及超自然现象的家伙。

情感的普遍性

在休谟发表其《人类理智研究》一书整整100年之后，达尔文也着手论证人类天性之普遍性问题。然而，他的方案却在一个很重要的方面与休谟的有所区别：他可以在进化论的框架内对此进行研究。进化论将不仅从根本上动摇生物学，而且也从根本上动摇人类学。达尔文将其研究的成果在间隔时间不长先后出版的两本书中推出：《人类的血统》（1871），《论人类与动物的情感表达方式》（1872）。而在这两本书之前，其主要论著《物种起源》已于13年前出版，该书将其思想迅速传遍欧美各国，使

---

① 希腊神话中的半人半马怪物。

他成了世界名人。不过在《物种起源》中，达尔文并未重视或者没有足够重视人类的起源问题。这笔欠债，通过这个时期的后两本书的出版，无疑于还清了——不只是清偿了旧债，而且还加倍地支付了利息。

特别是在其论述情感表达的书中，达尔文着重指出，不同文化圈里的人，其基本情感的贮备是一样的，如恐惧、愤怒、厌恶、悲哀以及快乐等。这些情绪和随之而出现的表情，并不是后天学到的，而是与生俱来的。感情之表达，是共同的生物学进化的结果——这便使之具有了普遍性。达尔文也借助了经验的资料。他收集了源自不同文化圈的人之面部表情的照片，让朋友和熟人观看。他想知道，观看者对照片所表现的情感的看法，是否一致。达尔文将其中的几张照片编进书中，所以我们今天还能参加他的实验。

美国心理学家保罗·埃克曼于1998年将达尔文的研究报告重新编辑出版，配上详细的评述，还加了一篇后记。按他的推论，达尔文远远超前于他那个时代。学界对达尔文的这部论著的讨论，一直持续到20世纪的中晚期，其中各种论点真可谓是针锋相对，确切地说，是否定的看法占上风；时至今日，肯定性的评价才渐渐抬起头来——也包括社会科学方面的。埃克曼是国际公认的研究面部表情的专家，其实他本人起初也是持怀疑态度的。然而当他对不同文化圈的人的面部表情进行研究——如对石器时代生活在与外界隔绝的环境里的部族所进行的田野调查——之后，他相信达尔文关于人的基本情感是与生俱来并且是具有普遍性的论断是对的。在新几内亚，埃克曼让翻译朗读小故事，而后要求巴布亚男人表演——如果他们是其中某个故事里的人物，脸上应该呈现出什么样的表情。在他们表演时，他又拍照又录像。图6-1所示就是其中的几种表情。埃克曼返回美国之后，把录像带放给自己的学生看。他的命题是，假如表情具有普遍性，那么他们就必然能够毫不费力地把各种不同的表情归于某种情绪。实际情况正是如此。

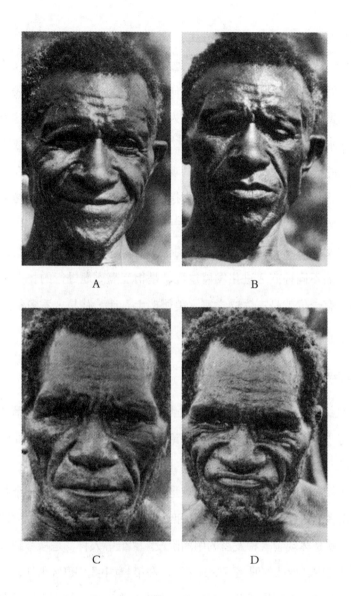

➡️图6-1 面部表情。分别为下列情况下的反应：

A. 朋友来到，你高兴

B. 你的孩子死了

C. 你很愤怒，正要出击

D. 你看见倒在地上已有很长时间的一头死猪

从情感的普遍性及其表达方式，达尔文得出两点结论。首先，情绪和与之相一致的面部表情，并非专门为人所保留的。人并不是唯一的上帝创造物，而是通过逐步的进化产生的一种灵长目动物。观察结果表明，不属于人的灵长目动物的表情方式，与人的表情方式是近似的——这个观察结果被达尔文视为物种连续性的标志。物种发展的这种连续性，成为他的进化学说的一根支柱。按照达尔文的观点，在进化过程中，不存在跳跃式的发展，只有流水般的过渡。达尔文指出，比较而言，一定的情绪之表达方式具有普遍性，是不同种族的人有一个共同起源的又一个证明。这样一来，达尔文便站到了许多同时代人的信念的对立面——按照这些人的观点，人类的不同种族之进化发展过程，是相互隔离地进行的。而在这些人中间，有一位就是古生物学家、美籍瑞士人让·路易·罗多尔夫·阿加西。

维多利亚时代的偏见

19世纪下半叶，在人类学领域发生了一场关于人种起源的所谓"一祖论"者与"多元发生论"者之间的争论，那场争论和今天"走出非洲说"的支持者与主张"多地区起源模式"的学者之间的辩论相类似。一祖论者——达尔文也包括在内——的观点是，所有的人种都起源于一个共同的祖先，而多地区起源论者如让·阿加西却认为，人种不是各自独立地发展起来的，就是体现了人种发展的中间阶段。"低等人种"是从猿到人的渐进发展过程中"掉队的僵化不变分子"。在第4章中我们已经得知，多地区起源论与多地区起源模式并没有什么说服力。今天大多数古生物学家的出发点都是，现代人的起源地要在非洲寻找。大约10万年前，人科动物智人开始散布到全世界，这意味着，我们这个人种，无论是从进化的还是从基因的角度看，都比较年轻，而且是同质的。人种之间的区别，属于表面区别（如肤色），而且区别的产生时期，是比较近的。

此外，我们还要指出，尽管达尔文学说的出发点是，所有的人都有一个共同的起源，但这却并不表示，他也认为，所有的人都具有同等的价值。他和同时代的许多人一样，相信欧洲白人种族体现了进化的暂时的顶峰。黑人和巴布亚人在达尔文的眼里是价值低下的，是"野蛮人"的化身，是不文明的人种。在圣徒传记中，达尔文被描绘为既无种族偏见又不重男轻女，并且善于交际。其实这是不符合事实的。在达尔文的《人类的血统》一书中，多处表现了他对妇女和人种的看法。在他的眼里，妇女和"野蛮人"一样，是"文明的较低阶段的化身"。

在达尔文的影响之下，这种进化论的解释模式在19世纪下半叶特别流行。然而其结果却不能称之为是符合科学的。因为当时的人把进化视为影响一切的过程，同时尚未弄清楚遗传的机制，故而既分不清"天性与后天养育"的影响，也分不清秉性与教育的影响。这样一来，人们发现维多利亚时代在种族、性别以及社会出身方面的形形色色的偏见，都得到了证实。人们不仅仅将某些人种视为价值低微的人，而且还把贫穷与社会成就同生物学原因联系起来。如很有影响的英国社会学家赫伯特·斯宾塞就认为，达尔文的解释模式——他把这种解释模式总结成一句口号"适者生存"——不仅仅可以应用于生物的进化，而且可以应用于人类社会。生物学观点与社会观点如此混合而产生的社会达尔文主义宣称，人们不可干涉自然进化的过程——譬如不可资助需要帮助的人。于是自然选择的原则就决定了，强者能以弱者为代价而获得延年益寿的机会。

19世纪行将结束之际出现的"优生学"，也是建立在社会达尔文主义的思想财富的基础之上。其代言人相信，通过推行强制绝育并禁止不同种族之间通婚，人种是可以得到"改善"的。也在此时，达尔文的表弟弗朗西斯·高尔顿提出了优生（"优良出生"）的概念。他研读了《物种起源》之后认识到，人们必须助进化一臂之力，办法就是剥夺弱智者、罪犯或者社会最底层之人的生育权利。但是，抵制这种以"生物学办法"解决社会问题的势力却相当地强大。况且在20世纪初期，最终导致与前一个历史时期决裂的发展势头也难以阻挡。越来越多的社会科学家反对所谓世上可能存在着一种普遍人性的想法。于是乎，达尔文关于情感浸润文化以及情感的面部表达方式的新奇思想，竟然被遗忘了50多年。

社会科学的标准模式

在社会科学领域所流行的新观点，可以局部地理解为是对社会达尔文主义与优生学——这两者在某些圈子里仍然大受欢迎——的反映。对任何形式的"生物学主义"产生怀疑的第二个原因，是行为主义与文化决定论的声调越来越高。行为主义的奠基者，美国的心理学家约翰·B. 沃森所主张的观点是，动物同人一样，其行为完全是由一个学习的过程所决定的。每个行为都能以附加条件的方法——譬如奖赏或惩罚——予以控制并加以纠正。科学家不应该假设在人这部机器里面存在着一个灵魂，而最好应该转为研究可以观察到的行为。通过对影响行为的因素进行细致的分析，经过长时期的努力，就有可能准确预言，何种刺激会引起何种反应。行为主义对社会科学，尤其是20世纪的心理学，产生了巨大的影响。直至1950年之后，这股思潮才越来越失去了重要意义。

行为主义对动物行为之研究也产生了如此巨大的影响，以致在行为学中，谈论动物的情感问题，长期都是一个禁忌。达尔文之罪过，在于他提出了拟人说。他声称动物也具有人的感情与思想。根据行为主义者的观点，动物的身体语言及其表情，仅仅是交际的信号，它只有一个目的，就是传递基本的信息。"动物也可能会情绪激动"的想法，由于无法加以验证，故被视为是不科学的，进而便遭到否定。直至20世纪的下半叶，行为学中关于动物会情绪激动的论点，才越来越多地得到了赞同——而这种情形，又无疑能促使公众就动物之权利和生物产业的问题展开讨论。

行为主义关于行为是特别灵活的想法，为文化决定论铺平了道路，因此，人的行为只能是由环境塑造而成的。所谓"人的天性"，不外乎是一定的文化习俗在时间和空间里的"固定化"而已。一旦文化、教育或者社会环境发生了变化，行为也会改变。人出生时是一张白纸，是一块"光板"。人的这种形象可以成为社会科学的标准模式。生物学的和进化的因素被视为是无足轻重的，因为它们不是与生俱来的。遗传没有任何作用。个体间的区别，如认知能力不一样。其唯一的原因是社会环境不同。

第二次世界大战之后，这种标准模式僵化而成为教条。谁胆敢对它提出质疑，谁就会受到严厉的批判。当年纳粹的表演不是很清楚地显示出，"社会生物学"与种族狂热会走向何处吗？出于保持政治正确的缘故，在很长的时期里，哪怕只是隐隐约约地暗示一下，人的社会行为也可以通过生物学的和进化的因素而造就，那就等于是犯忌。孩子有精神病或者有孤独症，父母就能听见旁人的议论，说其后代的痛苦应归因于错误的教育方法或者缺乏关爱。

除了行为心理学，文化人类学是标准模式和"光板教条"的最热情的辩护者。在上个世纪，代代人类学者都是以"人的天性是一个虚构的东西"的想法培养出来的。臆想的普遍性格与行为特征，其实是社会编造的东西，随时间地点不同而不一样。这种说法当然也适用于人的感情。人们猜想，感情是与文化结为一体的，并且是在个体的学习过程中形成的。故而不仅感情，而且还有感情的表达，都是一个文化圈与另一个文化圈不相同的，因为塑造我们的行为的，并非生物学，而是文化。按照人类学家的说法，热带民族的行为与感情，与普通欧洲人是完全不一样的。紧接着，其研究的结果，又成为证明文化决定论是真理的证据。达尔文遭到背离，我们疏远他，超过了以往的任何时候。

美国女人类学家玛格丽特·米德的论著，特别是上个世纪二三十年代发表的，属于文化决定论的巅峰之作。1928年，她的《萨摩亚人的成年》问世。她在此书中总结了在萨摩亚群岛对女性青春期所做的人种学研究。像这本对20世纪的社会科学思想产生了如此巨大影响的书，只有很少几部。此书被译成多种文字出版，是人类学领域里的经典论著。米德的清晰而流畅的文风，赢得了广大读者的喜爱。许多普通的美国人，通过阅读此书而得以初次接触人类学。米德成为这个学科的偶像式人物。她证明，所谓普遍人性的思想，完全是一种胡思乱想。

由于人们一致认为，米德的观察结论是正确的，所以在很长的时间里，人们都没有理由进一步进行批判性的研究。直到1983年，新西兰籍人类学家德里克·弗里曼才发表了一篇研究报告，对米德的科学功绩提出了质疑。可惜弗里曼的论述采取了清算的形式：应将米德作为一个伪科学家和招摇撞骗者加以揭露。要理解他的批判何以如此猛烈，我们得先对米德的背景及其在萨摩亚的田野调查进行深入的研究。

文化相对论

玛格丽特·米德，1901年12月16日出生于费城，其父是一位经济学家，其母是一位社会学家。起初她想当诗人，但因为她觉得自己的天资太差，决定转而就学科学专业。她学的是心理学，但她的硕士论文题目却属于人种学，纽约哥伦比亚大学的弗朗兹·博厄斯是她的导师。人类学家博厄斯出生于德国，1899年被任命为教授。在20世纪的上半叶，他的思想对美国人类学的影响很大。博厄斯坚决反对优生学，反对就生物学对人之行为的影响问题进行任何研究。他是人类学中的文化相对论的奠基人，所以他认为，各种文化都是等值的，"文明"和"野蛮主义"的概念都只是无本之木，反映了西方的偏见。但在这里，不可将文化相对论与文化决定论混淆了——对于后者来说，文化是人的行为之最重要的并且是唯一的决定因素。两种看法往往一起出现——如在博厄斯和米德的言论之中，但它们却并不是一回事。博厄斯的文化相对论与达尔文及其维多利亚时代的同代人的种族中心主义是极端对立的——后者所强调的，是白种人和欧洲文化的优越性。文化相对论却认为，文化并无高低之分。这就是说，人类学者必须尽可能客观地研究异族。每种文化，每个社会的历史都是独特的，故对陌生的文化，只能从其内部加以理解。博厄斯认为，要寻找普遍的规律性或者生物学的恒定不变的常数，那不仅是危险的，而且也是错误的，因为这是特定的某种文化——他在这里所指的是欧洲文化——的产物。故在他的眼里，引证人的天性之普遍性，是不对的。人类学正该避免采取此类错误的论证方法。而博厄斯相信，自己有天赋的女弟子是可以在这方面起作用的。

年轻而有志气的米德时年23岁，于1925年8月乘船离开旧金山，前往南太平洋中的美属萨摩亚。她到达之后，首先在土土伊拉——此岛有海军基地——的首府帕果帕果停留了六个星期。她打算先在这里学习当地的语言。后来批判她的人表示怀疑，她是否真的学会了萨摩亚语。的确，米德在帕果帕果所停留的时间太短了，况且她也不是一个语言天才。不管怎么说，六个星期之后，米德自以为准备充分了，便于11月9日登陆塔乌岛——这是同样属于美属萨摩亚的马努阿群岛的一个岛屿（见图6-2）。她挑选这个岛屿，是要对正处于成长期的当地姑娘的行为及其成长的过程进行研究。她打算通过这样的田野调查得出证明，证明人的行为是由文化决定的。然而，米德却并没有和当地人住在一起，而是住在供职于海军的药剂师爱德华·霍尔特的家里。这是这个岛上唯一的白人家庭。米德在信中告

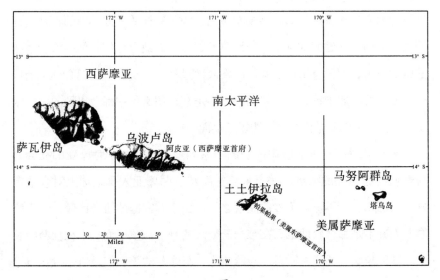

➡ 图6-2

诉博厄斯，霍尔特家成为她进行人种学调查不可或缺的"中立的行动基地"。此外，这还有一个好处，使她可以免于去吃当地的饭菜，并且她也不必睡在地板上。

米德的研究对象是处于成长期的14至20岁的姑娘。她从岛上各个村庄找来25个姑娘，对她们进行详细的采访。然后她将采访记录同她自己亲眼观察所得糅合在一起，写成一个研究报告。这个项目从1925年11月至1926年3月一共进行了好几个月。其间她曾将工作暂停了很长时间，因为1926年元旦，飓风横扫这座海岛，随后居民们为了重建村庄，忙碌了好几个星期。1926年春季，米德绕道欧洲，重返已离开了9个月之久的美国。她在纽约花了一年时间整理手稿，最后《萨摩亚人的成年》于1928年问世。

博厄斯在其为该书所撰写的前言中称，米德的认真而仔细的研究工作，证实了我们的猜测，即归因于人的天性的许多东西，都不过是对我们自己的文明行为所造成的——阻挡我们进步的——障碍的反应而已。

萨摩亚群岛上的成长历程

在《萨摩亚人的成年》中所讲述的一个最重要的观察是，那里的姑娘并不像西方世界里她们的同龄少女似的，为了同样的性成熟期的种种问题而大伤脑筋。在她们的身上，一切典型的症状如缺乏自信、倔强或者情绪的剧烈波动，都没有出现。她们的性成熟过程，完全没有引起心理上的危机。故米德由此推论，性成熟期危机不是在一切文化中都会出现的生物学常数。萨摩亚的姑娘们恰恰证明了其反面。

米德列举了这种无障碍成长的一系列理由。首先，萨摩亚的社会具有普遍的随意性的特点。按照米德的看法，萨摩亚人是地球上对人最友好、最温和、最不喜欢争吵的民族之一。由于其家庭的纽带比较松弛，萨摩亚人并不是那么紧地维系在唯一一个人的身上。孩子们从小在社会中长大，缺乏与父母的紧密联系。米德断定，萨摩亚的孩子们是自己寻找自己的家。强烈的社会意识，使萨摩亚人几乎不懂什么是暴力冲突。集体与和平相处的生活，也能阻止极端情绪的产生。好斗性只是例外。如果说其他社会都因为半大（男）孩子的暴力行为而忧虑不堪，在萨摩亚却主要是宁静与和平的景象。那里的人们可以说是根本不知道战争、自杀和强奸为何物。即使是西方社会所特有的相互竞争，萨摩亚人也很陌生，在那里，谁想超群出众压倒旁人，那简直就是不道德的。

在萨摩亚，青少年的成长之所以如此顺畅而毫无问题，其第二个原因是性交往过程中的精神放松。性交往是那里的青少年最喜欢的打发时光的方式。性交的过程与个人的人品没有多少关系，而更主要是涉及女方或男方的性交能力以及是否有精湛的技巧。若是一夜仅仅性交一次，那这完全是衰老的象征。米德勾画出一幅热带的天堂般的博爱之岛的景象——在这里，无论是男孩子还是姑娘，都可以尽情地进行性交实验。与西方世界相反，异教的萨摩亚不知与性有关的道德规范为何物，也缺少与相应的做爱伴侣的紧密感情纽带，男女双方的情爱关系多半是短暂的，性接触行为完全是一场游戏。由于姑娘没有固定的男伴，她们也少有妒忌之心。米德断言，萨摩亚人诚然是不无激情的，但他们却不会产生——对西方人而言是如此典型的——"浪漫的"相依关系。通奸并不会成为严重的问题，因为做爱是无忧无虑的，而且是不受任何约束的行为，并且交换情人也是很方便的。对那里的青少年来说，"罪过"的概念是陌生的，同性之间发生亲昵行为是不必害羞的，一起手淫也不是什么异常之举。而成年人都乐于对这一切给予祝福，他们甚至鼓励姑娘们充分享受已唤醒的性欲之乐趣。所以姑娘们喜欢的，莫过于延长青春期，以求取得尽可能多的经验。只有村庄里被确定为担任礼仪场合的所谓女主人①的少女，由于其被确定为种族首领的配偶，才必须保持其处女的贞洁。

总之，按照米德的说法，萨摩亚青少年如此无忧无虑而毫不困难地生活的事实，是有其社会文化根源的。因为在萨摩亚，个人的愿望与渴望，

---

① 英语原文是taupou，意为"女主人"，其职责是设宴招待客人。

不会像在西方那样受到集体的压制。西方的青少年不知道有这种"简朴的"奢侈，因为他们必须遵守各种各样的严格规则，必须实现各种经常是互相矛盾的期待。失望的青少年被迫照章行事，而在制订此类规章的社会里，却存在着双重的道德标准。致使青少年的心态紧张甚至忧虑的，并不是人的"天性"，而是性压抑的西方之"文化"。因为萨摩亚的姑娘们，不像美国的同龄女青年那样，受到神经官能症和抑郁症的折磨。在萨摩亚，女子的性欲冷淡和男性的阳痿一样少见。米德对萨摩亚群岛上的自由性交习俗——包括同性恋和手淫在内——的直言不讳的描述，其实已部分地表明了她的书为何会取得巨大的成功。在上个世纪的二三十年代，这样的直言不讳是很少见的。该书初版封面上的绘画，就呈现了一名岛上的美女，裸露着胸部，与自己的男性情人在海滩上，沐浴在当空圆月所洒下的清辉之中。这肯定也为该书销量之巨大做出了贡献。

加之米德属于第一批研究性别同一性课题——即研究男性和女性的行为模式在多大程度上是确定的，或者在多大程度上是某些社会境况下的产物之类问题——的学者。而有关性别同一性的问题，即区分社会的与生物学的性别问题，在20世纪的下半叶，尤其是在女权主义者阵营中，产生了越来越大的影响。另一位最早的女权主义者西蒙娜·德·波伏娃的很著名的一句名言是："不要生为妇女，而要被做成妇女。"性别同一性的研究者依循米德的传统，否认性别作用和生物学或者进化有任何关联。想象的不同性别之间在其社会行为上的与生俱来的差异，如果真有的话，那也是微乎其微的，以致人们完全可以心安理得地将其略去不计。比利时女哲学家格丽特·范德马森在其发表于2005年的论著《为女性代言的达尔文》中，对附着于社会结构主义的教条及其缺失之处做了详尽的说明。这位自称为"信奉达尔文主义的女权主义者"的作者认为，性别研究的意识形态色彩太浓了，故而可以称之为几乎不再具有科学性。如其想要受到认真的对待，那就得到生物学科中去寻找对接点了，人们不得不从达尔文主义的角度考察人的天性及性别问题。

世界之母

米德的《萨摩亚人的成年》，似乎对生物决定论进行了驳斥。因为只需要一个反证，就足以驳倒所谓人的普遍天性的理论，而且正是这一点，看来米德也是做到了的。她所写的这本书，符合众人的期待。米德在其中揭示，"文化之节律，比生理上的节律更具有强制性"。西方青少年的行为，并不是人人都会经历的一个生命阶段的必然结果。西方正在成长的青少年的心理认同危机，有其文化方面的根源——萨摩亚的情况却表明，也会有不一样的情形。不是天性，而是社会造就了我们的行为。萨摩亚是一个实例，告诉我们怎样才能做得更好，因为显而易见，人的行为可以通过文化的影响，变成任何一种所期望的形态。我们可以这样改造社会，将一切不喜欢的东西从社会中清除。米德的书之所以加一个副标题"为西方文明所作的原始人类的青年心理研究"，也不是没有道理的。

在30年代，连沃森的行为主义学派也参加进来。该学派与博厄斯及米德一样，以光板概念与文化决定论——即人的行为是可以塑造可以改变的——为出发点。社会文艺复兴呼之欲出，一个社会行为与性行为规范的新启蒙时代即将来临。许多"左"派知识分子对苏联趋之若鹜，因为在那里，这种时代转型的过程似乎已经开始了。共产主义应是通往萨摩亚式的理想社会——一个摆脱了虚假的神圣性及资产阶级的行为准则的社会——的道路上重要的一步。米德的推论不仅仅对人类学，而且也对心理学、社会学及教育学产生了很大的影响。她的论著在全球范围成为了社会科学专业大学生的必读书。从此，《萨摩亚人的成年》成为现代人类学的经典著作，还赢得了科学经典著作的美誉。

米德成为一位著名的女学者，而且终身都闻名于世。这次田野调查使她作为一个学术界的风云人物而青云直上。她长期担任纽约中央公园旁边的美国自然史博物馆的人种学部的主任。1954-1978年，她受聘担任哥伦比亚大学的人类学教授。1976年，她成为美国科学促进联合会的主席。随着岁月的流逝，她获得了无数的科学奖，荣膺不少于28个名誉博士头衔。同行们称赞她是美国人类学的成就非凡的母亲。她是美国进步党的首领。任何社会问题都要向她请教。诸如女权主义啦，堕胎啦，种族歧视啦，没有什么棘手的难题米德不发表非常进步的观点。1969年，《时代》周刊送给她"世界之母"的称号。尽管她身材矮小——差不多只有1.60米，可她却无处不是中心人物。米德的传奇似乎是无可非议的。

而在萨摩亚继续进行的田野调查工作，直到50年代的中期才得以开展。美国人类学家洛厄尔·D. 霍姆斯于1954年，在关于马努阿群岛的论文框架之内，采访了多位——也曾参加过米德的调查的——妇女，然而却遇到了一些矛盾之处。譬如依据米德的描述，该岛多半属于异教地区，而霍姆斯却断定，萨摩亚人是虔诚的基督教信徒。自从英国人于1840年使萨摩亚人皈依新教以来，新教便在岛上居民的生活中扮演了重要的角色，只不过在其中补充了几个异国的特点。虽然米德在《萨摩亚人的成年》中提到，岛上有新教教堂，也有传教士，但她却认为，教会对岛上居民的影响微乎其微。霍姆斯另外还断定，竞赛与竞争其实是萨摩亚人的生活得到推动的重要成因，但米德却突出了这种情况的相对而言不相干的一面。而且霍姆斯也注意到，萨摩亚的青少年并不总是心情轻松的。青少年中间发生暴力行为绝对不是罕见的，并且也经常出现心理问题。然而尽管如此，霍姆斯也觉得没有理由怀疑米德的观察结论。他认为，自己所发现的矛盾之处，应归因于其间萨摩亚的社会已发生了变化。在他的研究报告中，当然看得出对米德的结论的批判之意——尽管是不无谨慎的批判，但其批判所针对的，却主要是对萨摩亚的某些风习礼仪的详细解释之类的细节。即使在霍姆斯后来发表的一些言论中，他也依旧认为，就其核心而言，米德的研究工作是扎实可靠的。

美国的女人类学家埃莉诺·格贝也发觉，自己于70年代初期在萨摩亚住了15个月而得出的观察结果，与玛格丽特·米德的有所差别。如岛上居民的性道德，比米德所描述的要严格一些。而看过米德的书的几个萨摩亚人，却有些开心似的向格贝透露，关于这整个"性闹剧"的传言，完全不符合事实。但格贝却和霍姆斯一样，将矛盾的存在归因于其间50年岁月里文化上所发生的变化——看来萨摩亚人变得更加拘谨了。于是乎，偶像米德的形象仍暂时未受到损伤，不过，萨摩亚的田园风情却出现了一些裂痕。

弗里曼的攻击

玛格丽特·米德于1978年11月15日在纽约因癌症而逝世。5年之后的1983年，新西兰人类学家德里克·弗里曼发表了第一部真正批判米德之研究工作的论文：《玛格丽特·米德与萨摩亚——一个人类神话的形成与破灭》。弗里曼本人曾于40年代和60年代到西萨摩亚较大的岛屿乌波卢岛上去做过田野调查。在他献给科学哲学家卡尔·波珀的书中，他将米德的"萨摩亚著作"批得一无是处。他对她的每个观察结果和每个推论都加以批驳。他的批判是如此的尖锐，他所描绘的米德形象是如此的令人失望，以致有的人对弗里曼的动机产生了怀疑。此外，他的书中还含有一种个人报复的意味：必须把这个几十年来受到众人敬仰的智者米德，从其"地球之母"的宝座上拉下来。

弗里曼所进行的，是正面进攻，而且是毫不留情的。除了霍姆斯和格贝已经发现的那些矛盾之处以外，他还引证了大量的事实，以证明米德在调查过程中不是以严谨的态度认真核实真相。其实那里根本不存在姑娘淫乱的现象，人们最重视处女的贞操，婚前性交亦属于禁区。担任礼仪性的村庄女主人的少女，其任务正是要给姑娘们做出表率。而这种处女崇拜，和米德在其书中所描述的那种无忧无虑的性爱生活，却完全不是一回事。在其他问题上，弗里曼也得出了截然相反的推论。他发现，其实在萨摩亚，女性的性欲冷淡往往会导致夫妻关系的紧张化，并且通奸是离婚的最重要的理由，他以他本人所发现的这些现象为证据来驳倒米德所谓萨摩亚人几乎不知道婚姻关系中会出现什么问题的观察结论。一方面米德断言，在萨摩亚，非自愿的性行为是例外，另一方面，弗里曼则引证官方的调查报告——从中可以看出，强奸是该群岛发生得最多的五种犯罪行为之一。米德在其书里强调，父母与子女之间的感情纽带很松弛，而弗里曼却发现，在萨摩亚，如同在世界上到处都能看见的那样，存在着紧密的母子关系。米德强调萨摩亚人的无拘无束及随和待人的品性，而弗里曼却报道部族之间所发生的将整个村庄的人斩尽杀绝的武斗。

弗里曼还和《萨摩亚人的成年》的核心意图打起了笔墨官司。正处于成长期的姑娘（及小伙子们）的生活，完全不像米德所断言的那样无忧无虑。萨摩亚的青少年，和他们的西方同龄人一样没有自信，而且动不动就要造反。弗里曼利用统计数据证明，萨摩亚青少年的犯罪率，和芝加哥的青少年犯罪率一样高。故而他的结论也是，性成熟期的心理危机是一种普遍现象——萨摩亚即将成年的少女，和美国或者欧洲的同龄人一样，会因荷尔蒙的影响而烦躁不安。性成熟期首先是一个生物学意义上的过渡时期，是一个新的生命阶段的开始，是伴随着新的渴求和烦躁不安一起到来的一个阶段。米德之类的人类学家的出发点是，若无此类对人的行为的生物学影响，则所鼓吹的必然是子虚乌有的谎言。

按弗里曼的观点，米德在很大程度上是怀着先入之见做研究工作的，因为她把文化看作是人的行为的最重要的决定因素。她看见自己所想看见的东西。由于她信奉文化决定论，于是她便展示出一幅系统描绘的萨摩亚文化的美景。而且她的描述迎合了西方的读者——他们所渴望读到的，正是关于异域风情，即异国的高尚野人在棕榈树下无拘无束地谈情说爱的，散发着情爱气息的报道。弗里曼深信，萨摩亚的姑娘们讲给玛格丽特·米德听的，无疑是编造的童话故事。这是因为，萨摩亚人乐于对陌生人讲述他们想要听的故事——他们凭自己的经验就知道，陌生人究竟想听什么样的故事。要是米德在生物学和行为学方面的造诣深一些，那她可能很快就会弄明白，在萨摩亚所出现的，和世界各地所出现的模式，都是一模一样的。

诚然，弗里曼的文笔不能与米德的同日而语，他常常是"倒洗澡水时把孩子一起倒掉了"。米德的言论，几乎没有一条他不加以批驳。他引证了许许多多实例，以证明米德被其所采访的姑娘们蒙骗了。然而，他毕竟不是一个——如有的批评者和米德的追随者所认为的那种——目光短浅的生物决定论者。和爱德华·O. 威尔逊与史蒂文·平克一样，弗里曼也认为，我们在研究人的行为时，既需顾及文化，也得考虑生物学。米德为了推广博厄斯而耽误了这一点，这对于研究工作是大有损害的：由于他的书产生了巨大的影响，一整代一整代的青年科学家被灌输了错误的观点，他们受到了如此的愚弄，相信人类学是一门独立学科，它与生物学是毫无关系的。

1987年11月，弗里曼再次造访萨摩亚，这次是和一位澳大利亚的纪录片制作人一起前往的。在塔乌岛上，他们偶然地接触到了一位86岁高龄的名叫法阿普雅阿－法阿姆的妇女。此人是当年米德所采访的姑娘中间的一位。虽然她那时已有24岁，但由于她与米德多次交往，故成为其最重要的信息提供者之一。1962年，她同丈夫迁居夏威夷，在丈夫于1986年去世之后，她又返回自己的岛上故乡。这位依然精神矍铄的老妪对弗里曼说，她有重要的情况要告诉他。她坚持要求把整个采访过程都拍摄下来（她所讲述的情况，可以在弗里曼于1999年所发表的《玛格丽特·米德的大骗局》中读到）。法阿普雅阿－法阿姆对着摄像镜头讲述了那个时候她是如何愚弄米德的。她杜撰了一些自己的恋爱生活故事和其他姑娘的性冒险故事讲给米德听。这些故事本来是当作笑话讲的，但米德却对这一切都信以为真。

相互矛盾的范式

在弗里曼的书出版后的几十年时间里，各个阵营之间发生了激烈的争论。米德的追随者们，责怪弗里曼歪曲事实并且采用可疑的研究方法。他先入为主地相信米德是"有过错的"，而且不遗余力地寻找有关证据。况且他还有意避免与米德直接对峙，否则他不会在她去世之后才发表自己的书；其实并不是米德，而正是弗里曼被萨摩亚人愚弄了。弗里曼的追随者则正好相反，认为当时还很年轻的米德，可想而知尚不能胜任在萨摩亚进行田野调查的研究工作，她并未能掌握当地的语言，而且是以事先就确定的判断为出发点。至于弗里曼迟至1983年才发表其所写的书，这事也完全是可以理解的，因为直到那个时候，对她的著作进行修订的时机才成熟。况且在之前的那些年月里，要讨论生物学对人的行为的影响，简直就是不可能的。假设弗里曼早几年发表他的书，那他准会像爱德华·O. 威尔逊一样，遭到猛烈的抨击。

犹如常见的那样，争论的焦点还是真相问题。人们可能会提出一个完全是一般性的问题，即怎样解释米德和弗里曼的研究结果存在着很大差异的问题。荷兰人类学家彼得·克罗斯认为，其中有种种不同的因素在作用。他和在他之前的格贝一样，指出在米德与弗里曼各自进行田野调查之间，横亘着好几十年的时间。自从米德在岛上逗留以来，萨摩亚的文化完全可能发生了巨大的变化。萨摩亚人事实上可能变得更加拘谨了，并接受了西方的准则和行为方式。如克罗斯所言，其实并不存在一种统一的萨摩亚文化——这也是可以想象的。米德1925年所到的，是萨摩亚属于美国的那个部分，而弗里曼40年代和60年代进行调查的地方，却是当时属于新西兰的西萨摩亚。很可能萨摩亚的文化之一致性特征，比之弗里曼想要蒙骗我们的说法微小得多。加之米德所集中注意的，是年轻的姑娘，而弗里曼却几乎只采访年纪较大的部族首领。最后但并不是最不重要的可能是，一种社会文化体系，也可能会呈现出内部矛盾，对社会现实往往可以有几种解释。萨摩亚姑娘的处女崇拜与淫乱，完全可能是同一块奖章的两面。

虽然克罗斯所列举的理由，本身是有说服力的，也部分地解释了研究结果之差异很大的问题，可是却无法解释弗里曼为何要采用敌视的腔调，他的书为何会引起如此激烈的反应。显然其背后还有更多的原因。从表面上看起来，似乎在人类学或者广义的人类学科范畴之内，不同的范式之间发生了冲突。至于所谓范式，自从美国科学学理论家托马斯·塞缪尔·库恩下了定义以来，人们就将其理解为一个理论的框架，即科学在其中活动与发展的一个框架。一个范式可以比作一种世界观：它决定，什么事情和什么问题是重要的，人们必须寻找什么样的解决方案，这些解决方案大概是什么样的。所以范式便决定我们，如何研究现实。米德的田野调查，是在文化决定论的框架之内进行的；而弗里曼则相反，是在社会生物学的框架之内寻找实例——尽管他在书里根本没有提及"社会生物学"这个术语。故而毫不奇怪，这两位的调查结果，在每个问题上都是相互矛盾的。因为其分别采用的两个范式，本身就是互相矛盾的。

按库恩的观点，不同的范式是"不能比较的"，即是说，思维的方式是不相容的，根本就不能合理地互相比较。我们将会面临对现实的看法大不相同的局面。据库恩的说法，所引证的事实不可能是客观的，因为不存在理论上中立的（可以起仲裁人作用的）观察研究的专业语汇。这是由于，什么是事实，什么不是事实，是由范式所决定的。所以库恩认为，不同范式的支持者，是不可能互相理解的，因为他们经常是各说各的。然而，前述实例并未完全切中要害，因为在弗里曼的书已发表了足有20年之久的今天，我们已经可以观察到，相互对抗的阵营正在小心翼翼地彼此靠拢。社会科学家们已经理解了，生物学对人的行为的影响是不可否认的。从这个意义上来说，弗里曼是起了一位先行者的作用。没有他所做的贡献，文化人类学的标准模式，关于一张白板的教条，以及"人的适应能力是无限的"教条，可能会更长时间地保持不变。博厄斯和米德这样的人类学家未曾认识到，所有的人共同拥有的人性，是任何人类学研究的前提。或许只有在存在着一种普遍的人之天性，并且不同的社会都拥有一个共同的内核的情况之下，一种陌生的文化才可能得到理解。

我们在本章开头所结识的研究面部表情的专家保罗·埃克曼是认识米德的，他和她曾经通过信，讨论人们是否共同拥有一个与生俱来的行为方式及感情之内核的问题。米德对此有不同的看法，尽管她私下也承认，生物学肯定要起某种作用。譬如她的看法是，无论是人还是其他哺乳动物，其两种性别的侵略性之生物学基础是大不相同的。而对于情感的面部表达方式之普遍性，米德却是极端怀疑的。如前面已经提到的，作为经过专业训练的行为主义者及作风严谨的学者，埃克曼起初是对她持保留态度的。然而随着他的研究进程，他认识到，感觉表达的方式与肌肉运动的特定配合，都是固有的。这就使得各代人，各种文化，以及相互陌生的和彼此熟悉的人，都能相互理解。想来，达尔文在世也会赞同他的看法吧。

第7章

进化和语言

语言造就了人

人是一种喜欢说话的灵长目动物。那么这种奇特的现象是如何产生的呢？我们是否由于拥有语言而显得独特呢？动物是不是也能保留着一些残缺不全的交流形式呢？时至今日，这些老问题比以往任何时候都更具有现实的意义。语言的起源与发展，是语言学家、神经科学家、进化生物学家、心理学家以及古生物学家的热门话题。举办跨学科研讨会的次数迅速增加。通过各种不同的学科协作进行语言起源的研究，亦蓬勃兴起。除此之外，结合进化论观点进行研究，也产生了多种多样的看法。在1960年以前，大多数语言学家认为，语言同生物学和进化是没有什么关系的。它更应该是一种人造的文化制品，犹如脚踏车或者房屋之类的，是我们的先辈所发明的一种实用的东西。这种看法被证明是站不住脚的。不过，尽管最近几十年来在这方面已经取得了显著的进展，但是语言的起源，却依旧是一个未解之谜。

几十年来，关于人类语言之起源，已有人提出了一系列的假说。有的人认为，语言是通过人们进行沉重的体力劳动，譬如将一大块猛犸肉拖到储存地时，不由自主地发出呼叫之声而产生的。在这种情况下，人们会集体发出"杭育！"之声。直到今天，当我们要同别人一起用力抬起重物的时候，仍会不由自主地发出这样的喊声。按照另一种说法，语言是产生于模仿动物的呼叫声。如达尔文在《人类的起源》中写道："难道不会是某种聪明而不一般的、类似于猿猴的动物突然间想到模仿猛兽的呼声，以便发出预警，使自己的同类明白，即将来临的危险究竟是何种性质？这应该是形成语言的第一步。"

还有一些人则认为，语言起源于具有强烈的感情色彩的呼声，如"呜！""啊！""哟！"之类。若此类呼喊之声的数量越来越多，就可能启动语言的形成。有一个很长的时期，解读《圣经》也成为时髦之事。有的语言研究者指出，从《摩西书》的第一部（2.19）可以看出，亚当是第一个使用语言的人，因为是他给动物和植物起的名："那人怎样叫各样的活物，那就是它的名字。"①在19世纪的下半叶，各种假说层出不穷，以致巴黎的语言学会于1866年在其章程中规定，不准采用有关语言起源的假说。关于这个题目，尚无有意义的道理可讲。

语言能力在使人类区别于其他一切动物的各种特性之中，一直高居于榜首。那些强调这种独特性的学者，也指出其他的特点，诸如宗教、文化、艺术、理性思维以及食物的烹饪等，但首先还是拥有完美无缺的语言。的确，人类所取得的其他所有的成就，正是从人与动物的这种区别衍生出来的。有些资料可以证明这种观点。因为从我们的远祖掌握语言的那个时刻起，人类的发展便多了一个推动力。随着重要的信息通过非基因的方式（如声音、符号以及表情手势等）得到传达，便产生了尚不完善的文化、艺术以及技术形式。语言这种强有力的工具，使得人类能够克服自己的动物性而成为有能力让地球为自己效劳的生物。自此，就再也不是人之天性，而是人类的文化，推动着人类的进步了。

---

① 参见《圣经·旧约·创世记》之第2章第19节。

　　然而，我们在前面几章中已经论述过，人之行为并不具有无限的灵活性。无论是哪个时代哪个文化圈里的人，多半都拥有一个共同的行为方式与感情之内核，若无共同的行为方式与感情，则相互的理解和交际就是不可能的。我们理解萨摩亚人的幸福与痛苦，就像我们不会觉得荷马史诗或者莎士比亚戏剧中的主人公的感情与行为很独特或者不可思议一样。世界文学的经典作品，使我们能够获得对人科动物智人的感情活动的富于教益的——尽管并非总是那么令人愉快的——感受。人既是其天性的又是其文化的产物：只有当我们对天性和文化这两个方面都看透了，我们才能更好地理解我们自己。因为某些基本感情是跨越文化界限的事实，并不意味着其原因是一样的，或者其动机是相同的。譬如任何文化圈中的人都会感到厌恶，但为什么会觉得恶心，就可能会有各不相同的原因。我们一想到不得不吃拇指般长的活生生的小蠕虫，我们就会觉得反胃，而对于许多原始民族来说，这蠕动的小不点儿却是他们的美味佳肴。而另一方面，这种美味之美，又不可能远远地胜过鲱鱼卷或者诸如此类的食品。文化正是如此，起码是和天性一样重要的。

　　我们发现，天性与文化不仅仅是在感情方面，而且也在语言现象中相互纠结在一起。语言是天性与环境之间、与生俱来的本能与后天学会的本领之间的一种复杂的相互作用。这是一种比较新颖的认识。如前所述，直到上个世纪的60年代，人们都认为，语言是一种纯粹的文化现象，不能和生物学联系起来加以研究。神经心理学家埃里克·雷纳伯格和语言学家诺姆·乔姆斯基的研究，改变了人们的思想——其研究结果证明，学会语言的能力是植根于我们的天性之中的。所以，语言现象完全应该像我们人体结构的其他任何方面一样得到研究。语言如同直立行走或性特征一样，是人的一种行为，在有适宜的学习环境的前提下，这种行为就会从天性中发展起来。换句话说，语言能力是与生俱来的。

经验论与天性论

20世纪上半叶，心理学和语言科学都受到了行为主义的直接影响。如前文已经提到的，这种严格地以经验为导向的思潮之出发点是，人是作为一张未被写过画过的白纸而来到世上的。只是在受到环境的影响之后，他才变成了后来的他，同时才产生了他的行为。加之可以通过设置限制条件——奖励与惩罚——而使一个人的行为被塑造成任何一种要求的方式。依据行为主义理论，唯一科学而合理的方法在于，研究那些可以客观地觉察到的行为。而关于精神状态——如动物或人的躯体结构系统中的"精神"——的论说，则完全是不恰当的，因为对此是无法检验的。连语言的学习也被硬性地加以行为主义的解释。行为主义者B.F. 斯金纳认为，我们学习语言，同学习其他技能是完全一样的：幼儿学话，若说得正确，就会受到夸奖，若说错了，就会受到责备。具有讽刺意味的是，这种说法也正是行为主义被打垮的原因之一。

只要所涉及的是理解并操纵动物的行为的问题，行为主义模式证明是很出色的。人们确实可以借助正面的与负面的刺激教狗和鼠学会各种技巧。但要让它们学会人的语言，却是做不到的。因为三岁左右的小孩，就开始吐出——他们以前从未听见过的——语言结构。人们可以想想生造的词语，如"balankel"（浴衣）或"popapier"。这些丰富多彩的发明，是不能通过仅仅模仿或设置奖惩条件就可以解释的，加之幼儿能毫不费力地、像游戏一般地运用他们从来没有学过的语法规则。语言学家和心理学家称之为刺激之欠缺[①]：所谓刺激，就是语汇的提供——但由于所提供的语汇十分有限，根本无法解释儿童的创造性和迅速学会说话的原因何在。所以，由父母或教育者提供语言的范例，通过夸奖与责备的刺激，使儿童学习正确地模仿说话的想法，通通证明是站不住脚的。

---

① 德文版在这里加注有英语原文：poverty of the stimulus。

由于雷纳伯格和乔姆斯基以及其他学者做了批判，在50年代，行为主义的影响有所削弱。行为主义的经验论让位于天性论，认为某种知识是与生俱来的。我们必须以某些与生俱来的能力为前提，否则就无法解释儿童为何能学会说话。据说我们每个人出生的时候，头脑里就有某种语言模式，只需要外界的刺激将其激活。人们把与生俱来的最基本的语法规则称为"普遍适用的语法"。但这并不是说，初生的婴儿已具有了学会某种特定语言的能力，而是说具有了可以学会任意一种语言的能力。所谓普遍适用的语法，指的则是我们语言的基本形式。

乔姆斯基认为，访问我们地球的外星人会得出结论：我们地球人全都说同一种语言。外星人会在我们各不相同的话音中，辨认出一个相同的基本模式。所有的语言都是按照同样的规则建构的，并且都是由一样的基本要素所构成。例如名词和动词是所有的语言（包括手语在内）都有的要素，而且引人注意的是，所有的语言对这些要素之特定的分类都有所偏好。然而，我们却无法用词语表述我们关于这些普遍适用的基本规则的知识，因为这是一种所谓默认的，或者说隐含的知识，这种知识并未进入我们的意识。按照乔姆斯基的观点，关于普遍适用的语法的知识，是在基因的层面上植根于我们体内的。每个人都拥有这样一个生物学的前提条件。

故而学习任意一种语言的能力，就是我们的人之天性的一部分，而文化则从其本身的角度出发，决定一个人究竟学习何种语言，如荷兰语、德语、汉语或者斯瓦希里语。换个说法，就是语言的基本结构是固定的，而其具体的应用，则要取决于其人是在何种文化里成长的。这就是说，在语言的学习上，生物学的和文化的因素都要起作用。譬如说，我们的说话器官的结构与工作方式，决定我们能够发出什么样的声音来。然而，某人是发出阿姆斯特丹人的沙哑的喉音，还是发出纽约人的说话如同唱歌一样的鼻音，则取决于教育和文化。语言是多种多样的，其数量大得惊人：据保守的估计，世界上共有5000多种语言、副语言以及方言。

反向适应之语言

根据乔姆斯基的说法，我们的语言能力的确是一种与生俱来的精神"器官"。然而，即使这种器官完全和人体器官——如眼睛之类——一样，具有专门的功能，我们也不可将语言看成是进化的结果。语言能力并不是适应性选择的产物。达尔文的学说也许能解释眼睛的形成，但要解释语言的起源却是不行的。乔姆斯基认为，语言不是进化生物学的研究对象。关于语言的形成，他也不想做过多的猜测——就像他认为，人的精神的作用方式，可能永远都是一个谜那样。然而乔姆斯基曾就语言的起源问题提过几点意见。语言的模式，有可能是在遥远的远古时代，突然间作为变得越来越大的脑子的偶然的副产物——或者偶然的附带效果——而形成的。我们就是这样所谓"免费地"得到了语言。

乔姆斯基的观点得到斯蒂芬·杰伊·古尔德的赞同，后者同样不认为语言能力是自然选择的结果。诚然，语言模式是与生俱来的，但这并不等于是"适应"，按古尔德的意思，宁可称之为"反向的适应"。所谓反向适应，即是以疏离用途的方式利用现存的结构。古尔德认为，创造性地疏离用途，是一条具有普遍性的、经常出现的原则。在非洲的一些市场上，有废旧汽车轮胎为原料制造的凉鞋出售。但谁也不会声言，米其林或者固特异就是为了这个用途才生产汽车轮胎的。而我们，也不是为了戴眼镜才长鼻子的。我们的语言也是同样的道理。犹如艺术、下棋以及算数一样，语言是我们大脑的诸多附带效果之一。假如人们将几十亿个脑细胞结合起来发挥作用，那定会做出最疯狂的事来。总之，我们的语言能力，是人之精神的有用的，然而却是偶然性的副产物。

古尔德认为，自然选择之力及普遍的适应性被过分地高估了。认为生物的所有的或者大多数的特征都是通过自然选择而产生的，从而都具有一种生物学的功能的想法，是一种误解。这种猜想所引出来的，"不过就是这样一些故事"，为了解释某些特定的特点而凭空编造出来的关于进化的电影故事。认为每个特征都有特定的用途的看法，是根本错误的。我们的骨头是白色的。这白色会有什么功能吗？没有，它只不过是一个附带的效果而已。我们的骨头是由钙元素组成的，而这钙就是白色的，即使钙所显示的是黑色或者蓝色，那我们的骨头也完全能够很好地发挥其功能。

1979年，古尔德与哈佛大学的同事理查德·莱旺廷合作发表了一篇论文。从发表之时起，引用并赞同这篇论文的，主要是社会科学家，而进化生物学家不算多。在该文中，古尔德与莱旺廷指责某些进化生物学家是"邦葛罗斯式的乐观主义者"。（在伏尔泰的《天真汉》中，邦葛罗斯博士是个乐观到极点的人，他认为自己所生活的世界是所有的世界中最好的

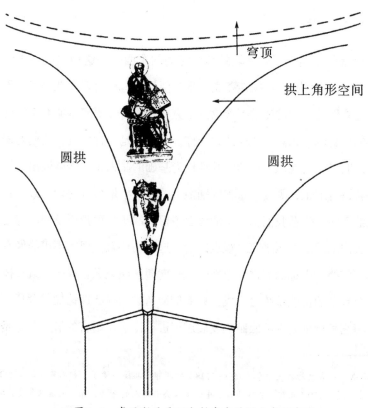

➤图7-1　威尼斯圣马可大教堂内的拱上角形空间

一个。①）猜想"生物的设计是最好的，生物完完全全是通过自然选择而产生的"，就表现了这种乐观主义。古尔德和莱旺廷与这种乐观主义是背道而驰的。他们指出，生物的许多特征，不折不扣的是进化的中性的副产物。他们借用威尼斯圣马可大教堂穹顶的拱上角形空间来形象地解释这个问题。所谓拱上角形空间，是立柱和穹顶之间的三角形表面。由于这种三角形表面画了各种华丽的湿壁画，所以参观者可能会以为，这是建造者有意设计的。但这是离事实最远的一种猜测。其实当穹顶被安放到圆形拱顶上的时候，拱上的角形空间就"自动"形成了。从建筑技术上来看，它也没有什么作用，而只是总体设计的一个副产物罢了（见图7-1）。古尔德认为，语言亦然。我们的语言能力，并不是适应性的、目标明确的进化的一种技巧，而只不过是我们的精神建筑的一个中性的副产物而已。

语言本能

语言仅仅类似于一种填补角形空间的东西——这种说法不久便招致驳斥。譬如进化心理学家斯蒂文·平克便认为，语言要复杂得多，不能仅仅将它看作是一种进化的副产物。平克在其论著《语言本能》中阐述道：我们的语言能力和其他适应能力一样，都同样是一种特征。我们的语言能力，是明确无误地以一种功能性结构为基础的。为了人能够说出话语并能对语言进行加工，需要一系列区别很大的、严格地相互协调一致并且相互适应的功能，包括我们脑子里的语言中枢、喉头、声带以及口腔与舌头的许多肌肉组织。按照平克的观点，所有这一切要素，根本不可能像乔姆斯基和吉尔德所声称的那样，忽然一下子就偶然性地融合成一个统一体。这样一个复杂的功能系统之形成，只能借助自然选择的理论加以解释。我们可以将它和脊椎动物的眼睛的发展过程进行比较。语言的形成并不是一蹴

---

① 本书原作者大约将伏尔泰（1694-1778）的两部作品搞混淆了。邦葛罗斯是《老实人或乐观主义》（1759年出版的哲理小说）中的主人公老实人的老师，而《天真汉》（1767年出版）中并无邦葛罗斯。

而就的，而是需要经过一个逐步积累的选择过程。某个时刻，眼球表面的一层——这一层后来隆起而变成球形——对光敏感的感觉细胞开始有了视觉。而后其孔便被一层透明的膜所覆盖，这层膜能使射入的光线集中到一个特定的点上。每次改进都能使眼睛的主人更好地观看周围的景物。平克称，语言亦然。我们的语言能力是一小步一小步地逐渐形成的，因为它一定是给我们的遥远古代的祖先带来了益处的。对于他们来说，即使是一种尚不完善的原始语言，显然也要比根本没有语言好，而且语言的每一次微小的改进，又会给他们带来好处。

下面我们就来仔细地考察一下语言能力所需要的几个前提条件。气管比较宽大的一段，是我们的喉头，在这里，安置着我们的声带。人的喉头和别的灵长目动物不一样，是流线型的，而且位置向下，更深入体内。具有这样的形状和较低的位置，其所能产生的声音之带宽很宽。不利的是，与别的灵长目动物相反，进食的时候，我们的气管不能关闭，所以我们会吃呛而咳嗽。达尔文早在其《物种起源》中就指出了这个异常的事实："我们摄入的每一点食物和饮料，都必须从气管入口的旁边滑过，于是便存在掉进肺里的危险。"直到1974年，开始采用所谓的"悄悄的技巧"（在实施这个治疗方法时，治疗者站在病人的身后，将病人连臂膀一起抱住，然后忽然使猛力按压病人的腹部，这样就可以将异物排出气管）。而在此之前，据估计美国每年有7000人由于进餐时发生此类事故而窒息身亡。为何进化让这种危险的结构保留下来，而其他灵长目动物却可在吃喝之时将自己的气管关闭？因为按照平克的说法，人的喉头结构如此，使人可以准确而清晰地发音——这种益处谅能抵偿随之而来的容易致使人吃呛甚至窒息而亡的危险。喉头的独特位置并非大自然偶然想到而安排的，这是进化的一个功能性的措施。

依据平克的观点，我们大脑里的语言中枢也是这样的。人不仅仅发出声音，而且还得解释声音。承担这项特殊任务的，是我们大脑里的两个中枢：一是布罗卡区，一是韦尼克中枢。以法国神经病学家保罗·布罗卡之名命名的布罗卡区，负责发出正确的声音，即是负责说话（亦可称作"语言发动机"）。冠以德国神经病学家卡尔·韦尼克之名的韦尼克区，则负责语言的加工并负责语言的理解。布罗卡和韦尼克都发现，凡是大脑的这两个区域受了损伤的病人，都会出现独特的语言功能障碍。这样引起的语言功能障碍，被称作"失语症"，它是意外事故或中风的后果，或者是脑瘤病的并发症。得了布罗卡失语症的病人，尽管继续保有语言的理解力，但自己却再也不能流利地说话了。相反，得了韦尼克失语症的病人，虽然还能流利地说话，却再也不能理解话语的含意——无论是自己的还是别人的话语，都理解不了。

到了20世纪，人们又发现，大脑里面还有其他的"语言区"。此外还证明，布罗卡区由若干个不同的子系统组成，这些子系统分别负责控制说话的肌肉、语序以及词语之间的结合。仔细地观察，人脑受到创伤的后果，也并不像迄今所猜想的那样明确。如不同的人的同一个脑区受到损伤，可能会引起不同的问题，而不同的脑区受到损伤，有时却会引起相同的后果。在神经病学中，布罗卡失语症和韦尼克失语症一直还属于公认的综合征。但是，虽然我们尚未弄清楚语言中枢的所有细节，据平克的观点，我们却可以断言，这些中枢都是以其设计图为基础而建构的。所以，各个不同的专门的语言区，并不是人之大脑的副产物，而是通过自然选择而形成的适应性结构：此类适应性结构都是我们的语言本能的不可缺少的一个组成部分。

人的语言之独特性

几乎所有的研究者都一致认为，人的语言是一种特殊现象。我们可以和别人对话，谈眼前的事情和不在眼前的事情，甚至谈尚未存在的事情。我们经常能够想出新词语、新思想以及新意义来。从语义学来说，人的语言是"开放的"，而动物的语言却是"封闭的"。（语义学所研究的，是词汇和语音的意义。）动物与动物之间的交际，所涉及的是现实的具体事情，如食物、危险和领地。故它们之间所交流的信息，仅仅来自固定而有限的信息与意义之储备。人的语言是具有生产力的，这就是说，我们可以用有限数量的要素（语音、字母）造出无穷多的不同语句。生产力，就是制造出某件东西的能力，很可能是人的语言的最根本的特征。多亏语言具有这样的特征，我们才拥有了无穷无尽的传播信息的可能性。

难道我们非要得出人的语言是独特的，以致"在人和动物之间横亘着一道不可逾越的鸿沟"的结论不可吗？在这个方面，语言学家和生物学家往往是各执一词。语言学家更倾向于强调语言的独特性，而许多生物学家却并不相信人与动物之间存在着本质的区别。生物学家觉得，生命是一种绝对连续统一体，其中只有过渡形式。复杂的特点总是通过中间阶段而形成，因为进化不会耍魔术。语言也是这样。我们在动物界能发现不同的交流形式和交流层次——其中有几种可以称之为"原始母语"。所以，下面我们要更深入地来考察动物的交流系统问题。

我们可以在昆虫群落中发现最简单，但也可能是最有效的社会交流形式。许多种昆虫都是借助从其体内所排出的被称作信息素的化学物质而达到相互沟通的目的。昆虫可通过这种方式，对其同类的行为产生影响。譬如充当路标的信息素，或者传递警报的信息素。蜜蜂的语言则要复杂一些，但并不需要借助信息素。例如一只蜜蜂发现了食物源，它就会飞回蜂巢，表演奇特的舞蹈。据卡尔·冯·弗里施1945年的发现，这种舞蹈包含着重要的信息：它不仅将方向（以太阳为准），而且还将食物离蜂巢的距离都通知其他蜜蜂。这样的交流形式和人的语言有可比性吗？从一定的角度看是有的。蜜蜂的扭摆舞不仅像我们的语言和语法似的，与一定的规则密切地联结在一起，而且也是一个指引系统：它的要素如我们的词语和姓名一般，都是有所指的。不过，当然还是有根本的区别的。蜜蜂之间的交流并不是有意识的，其语言在很大的程度上是设置好基因程序的，故而是一种本能。此外，其语言的储备极其有限，因为所传递的信息仅仅是有关食物的。

牛津大学语言交流学女教授琼·艾奇逊在其论著《语言之根源》中指出，人的语言和鸟类的鸣叫之间有着极其一致的一面。鸟类之学习鸣叫，同我们学习我们的母语一样，并且也是发生在人与鸟类之幼年的关键时期。第一位描述语言关键期现象的是埃里克·雷纳伯格。他所提出的论点是，一个人必须在12岁之前接触语言，青春期一过，学语言的能力会明显降低。一个生动而可悲的实例是吉尼的真实故事。这是一个出生于洛杉矶郊区的姑娘，她被父亲锁在家里几乎有14年之久。当吉尼于1970年被解放出来的时候，她不仅是严重的营养不良，而且也不会说话。尽管这姑娘的智商达到了正常的水平，并且毕竟也学习说话，可是她说出来的话却是很简单的，也不符合语法规则。还有类似的但不怎么可信的报道，讲述所谓狼孩的故事。这些孩子在孤独的环境里成长，或者据说是由狼或别的动物养大的，在他们后来的生活中，他们再也无法学会正确地说话。

这种关键时期现象，也会在鸟类的鸣唱方面起作用。如果一只鸣禽在这个时期中不和同类进行鸣唱接触，那它就再也不能学会正确鸣唱了。它所发出的叫声，只能是"不合语法规范的"残碎片断，与天才姑娘的支离破碎的表达方式差不多。在人和鸟类之间，还有另一个值得注意的一致性：鸟类的鸣唱也有"方言"。英国的乌鸫的鸣唱，与其荷兰同类的就不一样，格罗宁根的和马斯特里赫特①的又不相同。不过，乌鸫只有其雄性会鸣唱，雌性一般都是鸣而不成调的——可能是有人给它们喂了睾丸酮吧。此外，与人的语言相比，鸟类之间的交流又只是一种有限的功能：鸣唱是为了吸引配偶，同时在竞争对手面前展示自己的实力。

那么，我们的近亲猴类的情况又如何呢？灵长目动物学家罗伯特·赛法思和多萝西·切尼对东非的一种猴类——绿毛长尾猴——的交流情况进行了研究，而后断定，它们能针对不同的危险发出不同的报警叫声。如果一只猴子发出的报警声意味着"豹子来了"，一个群体的全体成员都会立

---

① 格罗宁根和马斯特里赫特均为荷兰的地名。

刻逃到树上；若是警报通知猛禽来了，猴子们就会躲进矮灌木丛中，朝上方探望；要是从警报得知有蛇，它们会站起来，仔细地观察周围的动静。赛法思和切尼将这些呼叫之声录音，然后通过隐蔽的扩音器播放给同一种动物的另一个群体听。听见这些呼叫声的猴子，尽管并未真看见猛兽猛禽，却产生了相应的反应。发出呼叫声的能力是与生俱来的，但小猴子必须学会，应该在何种情况下发出何种呼叫声。长尾猴另外还有一些呼声和叫声，主要用于群体内的社会接触。赛法思和切尼认为，我们在这里所讨论的，其实是一种原始母语，然而许多语言学家对此却仍旧是抱着怀疑的态度。虽然人们把它称作语义学意义上的交际行为——因为报警的呼叫声是有所指的，但是要发展到与人的语言相当，那还得走很长很长的路。

那么，仍然活在地球上，与我们的亲缘关系最近的类人猿，它们的情况又如何呢？和长尾猴一样，野生类人猿相互沟通的喊叫声，也有一个完整的系列。有的研究者甚至认为，除此之外，类人猿也可以学习与我们人类进行交流。不过，由于类人猿的发声器官有问题，主要是喉头的位置不合适，不能发出与人相同的声音，所以在过去几十年里，有人试图教黑猩猩和倭黑猩猩①学一种手语或符号语言，此类语言原则上没有哪方面比人类曾经说过的语言差。早在上个世纪的60年代，艾伦与比阿特丽斯·加德纳夫妇就进行过认真的尝试。他们教黑猩猩瓦舒学美国聋人相互交流所使用的手势语。类似的一个实验是灵长目动物学家赫伯特·特勒斯与其黑猩猩尼姆·钦普斯基②进行的。还有一个著名的例子，是女灵长目动物学家休·萨维奇-朗博给倭黑猩猩坎兹上语言课。坎兹用一个键盘作为交流的工具，键盘上的每个键都标有表示物品与词语的符号。经过多年的工作之后，所有这些研究者都报道了引起轰动的结果：他们的猩猩住读生，能够即兴讲故事，提问，甚至能想出新的思想！

---

① 倭黑猩猩，指栖息在扎伊尔森林中的一种矮小的黑猩猩。

② 此名系影射诺姆·乔姆斯基（因两者的姓名都以N. Ch. 起头）。

当其他学者——当然是以批判性的眼光——对这些进行研究时，才发现所说的此类能力毫无踪迹。类人猿根本不懂人的语言。它们超不过一个两岁至两岁半大的人类幼儿的水平，根本没有运用语法和按语法造句的能力。猴子们唯一明白的，就是乞讨食物。一个典型的手势序列就是："香蕉，吃，香蕉，给，给。"几乎"说"不出包括三个以上手势语"词语"的句子。总之，事实表明，研究者过分地高估了猴子们的能力，他们所看见的，是他们乐于见到的。连起初很受鼓舞的特勒斯后来也不得不承认自己弄错了。自此，那些相信猴子具有语言能力的人便组成一种类似于宗派的群体，他们轻描淡写地将所有批判自己的研究意见，贬为无谓之言。"相信者"认为，人们可以教类人猿学会语言，而按目前占多数的"不信者"的想法，类人猿是不具有语言能力的。从表面看起来，这些批判者似乎是对的。

在这些年月里，也有人用其他动物——诸如鹦鹉、海豚和狗——做过实验。实验的结果表明，这些动物有能力记住一系列不同物品与特征的名称。德国的一个研究小组几年前得出结论，一条苏格兰牧羊犬理解的词语比一个类人猿多。这种牧羊犬似乎真能理解自己的主人。恰恰是狗，在这方面胜过猴子，这事本身其实并不是特别令人惊讶的。人与狗几千年来就生活在一起，相互的关系特别紧密。我们通过人工选择养狗，而狗对自己的主人则总是很驯顺。尽管如此，一切迹象都说明，只有人才掌握完美无缺的语言，只有人科动物智人才拥有真正的、具有繁殖能力且合乎语法的语言。但这难道不令人觉得奇怪吗？难道进化论没有断定，复杂的特征只能经过中间阶段而逐渐形成吗？如果我们解释说，在特定的意义上，我们是独特的，在人和动物之间横亘着一道鸿沟，这难道不证明，我们是妄自尊大的吗？平克认为，这种反面意见是没有根据的。人的语言之显而易见的独特性，并不能成为反对进化论的理由。因为我们人是唯一掌握语言的动物这个事实，并不比象是唯一有长鼻子的生物的事实更令人惊奇。确实不会有人断言，象的长鼻子会使人对进化产生疑问。因为现代象的长鼻子，其形成过程的中间阶段，是在乳齿象和原始象变齿象的时期。其中发展断链的情形，出现在其间这种动物灭绝的时期。

平克认为，语言亦有类似的情形。今天，我们人类是掌握一种完美无缺的语言的唯一生物，但这并不意味着，其间没有中间阶段。往昔很可能有掌握一种尚不成熟的语言的各种人科动物，然而在其中间阶段，这些人科动物通通灭绝了。所以毫不奇怪，我们是唯一掌握语言的，因为我们是唯一存活下来的一种人科动物。或许这也能说明，为何类人猿学不会语言。因为极有可能的是，语言能力是在人科动物与发展成现代类人猿的那个人科分支分道扬镳之后，才开始形成的。换句话说，我们不能在今天的灵长目动物，而必须在我们的人科动物的祖先那里去寻找语言的起源。

寻找语言的起源

最近几年，重要的化石发现及不同学科的协作研究，使关于人的语言之起源的一系列新认识得以公之于众。不过，跨学科的合作也导致分歧产生。如我们在前文已经提及的，乔姆斯基和古尔德的观点是，语言可能是作为人的大脑的一种有益的次级效应而突然形成的。一般而言，古尔德所代表的，不是逐步渐进的进化，而是跳跃式的进化。他关于平衡中断的理论说明，短期的迅速发展，将会被长期的相对停顿所取代。但我们也知道，对乔姆斯基和古尔德的观点的抵制也越来越多。语言的形成，要以一系列不同的神经学和解剖学的适应性变化为前提条件，例如脑里的变化，喉头的位置以及口腔与舌头的各种肌肉。平克和艾奇逊认为，所有这些要素一下子结合成一个整体是不可能的。更容易接受的，是小步小步前进的方式。连语言也是逐步发展而形成的。

于是，就发现了语言随着人科动物的脑容量之持续增大而逐步发展起来的迹象。在过去长达400万年的时期中，其脑容量从南方古猿亚科动物的500立方厘米增至现代人的1500立方厘米。故而从理论上来说，语言形成的最早的起点，追溯至南方古猿亚科动物是可以想象的。虽然从脑容量之大小来说，那些早期的人科动物与今天的类人猿几乎没有什么差别，但前者却表现出明显的人之特征，如有两条腿，直立行走。此类解剖学方面的新特征，使双手解放出来，以便用来譬如说使用工具，或者提重物，甚至有助于人的其他特征如语言的形成。不过，这些都仅仅是猜测。

几乎所有的研究者都认为，语言的起源，必须在我们自身的起源脉络上，也就是在人属动物中去寻找。与南方古猿亚科动物相反的是，人属动物的代表表现出往往与其拥有语言相关联的一个特征：他们发展起一个尚不完善的文化和技术的雏形。所以人科动物能人应是该种属的最早的代表，或许就是他们，开启了语言发展的历程。这些生活在大约250万年前的原始人，会制造石头工具，并在自己的食谱中添加了肉类。他们生活在集体之中，有宿营地，打猎之后就回到宿营地休息。所有这些，都需要以协调互助为前提条件，还要学会技术。而在这些活动中，借助声音或表情进行沟通，一定是有益处的。

人科动物直立人是100万年前从非洲迁移到欧洲的，他们具有语言能力的可能性大为提高。其工具比其先辈的更加精巧；此外，他们还会用火。我们很难设想，若没有掌握语言，这种人科动物也能取得这样的遍及世界的成就。但并非所有的学者都持这样的观点。譬如语言学家德里克·比克顿就认为，人科动物直立人所掌握的，顶多就是一种原始母语，和今天类人猿的语言差不多。古人类学家艾伦·沃克也是这种看法。他于1984年偶遇一副差不多还是完整的——属于人科动物直立人的一种早期形态的——人科动物匠人的骨骼。人们根据其肯尼亚发掘地之名，给这副著名的160万年前的骨骼化石取名为"特卡纳男孩"。按沃克的看法，这个原始人是不会说话的。因为人的语言需要一个前提条件，即要有能力对呼吸系统进行复杂而细致的控制，但对这个少年的脊柱进行分析的结果表明，他并不具有这样的能力。和现代人相反，人科动物直立人脊柱的通道比较狭小，这意味着，其胸腔内的神经束比较少，以致他无法准确控制自己的呼吸。

　　根据有的学者的研究，这种原始人的脑腔内壁上留有一些痕迹，表明其脑中并不存在语言中枢，这足以证明其没有语言能力。不过，这种痕迹却是相当模糊难辨的。

　　对人科动物直立人（也包括人科动物能人）可能拥有高度发达的手势语的观点，心理学家迈克尔·科巴利斯是持否定态度的。科巴利斯认为，在我们的语言之初期阶段，手势与面部表情的作用比声音的作用要大得多。过了一些时间，才将说出来的词语加进以手势进行交流的方式中。肯定有些证据证明这种理论，因为手势语和说出来的词语完全一样，既是具有功用的，也是完善的。直至今日，我们也一直还在说话的时候动一动自己的手。不管怎么说，不久之前，人们找到了一些有趣的证据，表明——人科动物直立人的一个晚期变种——人科动物海德堡人有可能是掌握语言的。古人类学家伊格纳西奥·马丁内斯所率领的一个研究小组，对35万年前的这种早期人类的几块头骨化石进行了分析研究。其耳道和中耳的声学特性表明，人科动物海德堡人对2000—4000赫兹范围的声响的敏感性是相当高的。而人所发出的声音，也正是在这个频率范围之内。但人类的近亲黑猩猩的听力，恰恰是在这个范围内受到限制。

　　倘若尼安德特人和现代人的共同祖先人科动物海德堡人真的具有语言能力，那表明，50万年前就有语言了，比迄今所猜测的要早得多。因为直至不久之前，研究结果还表明，人的语言能力是在15万—5万年之前形成的，并且首先是我们这个智人人种所拥有的。那么，这种估计现在必须加以修正吗？因为很有可能这尼安德特人也有掌握复杂语言的能力。而迄今为止，这种早期人种往往被视为顶多不过能发出喉音并且具有特殊技能的、原始的洞穴居民。在以色列所发现的一块舌骨化石以及很少变成化石的喉头化石的残片，都使人不由得猜想，尼安德特人起码是具有说话的解剖学前提条件的。尼安德特人和人科动物直立人一样，是有经验的猎人兼食物捡拾者。这样一种生活方式的前提，是要对植物和动物都具有很确切的了解。为此，语言交流肯定是很有益处的。考古学家史蒂文·米森不久前提出一个论点，认为无论是尼安德特人还是人科动物智人，其语言的能力都可能是起源于有韵律的哼唱。说出来的语言，其实就是出自初期比较低级的哼唱语言。

由声音或手势所构成的人的语言，其最早的征兆也许在50万年前就已经出现了，然而完善的语言则很可能是在很久很久之后才得以形成的。如前所述，今天绝大多数的研究者一致认为，语言是到了人科动物智人的时代，才发展到完善水平的。这就是说，完善的、具有生殖力并有语法规则的语言，其所出现的时间，不会是在比15万年前还要早得多的时代。基因调查的结果，也证实了这个论点。莱比锡的马克斯—普朗克研究所的分子生物学家沃尔夫冈·恩纳德，发现了一种可能与人的语言能力密切相关的基因。这种所谓的FOXP2—基因，虽然在别的灵长目动物的身上也能找到，但是在人体内却是突变性的，也就是说，显然是这种基因的突变推动人的语言向前进化。恩纳德认为，肯定是在最近的20万年中的某个时期，发生了这种基因的突变。

在关于进化的科普书籍中，有时也可以读到，据估计，现代语言一定是在大约4万—3万年前形成的，而且是与拉斯科及阿尔塔米拉地区的克罗马农人文化之洞穴壁画处于同一个时期。据说是语言促成了艺术与文化的这种完全可以说是爆炸式的发展。然而在这里，人们忽略了一点，那时人科动物智人的各个种群早已迁徙到地球的一些广袤地区去了，而且其所有的后裔都掌握了同样的语言能力。换句话说，在欧洲人在洞穴的内壁上作画之前很早很早的时候，现代语言就已经有了。

所以说，完美无缺的语言，很有可能是随着现代人迁出非洲而传播到世界各地的。这意味着，所有的人的语言，都有一个共同的起源——如我们已经知道了的，许多证据都证实了这一点。所有的语言，尽管乍一看它们都会显得是互不相同的，但某些特定的基本特征——如语法不定式、名词和动词的使用、肯定式与否定式等——却是彼此共有的。这些共有的语法结构，带来了所谓的句法共性，如偏好某种句子结构、某种语序。

任何一个句子都由基本构件主语（S）、动词（V）、宾语（O）组成。所有的语言中，75%以上的采用SVO型（如德语中的"Hans isst einen Apfel①"）或SOV型句式，而OSV型、OVS型及VOS型则很罕见。

从每个孩子都可以把任何一种语言当作母语来学习的事实，也可以看出，语言有共同的起源。所以，没有一种语言是例外，也没有一种语言是完全不能翻译的。每种语言（也包括手势语），不管其特定文化背景下的概念之翻译会有多么的难，都是可以翻译成另一种语言的。与通行的观点相反，世上就没有什么"困难的"或者"简单的"语言。汉语其实并不比英语难。难就难在，所学的第二种语言与母语之间的区别很大。

语言的功能

至此，我们大致知道了，语言是什么时候产生的，可是，大问题依旧没有解决——所谓大问题就是：这一切究竟是如何开始的？人为什么要说话？在前一节，我们曾提到几种可能的解释。拥有语言，在协调合作中，在交流有关环境的知识的时候，都是有益处的。如果平克和艾奇逊的观点是对的，那么语言就是一种复杂的适应，通过自然选择而逐渐形成的适应。故而语言发展的每一步，都必须提高其传播的能力。这也能使人茅塞顿开，因为对于猎人和食物捡拾者来说，掌握的词汇量越来越大，是很有益处的。通过语言的掌握，不仅仅能够越来越确切地表述自然知识，而且还能够将知识传给下一代。总之，语言是为了交流信息这个主要的目的而产生的。可惜这个理论也有一个难点：如果语言是如此的大有益处，那为什么其他的动物没有发展出一种完美无缺的语言来呢？为何只有我们，是唯一能饶舌的灵长目动物呢？

所以进化心理学家罗宾·邓巴就语言的起源问题，提出了另一种解释。在人与人之间的交流中，往往并不是很重视话语的内容，更多的倒是

———————————
① 意为：汉斯吃苹果。

注意其形式与意图。我们在日常生活中所聊的，常常是鸡毛蒜皮的小事，与知识的传播毫无关系。我们谈天气，谈一起工作的同事，要不就谈孩子。按邓巴的论点，语言主要是为社会的互动服务：交际是一种社会"润滑剂"。几乎所有的比较高级的灵长目动物都生活在复杂的社会群体之中（今天仍旧孤独地生活在地球上的那种热带类人猿①是个例外——但这却证实了这条规则）。由于有一个固定不变的等级秩序，所以便有人持续不断地结盟，炮制出维护或者改善自己的社会地位的计谋。故而，始终认真地关注自己的和别人的社会地位，便成为性命攸关的要事。所有这一切，都要求人们具有必需的社会智力以及一定的大脑智力——尤其是在群体变得越来越大的情况下。因为我们在灵长目动物中，也发现了群体的大小与脑体积的大小之间存在着一种引人注目的关联性：群体越大，新脑皮质的面积也越大。

猴类和类人猿的社会交际行为——争吵、调解、和好等，大多数时候是通过互相帮助清理身上的皮毛来进行调节。不过按照邓巴的看法，这种方式仅在比较小的群体中有效。如果一个群体的成员数超过了150，那清理皮毛就不再有效了。据邓巴计算，一个个体需要花一半的时间来做这件事，差不多就没有时间去寻找食物。邓巴称，其实语言的起源，关键正在这里。因为人科动物大脑的膨胀证明，我们的祖先生活在其中的群体变得越来越大，故不得不寻找另外的手段，以便对群体内的社会交际进行调节。在一定的时刻，借助声音和词语，将自己的想法告诉别人更有效。总而言之，我们的祖先就是这样以轻轻挠痒痒的方式，换取闲谈与恭维的机会。邓巴曾在火车车厢、咖啡馆、候车室里做过人们最爱聊什么话题的记录。人们交谈的全部内容中，大约有四分之三属于闲聊。我们喜欢谈人与人之间的关系问题，谈电视节目和体育消息，通过这种方式交流思想感情，从而达到相互信任的结果。

---

① 指亚洲南部婆罗洲和苏门答腊地区森林里的一种大型素食树栖类人猿。

当然，对"我们的语言也会带来别的好处"的观点，邓巴也并不反对。多亏我们有语言，我们才能将知识与技能传给下一代，以致每个人都能从杰出的发明创造中获益。若无语言，就根本谈不上值得一提的文化、技术、科学。信息的传播成了我们社会的一个本质性的标志。不过很可惜，我们不能总是确信，一个信息是否正确，人们有可能弄错，或者有人干脆就是撒谎。故语言也适合影响或控制别人。我们可以通过诓骗的办法去影响其行为。诚然，有的猴子和类人猿也能有意地欺骗自己的同类，但在这方面，人的水平却是超过一切动物的。

灵长目动物学家安德鲁·怀顿认为，在我们祖先的时代，社会的进化呈现飞速发展的态势：语言和意识进行长跑竞赛。由于人们越来越善于看透欺骗行为，于是在选择压力之下也同时形成了发现并揭露骗子的能力。能够"读"懂别人的心思的能力，变得越来越重要。这是我们的一份进化遗产。与动物相反，人（孤独症患者除外）懂得"精神理论"，能设身处地体会别人的心情：我们知道，我们的同类具有自我意识，对世界有自己的看法。因为我们有深入别人思想的能力，故我们能够同情别人，但也容易上当受骗。这样一来，人就成为所有灵长目动物中最高尚同时又是最阴险的一类。

第8章
进化与意识

肉体与精神

人科动物智人是一种具有理智的生物。我们智人既能思考我们自身，也能对世界进行思考，还能把我们的思想传播给其他同类。在相互沟通的基础之上，我们知道别人对世界有自己的看法；如果愿意，我们可以设身处地揣摩别人的心思。人的精神是最具有创造性，同时也最具有破坏性的力量——这种力量，迄今为止是由进化创造出来的。我们的思维能力不仅创造出了艺术与科学，而且也导致集体性的疯狂的妄想以及大规模的屠杀。

现代人的进化，已到达了自我意识的阶段：我们是本星球上意识到自己的起源和生命之暂时性的第一种生物。由于生命是短暂的，所以各种文化圈里的人历来都相信，组成个体的，除了其本身会消失的肉体以外，还有更多的东西。我们死后，还有不死的东西会继续存在。这种情形，古希腊人将其称作"psyche"——此词意为"灵魂"或"精神"，"灵魂"和"心理学"都是从这个词派生出来的。希腊人认为，所有的生物，包括低等动物、植物，都有灵魂。柏拉图认为，肉体和灵魂就其本质而言，是截然不同的。肉体存活的时间是短暂的，而灵魂却是不死的。人死之后，其灵魂会进入另一个人的肉体，或者返回其原先出来的地方——即是那个形式和观念都不会改变的非物质王国。

今天，哲学家和心理学家对灵魂或精神的概念的理解更为狭义了，说起意识来，他们再也不像希腊人那样区分有生命的和无生命的，而是区分有意识的或无意识的生物。至此，人们会立即想起一个问题，即是否只有人才有意识，或者是否有些种类的动物也有意识？为了能够回答这个问题，我们首先必须给"意识"这个概念下一个更确切的定义。这个概念所涵盖的，大致是对其自我的认识（自我意识）和拥有一个自我。此外，这个概念还指一定的精神活动，如有某种思想、某种愿望或某种信念，但也包括所谓的"独特性"，即能看见色彩、感到牙疼或觉得巧克力好吃之类的主观的精神感知。动物所能拥有的，可能就只有最后这一种意识形式：它们虽然也能有感觉并能感受到刺激，但它们不能意识到自己，很可能它们也不能思维，总之不能以与人相似的方式进行思维。在本章中，我们将对人的和动物的意识的一致性及其区别进行更深入的研究。

我们所要研究的另一个课题，是著名的肉体-精神问题，即探究物质性（脑）与精神性（意识）之间的关系问题。精神——即意识——是出自我们的脑的灰色物质，还是有另一种完全不同的来源？假设意识确实是一种物质性的基质，那会不会意味着，有朝一日机器（计算机、机器人）也能感觉并且能够思想呢？在最近的50年时间里，集中研究此类疑难问题的一个哲学的专门学科，即精神哲学，获得了飞速的发展并达到繁荣阶段。

意识，即思索、经历及感觉的能力，是一个费解的谜。有的哲学家认为，对这种现象，我们暂时还不能够获得科学的认识，的确，说不定我们永远也无法解开这个谜。即使我们某个时候确切地知道了，人的脑是如何起作用的，在脑中的生理过程与我们内心的思想经验之间，也始终还会横亘着一道鸿沟。相反，其他研究者要乐观一些，他们认为，由于对人脑的研究正方兴未艾，相信最后终能跨越这道鸿沟，而意识的本质及其形成之谜亦将大白于天下。

近来，人们又从进化的角度对这个问题做了进一步研究，或许能由此而获得新的认识。因为要弄清楚何谓意识，意识是如何起作用的之类问题，我们必须首先追问，为什么进化要给我们（可能还有某些动物）配备这种独特的"素质"？意识的生物学功能究竟是什么？因为从科学发展史观的角度来看，意识的形成绝不会是难解的谜。拥有意识，不管是属于哪个层次的，都有一定的有助于适应的益处，譬如有能力对来自周围环境的刺激做出足够的反应。这里的问题在于，我们这已经是以意识的功能性质为出发点来进行思考了。即使没有意识，也可以对刺激作出反应，你只需要想想植物就明白了。植物是以阳光为基准，或者以一个能校正温度之波动的恒温器为基准。换句话说：我们绝不能猜想，每个特性都是为了一个目的。也许这意识——按古尔德的观点来说——就像那只是为了填补拱顶空间而作的画，即只是我们的头脑的没有特定功能的伴生物罢了。

有的哲学家确实是这样看的。他们认为，意识是一种副现象，是生理过程的一个附带效果，和蒸汽机车顶上冒出的烟差不多。肉体生发出意识现象，但意识现象本身，却不会对肉体产生有因果关系的影响。故而有人认为，是我们的有意识的意志在操纵着肉体，但对这些哲学家而言，那只不过是一种表面现象。对此，另一些学者的观点却截然相反，他们认为，所谓我们可能无法控制我们的行为的假说，会带来许多荒唐的后果，以致人们可能一开始就将这种假说看作是特别难以相信的意见而予以否定。从生物学的观点来看，其实所谓意识仅仅是一种没有因果效应的副现象的说法，是没有多少说服力的。难道我们的精神，不比仅仅充作进化的副产物重要得多吗？

笛卡儿二元论

尽管研究精神的哲学在最近50年里获得了蓬勃的发展，但肉体－灵魂问题本身，却是很早以前就提出来了。早在17世纪，主张二元论的勒内·笛卡儿就找到了一个著名的答案：肉体和灵魂是两个完全不同并且彼此分离的存在。这个观点今天作为笛卡儿二元论而闻名于世。笛卡儿的这个观点，出自他的著名的系统怀疑的思想实验，实验的目的，是要为哲学构建一个新的基础。笛卡儿为了能够和中世纪以教条和传统为基础的经院哲学决裂，就想要检验一下，自己究竟获得了什么可靠的知识。乍一看，似乎一切都是可以怀疑的。通过感官而感知的知识、记忆以及逻辑思维，都可能是错的。外界的图像其实可能是错觉，与睡梦或幻觉差不多的。也许我们是被恶魔迷惑了——这恶魔得意忘形而窃窃自喜地用各种各样的虚假的可靠性来蒙骗我们。

可是，在所有这些不确定性之中，笛卡儿终于还是碰见了不容置疑的一件事实，即怀疑本身。你可以怀疑一切，这意味着你在思考，而为了能思考，你必须存在。首先可以确信的便是：我思故我在。一个恶魔不可能在我存在的事实上欺骗我，因为我若是真的不存在，他也是无法欺骗我的！故我可以怀疑一切，但不能怀疑我的精神之存在，这种确信是"不会因恶魔的欺骗而动摇的"。按照笛卡儿的观点，这个"我"，即意识，与肉体是有本质区别的。我首先是一个有精神、能思考的生物，原则上是不必依附于肉体的、物质的世界而存在的生物。

针对这个问题，笛卡儿所提出的二元论答案是，现实是由两种完全不同的东西或曰"实质"——精神与物质——所组成的。精神实质的主要特征，是能够思想，物质实质之主要特征，则是具有一个空间的范围。只有在人的身上，这两种实质才会结合在一起，并且是以相互的因果关系结合在一起的。在某种程度上，我们是与一块物质紧紧地联系在一起的安琪儿。尽管笛卡儿猜想，肉体和灵魂之间的连接点是在松果体里，但他到最后还是认为，这两者的相互作用是难以理解的。肉体与灵魂之统一体，是我们只能经历的一个奥秘。笛卡儿称，动物是没有精神的。它们是既无意识又无情感的复杂机器。

直到近代，笛卡儿的理论都很流行，并产生了广泛的影响，但今天的大多数哲学家，却对其采取否定性批判的态度。有人针对笛卡儿的二元论，提出了根本不同的观点。我们要在这里深入地谈谈其中的两种观点。其一，是人们可以称之为代表问题的观点。虽然笛卡儿借助系统怀疑论，证明了他自己的意识之存在，但他的意识与外界的关系又是怎么样的呢？在我的意识中的现实景象，是不是可信的复制品呢？除我本人之外，是否还存在着别的人，或者他们是否仅仅是幻象呢？我本人除了有精神之外，是否还有一具物质的肉体呢？这些问题都是无法回答的，因为我们只有一个能直接进入我们自己的意识的入口，但却没有直接进入世界的入口。故绝对无法证明，我头脑里的现实景象是可信的。从理论上来说，甚至有可能认为，除了我自己的意识之外，其他什么都不存在！在哲学中，人们将这种罕见的认识论观点称作唯我论（"Solipsismus"一词，源于拉丁语的"solus"，即"独自"，以及"ipse"，即"自我"）①。

笛卡儿通过引证上帝的办法绕开这个障碍，这说明，他尚未完全脱离经院哲学的思维方式。上帝是存在的，他是善良的，他不会蒙蔽我。因此我精神中的这个世界的代表是可信赖的。然而今天的哲学家们却认为，这个论据再也没有说服力了。

第二个问题，就是前面已经提过的精神与物质之间神秘的相互作用问题。非物质的东西（精神）为何能对物质性的东西（肉体）产生影响？一种非物质性的实质，怎么能够使肌肉、肌腱以及肢体动起来？如果是精神在操纵肉体，则每条因果之链的起点，都会有一个非自然的原因。这将意味着，人及其行动，原则上都是脱离自然原因和自然规律的控制的。因为精神的实质，是无法以科学的方法加以研究的。许多研究人员都觉得这一点不可接受：二元论引出了更多它回答不了的问题。所以笛卡儿之后的哲学家提出，应将精神从机器中驱赶出去。

---

① 此圆括弧内的文字，系德文版译者所加；Solipsismus在德语中即为"唯我论"。

一元论、物理主义及功能主义

自笛卡儿时代以来，对人脑的结构与功能的研究，获得了长足的进步。人脑中负责思想和认知的能力——如感觉、语言以及记忆——的不同区域，都分别得到确定。若人脑受伤，则其功能会受到影响，甚至完全丧失。特定的药物，即精神病药物，能引起心理的变化，能抑制抑郁症和恐惧感。从表面上看，精神有一个物质的基础：意识源自人脑中的神经生理学过程。早在19世纪，哲学家雅各布·摩莱肖特就曾精辟地论断过："没有磷就没有思想。"人和动物完全一样，是复杂的、物质性的机器。故精神一定是肉体的不可分割的部分。如果我们将人的躯体和脑的最终秘密抢救出来了，那我们就会知道，意识究竟是什么了。这样，笛卡儿的二元论便被一元论所取代——这一元论只承认唯一的一种实质：物质。

在20世纪的上半叶，行为主义是主导科学心理学的一种理论。心理学也否定肉体与精神二元论的观点。其奠基人约翰·沃森所赞同的，是一种严格的经验方法：所有的学科——也包括心理学在内——都是客观地研究可感知的事物。所以在心理学中，也要避免采取任何内省的方式，观察与分析个人的意识过程的方式。所谓内省——依据定义——是主观的，故不宜当作一种科学的方法。每个思想过程，原则上都完全可以追溯到行为。例如，要是某人觉得自己想看一场德国国家队的足球比赛，他就会有一定的行动，他会查看赛期预告，预订门票。思想、愿望或信念之类的思维过程，不外乎是特定行为的预先安排计划而已。

行为主义为自己设定的目标是，对可以客观地感知的行为加以控制并作出预报。用鸽子和老鼠进行的科学实验表明，心理学家该如何进行这种实验。因为这些动物的行为，可以在很高的程度上通过可口的美食或电流脉冲之类的正负刺激而予以控制与操纵。按沃森和斯金纳的说法，每种行为都是调节训练的结果。生物被看成是黑匣子，重要的只是输入-输出关系（见图8-1）：只要我们能够预言对何种刺激会产生何种反应就够了。这样就再也用不着知道，在黑匣子里面可能会发生什么了。

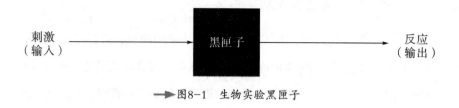

➤ 图8-1　生物实验黑匣子

　　按照行为主义的观点，人也是生物机器：我们的举动不是有意识的，而只是对刺激的反应。所以根本不需要援引思想、愿望以及信念，因为行为告诉我们的已经足够多了。（有一次，有人画了一幅漫画，主人公是一对同床共枕的年轻的行为主义者夫妻。此画想要表达的是，内省本是他人不可涉足的禁区，犹如夫妻间的房事一般，但却被曝光于众目睽睽之下；同时还要表达的是，只有可以感知的行为，才允许成为研究的对象这种观点。画中的他对她说："你觉得好极了，而我的感受如何呢？"）行为主义经过几十年的成功并占据主导地位之后，却需要同越来越大的困难进行搏斗。刺激—反应理论证明是不足以解释人的行为的。一个人的行为，并不只是其经验的产物，因为特定的能力——如学会语言的能力——似乎是部分以与生俱来的天性为基础的。而研究界的注意力则越来越转移到对黑匣子本身的研究上。

　　在上世纪60年代，认识论排挤了行为主义。心理学和哲学中的这股新思潮所代表的观点是，只有当人们将内心的认识过程一并考虑的时候，理智的行为才是可以解释的。人们不是仅仅关注可以感知的行为，而是又将注意力集中到精神现象上。不过要研究精神现象，却必须采取严格符合科学的方法。将人的精神看作是一个信息加工系统，这类似于刚问世时期的计算机。需要回答的问题是：信息是如何加工，如何在人脑中储存的？对这种计算机模式，人们是极其认真的，因为这相似性可以朝两个方向修改。一方面将人的脑视为一台生物计算机，另一方面，试图设计出模拟人脑的网状结构的计算机。人脑是思想的基础，假如我们先弄清楚了，我们的脑是如何成功地加工信息并将信息存储起来的，那我们也就有了理解人的精神的钥匙。虽然只有经过内省才能触及精神，但按照哲学家如J.J.C.斯马特和D. M. 阿姆斯特朗的看法，这个问题是可以通过所谓的同一性理论而避开的。同一性理论是一种关于意识之本质的唯物主义的（所以也是一元论的）理论。而精神现象，如痛感、愿望或巧克力的美味之类，则不外乎是人脑里的特定的神经生理过程，即是说，痛感之类的精神现象和人脑里的神经生理过程，其实是一回事——起码上述两位哲学家是这样说的。主张同一性理论的学者认为，二元论学者称精神现象是内心的，这是对的，但他们称之为非物质性的则是不对的。至于行为主义者假设，精神有一个物质性的基质又是对的，但他们否认精神状态之内心属性则是错的。

人们有时也会在"物理主义"的概念之下提到关于人的意识的同一性理论。物理主义所代表的观点是，从根本上来说，宇宙中的万物，都是由物质性的存在——如原子、分子和细胞等——所构成的。从原则上来说，万物莫不起源于这些存在，或者说，万物之存在，莫不依靠这些物质性的存在。这些物质性的存在，能以自然科学的方法进行研究，连人的精神也不例外。如前所述，用计算机进行模拟，能为此指示方向。不错，计算机是个纯物理系统，但是它却能加工并存储信息，还能使理智的行为表现在眼前（你只需要想一想会下棋的计算机就可以了）。显然，非智能的零件可以组成一个智能系统。为什么人的精神就应该与此完全不同呢？是笛卡儿弄错了：不仅动物，而且人也是机器。

然而，同一性理论注定了寿命不长，因为不久之后人们就发现了其中包含着一个思想错误。如果精神现象和头脑中的特定过程具有同一性，那么就只有解剖学特征同我们人类相似的生物才会有意识。这样一种生物学沙文主义，对于许多人而言都是不喜欢听的。我们人类偶然性地占有由数十亿——结成网络的——脑细胞所组成的生物学硬件，但这并不应意味着，只有我们的硬件才可以产生出精神现象。为何外星生物——其脑和我们的完全不一样——就不能也拥有意识呢？为什么硅脑机器人不能在未来的某一天具有思维和感觉的能力呢？故而人们便可得出结论：精神状态完全可以通过物质层面的各种不同的方式得以实现。这一点，计算机的模拟实验其实已经表明了。有些程序，既可以在IBM或者Macintosh的计算机上使用，也可以在上世纪50年代出产的慢速计算机上使用。对于意识而言，也同样如此。解剖学和生理学系统同我们人类的完全不一样的生物，从理论上来说，也有可能存在，但尽管如此，他们也能感到疼痛、心怀愿望，并且也能感知巧克力的味道。

同一性理论证明它过于僵硬，故在上世纪60年代它便被功能主义所取代——对此，哲学家希拉里·帕特南和杰里·福多尔的论文也有所贡献。功能主义假设，两个精神状态一样的人，并不需要有什么彼此相同的生理学特点。因为精神状态是可以通过不同的方式实现的。只要其功能有保障，其实一种精神状态究竟如何实现，是没有什么关系的。由于人们是将精神现象置于其功能的观点之下进行考察，则物质性的基质就没有什么意义了。人的脑只是意识的众多可能的来源之一。我们可以把它比作是钱。钱的具体形式可以有多种多样（纸币或者硬币），然而其功用却始终是一样的：它们通通是用作支付的手段。原则上意识亦然。精神状态可以通过不同的方式得以实现。

巧妙的机器

认为精神状态可以通过不同的方式产生的功能主义思想，在上世纪60年代为人工智能的研究——智能机器的试制——开辟了道路。自那时起，在数十年时间里，已取得了一些成绩，尤其是在需要完成特殊任务的领域，例如前面已经提及的会博弈的计算机。其间这样的机器已发展到了相当高的水平，以至它有可能胜过人脑。如1997年在某些国际象棋爱好者的记忆里就打下了难以磨灭的烙印。当年的国际象棋世界冠军加里·卡斯帕罗夫被IBM的深蓝牌计算机战胜，令许多人惊讶万分：人脑竟然不能与机器匹敌。然而这下棋计算机却仅仅是许多人工智能产品中的一件。今天已有了能识别语言和人的面貌的，或者能开诊断书的计算机。

当然有一个特别重要的问题：我们这里所考察的，是真正的智能吗？机器确实拥有思维能力吗？或者这机器仅仅是善于模仿吧？英国数学家艾伦·图林是一位计算机的开路先锋，他于1950年提出了一个为解答这个问题而设计的简单易行的检验方法。按他的名字命名的图林实验，用更为实际的问题"一个人可以借助书面提问的方式区分机器与人吗？"代替有哲学意味的问题"机器能够思维吗？"提问者将问题输入计算机并对答复进行研究，他必须设法通过这种方式弄清楚，自己到底是在和一个人还是和一部计算机打交道。提什么问题都可以，如："哪部电影你喜欢看？""你喜欢听什么音乐？"或者"你有什么样的政治观点？"如果计算机通过了测试，提问者也相信自己是在和一个人打交道，那么我们就得依照图林的假定，以计算机是有意识的并确实能思想作为我们研究的出发点。因为实际上，人和机器再也没有区别了。

当然，这样一台计算机，其程序一定是编得特别完美的。它必须能够回答那种诱导人表露真情的问题，如："你到底是一个人还是一台计算机？"而计算机的编程或许是这样的——它愤怒地回答："你听着，别这样无聊好吗？我当然是一个人！"图林预测，在2000年前后，会有第一批计算机通过这样的测试。确确实实，今天已有计算机能和人对话若干个小时，什么政治问题、烹饪，或者棒球比赛等，无所不谈。但程序却是针对特定的专门话题编定的，若超出话题任意提问，计算机就会令人失望地回答不了。故迄今还没有一台机器能通过图林实验。不过据预测，在25年或50年之后，将会取得成功。到了那一天，我们就得按图林的观点，把计算机视为思想机器了。

图林的乐观主义观点，并非每个人都赞同。例如美国哲学家约翰·塞尔就深信，计算机将会永远是愚笨的。因为一台计算机根本不可能弄明白，自己究竟在做什么。塞尔于1980年借助其间已变得很著名的中国屋思想实验演示了这一点：假设我被锁在一间屋子里。在这间屋子里有若干只篮子，篮子里有若干写了汉语的纸条。我不会汉语。屋子里除了篮子还有一本书，书里的文字是我自己的母语。此书中能查到，一种文字与另一种文字的对应规则。但规则仅仅涉及文字的形式，并不表示其含义。屋子外面以汉语为母语的人，通过门缝给我塞进来写了汉语文字的纸条，纸条上的文字我可以在书中查到。纸条上可看见给我的指示，告诉我该如何表现。"假如别人给你这一张或那一张纸条，你就要用这一张或那一张纸条，按照这种或那种顺序作出回答。"屋子外面的人可以这种方式向我提出问题，如："你喜欢吃哪道菜？"我当然不明白，给我提的是个什么问题，确确实实，我根本不知道，那纸条上所写的是一个问题。但我严格按照书里的指示，把下一张纸条塞出去："我喜欢吃的是意大利的干酪肉末番茄沙司宽面条，但是撒尿我也特别喜欢。"我当然丝毫不明白，我所回答的究竟是什么，但是屋子外面的人一定以为我是懂汉语的。的确，若依照图林的论证去思考，我确实是懂汉语的。于是塞尔认为，不言而喻，这结论是荒谬的。

中国屋思想实验其实是个隐喻。塞尔描述了计算机是如何起作用的：印有规则的书相当于计算机的程序，装纸条的篮子相当于数据库。按塞尔的看法，隐喻形象地说明了，计算机根本没有任何理解力。不管它显得是多么地有智慧，它只是遵从简单的指令而任何事情都弄不明白。用专业技术语言表述，就是：计算机纯粹是一部造句的机器，是一部只会遵循所编入的程序规则做事的机器。但它对词语的意义却是一无所知，它不"知道"汉语的文字有什么意义。故而声称计算机有理解力或者有意识，完全是胡言乱语。计算机根本就是一无所知——这就是塞尔的看法。

哲学家丹尼尔·丹尼特则是从另一个角度切入这个问题。机器是否有朝一日真能思维，这更应该说是一个实用主义的问题。有时认为机器有愿望有信念，是符合实际的。卡斯帕罗夫和深蓝牌计算机对弈时，多半就有这样的看法。目睹特定的阵势，他心里想："深蓝这家伙企图牺牲一个车来给我设陷阱；它以为我没有发现。"说计算机有愿望（"它企图给我设陷阱"），有信念（"它以为我没有发现"），从工具的意义上来看，这样于它是有利的。我们干脆就假装认为计算机是有理智的，或者是能思考的，因为我们若是认为它是有愿望、有信念的，并且它的行为也是理智的，那我们就能估计或预测它会表现出什么样的行为。丹尼特将这种对机器的态度称作意向性的态度或思想态度。这种态度并不总是能引出确切的结果，然而却是最不麻烦的。（我们面对——比计算机笨得多的——机器的时候，往往都怀着这样的思想。在英国的喜剧系列片《弗尔蒂旅馆》中，约翰·克利斯使劲捶打自己的汽车——因为它发动不起来。）

丹尼特还把我们面对机器时所可能表现出来的行为区分为另外两类：功能性的和物理性的态度。对前者，我们关注的是计算机的程序。固定在程序中的指令允许我们预测其行为，因为我们能够作出预测的依据就是，它会表现出与自己的功能相适应的行为。下棋程序的功能就是，以参数为基础，对棋盘上对阵的态势作出评估。面对机器的这种看法，比之我们的心态，要麻烦一些，然而预测计算机将会做什么，却要准确一些。当然，绝不可能完全排除出现意外情况的可能性，因为几乎每个软件都包含有错误，或者可能受到计算机病毒的感染。我们面对机器时所可能采取的第三种态度是物理的，这种态度能引出最准确的预测，但同时也是最麻烦的一种。我们现在要仔细地研究机器的物理性能，细致入微地描述每一根金属丝、每一个零件以及每一条电路，接着还要运用自然法则。在这样分析研究的基础上作出预测，虽然能达到百分之百的准确，但也是格外地麻烦。对计算机，我们确实极少采取这样的态度。

对此，丹尼特认为，我们面对一台计算机或者另一个仿佛是具有智能的系统时，会有什么样的行为，这是个务实的问题。归根结底是要问，哪种态度是最有利的？我们必须迅速作出预测呢还是更重视准确性？在前一种情况下，我们会决定采取意向性的态度，而在后一种情况下，我们会决定采取功用性的或物理性的态度。至于智能机器是否确实怀有愿望或者信念的问题，此时则变得毫无意义了。因为一种思想系统，从本体论的角度来看是中性的。如果认为一个系统有愿望有信念是有利的，那显而易见，该系统在这样的时刻就是一个思想系统。

做一只蝙蝠怎么样？

今天许多哲学家至少是认可物理主义的基本思想的：在人脑中有一个精神的物质基础。虽然我们还不能确切地知道，人脑是遵照什么规则起作用的，但科学已取得了如此巨大的进步，使得在不太遥远的将来，这个奥秘将会被揭开。这种乐观主义的看法，并非所有的人都赞同。如美国哲学家托马斯·内格尔就认为，意识与人脑之间有关联，并不等于是解决了肉体－灵魂的问题，而恰恰是一个需要作出解释的问题。他认为，眼下尚不可能对意识问题提出一个物理学的解释。

内格尔承认，乍一看，人脑里的意识与过程是互为条件的观点，似乎是有说服力的。精神现象要出现，人脑中就得有一点儿动静。我们已经在一些实例中看出了这种关联性。由于可用药物治疗恐惧症或抑郁症的患者，所以，精神现象看来是有其物质性原因的。不过内格尔却认为，这样还远没有说明白一切。意识中的过程和人脑里的过程并不相等。前者还添加了一些东西，一些科学尚不能研究的东西。其实内格尔的论证是出乎意料地简单。譬如，他先给自己提出一个问题：假如我们咬一口巧克力，将会发生什么事情？这事情本身倒没有什么神秘难解的。巧克力在舌头上融化，刺激舌乳头。舌乳头是传感器，它们将化学的和电的脉冲传进大脑，脉冲在大脑里又制造出物理反应。于是奇迹就发生了：我们尝到了巧克力的味道！

难道这样的精神感知和我们头脑里的物理事件没有什么区别吗？内格尔的回答是否定的。当我们吃巧克力的时候，神经科学家可能会打开我们的头盖骨，他可能会发现其中复杂的物理过程，但他却看不到巧克力的味道！不管他想出什么办法，他也是看不见精神感知的。当然，意识中的一切过程也是如此。你在人脑里是看不见思想、愿望、信念、颜色的感知或者巧克力的味道的。故而内格尔的结论是：科学家可以检查我们的大脑，却无法检查我们的意识。只有我们自己才能触及我们自己的意识。

所以精神现象的内涵，比大脑里的生理过程的内涵多。即使将来有一天，人脑的作用方式对我们再也不是什么秘密了，在主观的意识和人脑里可以客观地感知的过程之间，仍将一直横亘着一道深深的鸿沟。精神现象有一个特定的内心属性：只有我们自己能触及我们的主观经历。在此，第一人称的视角和我们大家都可以触及的第三人称的视角是相对立的。从第三人称的视角，我们可以检查另一个人的头脑，却不能检查其意识。所以，不可能对意识做出物理学的、物质性的解释。

内格尔以蝙蝠为例，形象地说明自己的论点。蝙蝠和我们一样，是哺乳动物，可是它天生一个和我们不一样的如此完善的感知系统，以至于我们很难想象，做一只蝙蝠，会怎么样。蝙蝠几乎是什么都看不见。它们依靠一种特别有效的声呐系统（即回声定位）为自己描绘出一幅世界的景象，这就使它们能够捕捉空中的飞虫。如果我们设法想象一下，听出而不是看见客体的形状、大小及其运动，这究竟是怎么回事，那我们的理解力就会失灵了。内格尔声称，即令你披上传令兵的斗篷，翩翩起舞般跑来跑去，吹出一声声高亢的笛音，那也是不管用的。假如你从早到晚双脚倒吊在阁楼上，也是毫无用处的。我们永远搞不清楚，做个蝙蝠究竟怎样。这个事例和巧克力那个事例是差不多的。即使我们有朝一日了解了有关蝙蝠的脑及其生理学状况的一切，那我们也仍然不清楚，做个蝙蝠究竟怎样。我们仍然看不见事物的内部。在这里，又会在物理世界、脑以及意识之心理学的即精神的世界之间，出现那道鸿沟。

此外，内格尔并没有追述笛卡儿的肉体与精神的二元论。笛卡儿的观点是难以把握的。他所代表的，是在一定意义上已包含在斯宾诺莎的理论之中的所谓的视角二元论。内格尔称，说到底，现实究竟是由什么构成的，我们并不知道。然而无论如何我们知道两个方面，即物理学方面和心理方面。两者之中的任何一个方面，都不能追溯到另一个方面。今天以物理学真实为指向的自然科学忽略了精神方面，故而它绝无可能恰当地描述意识或解释意识。也许将来它会成功地做到这一点，不过那时它得摆脱其片面的思考方式。只有当自然科学发生了根本性的变革之时，才可能填平大脑和意识之间的鸿沟。

对人类健全理智的攻击

尽管许多哲学家赞同内格尔的论证，但仍有一些人称之为不必要的神秘化。这些乐观主义者认为，神经科学完全有可能解答何谓意识的问题。

如加拿大哲学家保罗·丘奇兰德便指责内格尔之类的怀疑论者，批判他们思想僵化，怀着保守思想的反感抵制有纲领的变革，因为他们其实是顽固地抱住心理学的日常知识（即所谓民族心理学）的陈旧范式不放。

这与我们每天所使用的人的健全理智没有什么两样。对此，为了理解和预言自己的以及别人的行为，我们几千年来始终都是深信不疑的。丘奇兰德认为，现在是为了有利于神经科学思想的发展而摆脱这种旧时的思维模式的时候了。日常心理学或许是在日常生活中证明了是可行的，但它和科学是毫不相干的。所以，假如我们费尽心思也无法在人脑里发现任何愿望、信念以及情感，那也不必惊讶，因为根本就没有我们依然在描述的那类精神状态。

心理学的日常知识其实并没有指明任何道理。所以一切精神现象（如信仰、愿望或感觉）都必须用神经科学的术语来加以描述。丘奇兰德引证女巫迷信为例。据说在中世纪，人们是迷信女巫的，并且认为她们是歉收和瘟疫暴发的罪魁祸首。是科学清除了此类以及类似的想象，因为它们与现实是不相符的。根本没有什么女巫！民族心理学思想也注定了只能得到如此的下场。

丘奇兰德所代表的，是一种被称作"淘汰唯物主义"的立场。而在不久的将来，神经科学将会奉献出一个关于意识的完美解释。到那时，神经科学术语将取代日常心理学的"愿望"、"信仰"和"感觉"之类概念。

并且由于人的健全理智这种陈旧的思维模式也不能归入神经科学的思想范畴，故这种思维模式必须清除干净。因为日常心理学和神经科学的思想不可同日而语，故而不可能加以成功地归纳。

据丘奇兰德的看法，我们大脑里的精神状态是不可得见的。或许我们从内心视角出发，可以知悉各种各样的愿望和信念的存在，但这终究还是一种幻觉。而在客观观察者的视野里，则没有给精神理解留有余地。将来我们再也不会言及一个人的愿望和信念之类，而只会提到神经元的网络作用，对特定突触的刺激。大脑是个联结主义的系统，是一个复杂的、相互联结在一起的网络，这网络持续不断地适应从网络中流过的信号。人造的神经元网络（即模仿生物的神经元网络而造出的计算机）的确证明了，它是有学习能力的，并能模拟智能，如识别语言和人的面貌。故而根本没有必要费力区分什么物理的和精神的过程，有一个物理学理论就完全够了。

所以，陈旧的精神主义范式必须消失。首先得使科学回归，但在日常生活中，我们也将逐渐地接受神经科学的新术语。按丘奇兰德的说法，这并不意味着是一种损失，而是获利，因为用神经科学的术语描述头脑中所进行的过程，是优于我们今天仍在使用的精神描述法的。借助神经科学的新思想，我们将能更好地理解我们本人和别人。随着有关人脑中的过程的知识越来越丰富，可以比日常心理学思想更好地描述我们的内心状态。丘奇兰德还预言，这对人类都有巨大的益处：一旦我们知道了，心理障碍是如何产生的，记忆、智能以及情感是如何形成的，那就可以防止人的许多痛苦。丘奇兰德认为，由于内格尔和其他思想僵化的怀疑论者紧紧地抱住自己的陈旧观念不放，他们就变成了这种发展潮流的绊脚石。

丘奇兰德的看法是，内格尔这样的哲学家，将精神—肉体问题不必要地神秘化了。以往人们常常错误地认为这是难解的奥秘。历史告诉我们，许多我们认为是找不到原因的神秘事物，其实都是以我们的无知为基础的。对此，丘奇兰德引证了几个实例：19世纪的时候，人们都相信，高空星球的物理组成将会永远弄不明白。当人们发明了所谓的光谱分析之后，这个奥秘便迎刃而解。当光线被分解为光谱之后，人们就能够确定天体的化学组成了。另一个实例是生机论学说。直到20世纪的下半叶，一些哲学家还认为，在生物和死物质之间存在着一道深深的形而上学的鸿沟。一切生命的基础，是一种科学永远无法探明其原委的神秘的、非物质性的"生命力"。但在1953年，詹姆斯·沃森和弗朗西斯·克里克发现了一切生命的物质基础——DNA的双螺旋形分子结构。然后分子生物学证明，我们称之为"生命"的东西，其实不是别的，它就是一种特定的物质结构。所谓有一种非物质性的生命力的假设，则证明是多此一举的。

丘奇兰德认为，意识问题也是一样。意识也不是什么难解的谜。倘若我们接受新的神经科学的范式，那将会证明，我们的"精神"，就是一种与物质性基质结合在一起的神经元网络。科学将使我们大开眼界。他对内格尔所谓"我们的经历和其他心理状态，不可能简简单单地只是我们的大脑的物理状态"的不同观点给予反驳。虽然内心视角——即我们通过感官而获得的意识——是独特的并只有我们自己才可以触及，但这并不意味着，意识就是什么非物质性的东西。它只意味着，我们拥有触及我们自己的意识的特权。膀胱胀满了的感觉，也是只能从第一人称的角度才能领会的。别人可能也会察觉到某人急需上厕所，但膀胱胀满了究竟是一种什么样的感觉，却只有本人才能明白。难道因为这个缘故，这种现象就可以避开科学的研究么？否，这种现象其实早已有人做过详详细细的描述了。

丘奇兰德的结论是，第一人称的视角所道出的，仅仅是一些有关认识是怎样的，而不是有关认识是什么的信息。所以，将现实划分为两个不同的方面或者两种不同的实质，即精神和物质，是完完全全没有必要的。至于内格尔的蝙蝠之例所表示的，也就是说蝙蝠的精神感知，只不过是脑子里的过程而已。虽然蝙蝠拥有一个独有的通向自己的意识的入口——人是永远不可能触及其意识的——但这并不等于是影响深远的本体论的后果之谜。故蝙蝠自有其脑——而这脑，却是我们无法触及的。所以我们不得不从外面，也就是从第三人称的角度来寻求对蝙蝠意识的理解。

行尸走肉与意识之功能

丘奇兰德的预言是否能得到证实，还得拭目以待。有的人则像他似的，就人脑的研究方面会取得飞速的进步发表了许多预测式的言论。然而，神经科学是否确实会将心理学的日常知识排挤出局，却是值得怀疑的。因为我们相信别人有愿望有信念求得相互的理解这个事实，并不是科学的"理论"，而是根深蒂固的本能——这本能首先是使社会性的共同生活有了可能。况且这事实也并不意味着，只有人才拥有意识。以"进化是逐渐发生的"观点为出发点，我们可以假定，意识是逐步地产生的，并且也有可能以发育尚不完善的形式见之于其他种类的动物。在本章的开头，我们提出了一个论点，即：若要更深入地探讨意识问题，我们必须从进化论的视角切入。只要我们不清楚意识是如何发展的，它有何种生物学功能，那我们就缺少了一把理解这个问题的重要的钥匙。通过进化论的研究方式，我们也许能够找到一种解释：进化为什么要给某些生物配置这种奇异的特性。

我们前面已经提及，笛卡儿剥夺了动物拥有意识的权利。他认为，由于它们没有精神，所以它们就是没有感觉的机器。它们既不会觉得痛，也不会有什么愿望，根本不会思考。今天我们的看法已经变了。我们之所以改变看法，是由于我们认可动物拥有某些特定的权利，谁虐待动物，谁就会受到惩罚。完全可以将人们是否重视动物保护看作文化的试金石。毫无疑问，人们对动物的态度之所以会发生这样的变化，部分原因是由于认识到，地球上的一切生命都有一个共同的起源，人和动物其实并无根本性的区别。从这个角度来看，我们也是对达尔文承担了责任的。

不过，当然有人会赞同笛卡儿是正确的这种观点。因为从原则上来说，动物完全有可能是没有感觉的自动机器。假设我用棍子打狗（这只是一种思想游戏而已），狗就会号叫，会蜷曲身躯，还会扑过来咬我。这种行为似乎表示，它感到了痛，然而从理论上来说，表现出这种行为，也可能是无意识的。因为要造出一个配置了特定的传感器、机械肢体和一个小型扩音器，挨打时会蜷曲自身，也会叫"哎哟！"的机器人，毕竟是比较容易的。所以动物（还有人），不管怎么做，即使在其行为中丝毫看不出有一点点儿意识的迹象，也会有一模一样的表现。虽然我们有意识，但离了它我们照旧过得去。

在谈论与此相关的话题时，哲学家会提起"行尸走肉"。我们这里所说的行尸走肉，并不是《活僵尸之夜》那类恐怖影片中的可怕的吸血鬼，而是假设的生物。这种生物，在一切方面都与我们相似，只是没有意识。尽管它们像我们似的，声称自己的行为是有意识的，但实际上它们并非如此。关于"是否能毫无困难地设想它们的存在"这个问题，哲学家们争论不休。问题在于，意识到底有利于什么。人们最初倾向于作出肯定的回答：意识有个明确的作用，如能感觉到痛，感觉到有兴致。可是那个你一打就会叫"哎哟！"的机器人，却又使我们产生了疑问。在神经病学文献中，也描述了一些病例，这些病例似乎证明，一个生物即使没有意识也是过得去的。想想那种被称作"盲视病"的奇特的疾病，得这种病的人，由于其大脑皮质受伤而视力受到限制。如果在实验中让他们猜，举到他们面前的图片上画的是什么（是一个圆形、四边形还是三角形），他们猜中的几率一次又一次都比预期的高。显而易见，要达到视觉感知，并不是非有意识不可。整个系统，即使其主体毫无意识，也是能运转的！换句话说，起码有一点显然是可以想象的，即进化创造出可以完全和我们一样有效地甚至更好地生存下去的生物，即使它们没有主观的、通过感官的意识到的经历也行。

美国哲学家兼神经科学家欧文·弗拉纳根认为，实际上不会有越种可能性。从理论上来说，已发展到较高阶段的智慧的生命形式，即使没有意识也是有可能生存下去的，可这样一来，进化就转向另一条道路了。意识的拥有，能使主体得到进化所带来的好处。因为弗拉纳根也不同意"精神仅仅是一种副现象，是伴随别的现象而出现的附带现象——这种现象不会产生因果关系的影响作用，所以也不会有什么功能"的观点。相反，对于一切较高级的生命形式的活体而言，意识的拥有简直可以说是一个能否活得更久的问题。意识不仅仅要对较高级的认知功能如自省、语言及抽象思维负责，而且也要对比较初级的功能——如感觉层面的经历，将通过感觉而获得的印象进行加工等——负责。天赋的感情强烈，易受舒服或疼痛刺激的影响，则会提高人和动物的生物学健康素质。意识成为生物与环境之间形成尚可使人满意的相互作用不可缺少的一个因素。

总之，意识发展起来之后，"4F"就容易了。所谓"4F"，就是获取食物、争斗、逃跑和繁殖这四项能力①。虽然从人发展起来的思维能力是高于动物的，但通过感官而获得的基本意识之功用，即借助这种基本意识与同类及环境形成成功的互动状态，人和动物却是一样的。故而笛卡儿是不对的：动物并不是无感情的自动机器。

多层次的意识

在第5章中，我们将动物划分为两类，一类配备有开放性的行为程序，另一类配备有封闭性的行为程序。配备有封闭性程序的动物，如昆虫、微生物以及其他低等动物，其行为事实上是通过遗传而得到调节的，并且大多是本能性的。相反，配备有开放性的行为程序的动物，如哺乳动物和鸟类，则能从正面和负面的经验学习。一个开放的、可以变通利用的行为库使它们能够建立起与同类的复杂的社会关系，能够在当时占主导地位的环境状况下更好地延长寿命。此时行为再也不受遗传的控制了，而生物不得不自己作出生死攸关的决定。一旦进化走上了这个方向，那就再也停不住了。意识不久之后就增加了一项功能。它不仅仅能够处理来自外界的刺激，而且还会在思想里演练可以采取的行动：通过设想进行学习，比通过试验和失误进行学习有效得多。需要设想的是，假如我这样做或者那

_____

① 其原文为：Feedling, Fighting, Fleeing, Forpflanzen（Reproduction）。

样做，将会发生什么。这样一来，生物不必真正地堕入那茫然难卜之境就能设想死亡了。在更晚一些的进化阶段，很可能是在灵长目动物处于上升之时，又出现了一次革新：发育尚不够完善的自我意识形成了。从这种自我意识之中，产生出自省、移情作用以及相互利他主义（但也产生出了阴险和狡诈）。

像上述这样描述意识的发展过程，在某种意义上可算作简略描述。大多数（较低等的）动物很可能根本没有意识。在大自然的多得难以计数的物种中，只有特别少的一些物种，如脊椎动物和头足纲动物（章鱼和墨鱼名列其中），发展成拥有不同层次的意识的生物。但你一定不可设想，这种发展过程是跳跃式地推进的，而且会一次又一次地将新的功能补充进去。其实那更像是一个艰难的、渐进的过程。所有这一切都证明，意识是由多个层次所构成的，在动物界也有属于各个层次的意识存在——图8-2便清清楚楚地表明了这个意思。知名神经病学家安东尼奥·达马西奥就是这样将意识划分为三个层次：原自我、核心自我以及自述型自我（见图8-2）。

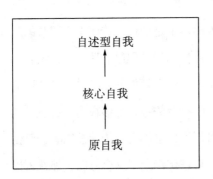

➡ 图8-2　达马西奥多层次意识之示意图

原自我是进化中最早出现的一种自我。其实它还不能被称作意识，但其他所有的意识层次都是以它为基础而发展起来的。根据达马西奥的观点，原自我由脑内的非意识过程构成，而这种非意识过程则持续不断地调节躯体的功能。故这种过程所维护的，是生物的生存所必需的相对稳定。换一种说法，就是动物躯体的状态，通过脑和中枢神经系统持续地加以控制，必要时加以校正。达马西奥认为，所以我们可以说，脑里的控制功能，是躯体的代理人——当然主观上并未意识到这一点。（可比之为汽车仪表盘上的指针，它们分别显示速度、温度或者油位，即代表汽车的状态。）

意识的进化过程中很重要的第二步，是核心自我或曰核心意识之形成。按达马西奥的说法，这种核心意识使生物有了此时此地的自我感觉。此时脑里调节和代表躯体之状态的过程已是有意识的了。不过，这种意识尚属初级：其外延尚未超出直接经历的界线。生物已能意识到不同层次的疼痛和喜悦之类感觉。

进化过程的第三步，是产生出一种具有自述型自我的生物。它们有一个本体，有发达的自我意识，还有记忆。它们能思考，能回忆起自己的生命历程中的重要事件。（达马西奥关于意识的三个层次的描述，有时会使人联想到心理学家皮特·佛隆的书《三种头脑》。此书将爬行动物之脑、哺乳动物之脑以及人脑区分为三种不同的类型。由于人的发展过于迅速，这三个系统经常会发生争执，从而表现出各种低级的感觉和行为方式。）

达马西奥以经验为基础绘制得很好的这幅示意图，既表示意识包含三个层次，又清清楚楚地表现出，意识是一种逐渐形成的特性。但意识并不是一盏可以一下子就打开的电灯，它更像是一点闪动的星光，开始越来越亮，洒下越来越多的光芒。所以，意识的多层次，对于给意识这个概念下一个合适的定义，也能产生影响。在杜登词典里，是这样定义的："回想心理的过程及其从属于我的经验。"也许达马西奥认为，由于意识的这种定义没有把比较初级的形式考虑在内，故其内涵因受限制而范围太小。他不赞成只能以其他认知功能，如语言和记忆的形式理解意识的定义。也就是说，只能将意识理解为自述型自我，即自我意识。人们从神经病学检查获知，比较初级的核心自我，即使没有前述的认知功能，也可继续存在。在自述型自我遇到障碍时，核心自我仍可保持正常功能——如病人的脑部受到损伤或者得了痴呆症时。与此相反，若核心意识层面受到损伤，则会导致整座意识大厦的坍塌。

对于达马西奥的使人着迷的阐释，人们只觉得缺少了一点：他没有探讨脑与意识之间关系的哲学难题。肉体—精神问题，即脑是如何成功地形成精神状态和主观经历的问题，暂时还没有得到解答。也许有朝一日，神经科学会掀开面纱的一角。但很有可能做不到这一点。主观的第一人称意识，看来原则上是不能从物理的层面上给予解释的。

动物意识研究中的陷阱

根据前文所论，意识被划分为几个层次。其各个层次对应于不同的思维功能——从感官刺激的质的利用（在较低层面上的）直至自省和体验的能力（在较高层面上）。很可能不仅是人，而且动物也拥有意识。困难在于，需要证明这种猜测。但这并不表示笛卡儿是正确的，而是表示我们必须避免将我们自己的思想和感觉移植给动物。拟人说的不良倾向，是以人为标准来解释一切事物，这是动物心理学的最大陷阱之一。下面我们就来看看，一个经典案例给我们留下了什么样的教训。

在20世纪初，柏林有一匹马因具有特殊的能力而世界闻名。这匹名叫汉斯的牡马，除了能解答算术题，还有别的本领——它能用自己的蹄子敲击地面报时。如它的主人威廉·冯·奥斯滕问它，12减7等于几时，它会毫不犹豫地用蹄子在地上敲五下。其主人称，汉斯甚至于还有心灵感应的能力，因为它能猜出奥斯滕心里所想的数目。这不可能是骗人的把戏，因为任何一个观众都可以对马提问。没过多久，这匹马就得到了"聪明的汉斯"的外号。其声誉甚至传至遥远的美洲。1906年，以柏林心理学研究所所长施通普夫教授为首的一个委员会，对该马的独特天赋进行了检查。汉斯显然给专家们留下了很深刻的印象，因为这个委员会并没有查出行骗的迹象。众委员一致决定再复查一次，于是一年之后，柏林心理学家奥斯卡·普封斯特又进行了一次检查。他的研究报告堪称动物心理学的一个里程碑，然而也意味着汉斯及其主人的悲剧下场。

普封斯特发现，汉斯确实特别聪明，但其聪明却不是表现在所假定的那个方面。经过一系列的实验之后，普封斯特很快追踪到了这匹马的弱点所在：如果连冯·奥斯滕本人都不知道某一道算术题的答案，这马也不能给出正确的答案。显然是这位先生（也许是下意识的？）给马发了特定的信号。那这信号又是怎样发的呢？普封斯特给马戴上了眼罩，所以它虽然还能听见冯·奥斯滕的声音，却看不见。这样一来，它的算术技能真的就不灵了。普封斯特得出结论，马的反应并不是针对声音的信号，而是针对可视信号，于是他将检查的对象改为威廉·冯·奥斯滕本人。

普封斯特最后查明，奥斯滕是通过身体的姿势和面部表情的极其微小的、几乎察觉不到的变化来下意识地控制马的行为。而汉斯则在长期的训练中学会了密切注意自己的主人。主人的眉毛不由自主地向上提，或者鼻翼下意识地抖一抖，都足以使马停止用蹄子敲击地面的动作。普封斯特在观众面前演示了自己的观察结果。他自己站到马的面前，他只需要轻轻地动动自己的头，就可以使马敲出任何数目来。聪明的汉斯被揭露了。这匹马根本不是算数能手，更别说什么心灵感应的天赋了。"聪明的汉斯"这个案例，证明了一个通过训练而提高素质的简单道理：这匹马是通过奖励（每答对一次就能得到一根胡萝卜）而学会了解读主人的身体语言。顺便说明一下，这位冯·奥斯滕先生，是不同意这个复查结果的，他一如既往地相信自己的马是个天才。两年之后，他失望而苦恼地辞别了人世。

"聪明的汉斯"这一案例的后果是，自此以后，人们都避免过于匆忙地把动物说成具有思维和认知的功能。凡乍一看好像是有智慧的行为，其实可能只是错觉而已。所以优良的行为研究者，总是尽量避免引起所谓"聪明汉斯效应"。他们采取的办法是，给动物戴上太阳镜，或者背对着动物。

在20世纪，一代代动物行为学家成为了行为主义学派的成员。他们的禁忌是，在任何情况下都必须避免将人的特性转嫁给动物，只允许把可以客观地感知的行为当作研究的对象。至于动物的头颅中，究竟会有什么样的精神活动（意识），尚无值得公布的信息。第一位违犯这一禁忌的女科学家是珍·古道尔，她自上世纪60年代起就在非洲研究野生黑猩猩的行为。使她的研究工作的同事大为惊讶的是，这位自学成才的女士，根本不惮说类人猿是有感觉和思想的！自此以后，行为生物学在这方面就显得更为敏感了。

在此期间，已成为世界著名科学家的荷兰灵长目动物学家弗朗斯·德瓦尔对人们的看法的改变也是出了力的。他的动物行为学研究，将动物的意识置于另一种强光下进行审视。按他的说法，黑猩猩和倭黑猩猩是有意识的，而且其意识和我们的意识原则上是没有差别的。类人猿有丰富的感情生活，它们能推论，能预先思考，还有同情心。通过德瓦尔的研究，类人猿离人更近了。在德瓦尔最近所发表的一批论文中，有一篇他编入了一套照片，是他在几十年的田野调查中所积累的。这套照片的标题是：我的家庭相册。

不管是不是家庭，反正从进化的角度来看，事实上最有可能的是，某些种类的动物是有意识的。目前反对这个观点的人，承受着更大的举证压力。同时，有人指责，肯定动物有意识的说法，其实是表达了拟人说的观点。况且这种说法也是无的放矢。因为意识的问题——这里应该强调的是——不仅和动物界有关，而且也和我们自己的同类有关。虽然我们强烈地猜测，其他人大概也是像我们这样思想这样感觉的，可是对此我们永远不可能有把握。我们自己的精神的最深之处，才是我们最可信赖的。说不定诸位尊敬的读者和我一样，都处在行尸走肉的包围之中哩。

第9章

文 化 之 进 化

一种进化的新媒介

我们的脑是信息的载体和中介。语言和意识使思想与主张（不管其是好还是坏）的传播有了可能。通过说出来的和写出来的话语，我们可以影响我们的同代人，也可以把我们的知识传给下一代。某些动物也有这种特殊的能力。它们通过观察并模仿同类的行为，学习特定的技能——而凭它们自己是永无可能掌握这些技能的。这种信息传递方式的特殊之处在于，它是通过非遗传的媒介实现信息的传递的。生物学的进化获得了一个同行者：文化的进化。

有些理论家和科学家的看法是，这种进化的新形态同生物学进化一样，受到相同的原则和规律的制约。按照在这个研究方向上的一位重要代表理查德·道金斯的观点，达尔文主义得到了一个比迄今为止宽广得多的应用范围。文化学者可以从进化生物学和遗传学学到大量的知识。的确，要是我们把这两种学科当作样板，那我们就会用崭新的目光去审视文化现象。依据进化的观点，我们人不外乎是遗传信息和文化信息之生命短暂的载体。在本章，我们将深入地探讨文化是否遵循达尔文的原理向前发展的问题。我们能否说这是一个新的、有希望取得很大成就的研究大纲，或者说进化的范式会不会作为阐释的模式而致过度损耗呢？

"模因学"之诞生

按道金斯的说法，一个想法犹如一个基因，可以作为复制子在一个群体内传播。一个复制子是一个单元，它能自我复制，并且通过这种方式，使其内部所储存的信息继续保存下去。在我们这颗行星上，30多亿年的时间内，基因是唯一的复制子。但是，当掌握语言并且拥有意识的生物出现之后，便形成了第二种进化的媒介。一个适合思想的道理同样适合基因：其成就取决于其自我复制能力的高低。既然一种想法要长期存在下去，那它就得繁殖①。一种想法若不能进入并扎根于新一代人的脑中，那它就会夭折。

一种成功的想法犹如一个成功的基因，具有永远存在的潜质。自幼儿园起，授课的目的就是要使每一代新人都熟悉此类传统观念。然而，成就并不能表示其价值是高还是低。即使是坏的想法，也可以自我复制。譬如你可以想想"阴谋理论"——按丹尼尔·丹尼特的观点，阴谋理论之所以能够传播，是因为它已针对指责它不能得到证明的异议准备好了答辩的说辞："当然不能证明。谁叫阴谋是如此地无所不包呢！"一个相当成功然而却绝无益处的复制子的恰当实例是"连锁信"——信里包含一个对敢于中断书信下传的那种人的警告："要是您不把此消息传给更多的人，您很快就会遭殃。"信末所附的名单——列入名单的，是那些把警告当作耳边风的、随后很快就会与世长辞的人——或许会使某些人出于自保的目的而照办。总之，从进化的角度看，一个想法是"好"是"坏"并不重要，关键要看它复制得好不好。

道金斯为了与"基因"进行类比，创造了一个表示文化进化单位的术

---

① 在德语中，"繁殖"（forpflanzen）这个动词，亦含有"传播"之意。

语"模因（Mem）"。基因是生物学范畴里的复制子，模因则是文化范畴里的复制子。这个术语源自希腊语的"mimesis"一词，意为"模仿"。《牛津英语词典》在不太久之前收录了这个词，其对该词所下的定义，翻译出来就是："一种通过非遗传——主要是模仿——的途径进行传播的文化要素。"其实"主要是模仿"是多余的，而且也并不完全恰当。无论是动物还是人的进化，模仿肯定是在其中起了作用的，但在人，主要还是语言使模因的传播有了可能。

所以，无论如何，一个模因不只是一个想法或一个纲领。一种文化的任意一个要素，都可以是一个模因：一种特定的技术，一句时髦语，一种时装或者一曲流行小调。犹如基因以"从一个个体向另一个个体移动的"方式在基因库里繁殖一样，模因亦以"从一个头脑向另一头脑跳跃的"方式在模因库里扩散。至于模因究竟是通过模仿或者是通过语言进行繁殖的，其实并不重要。反正其传递是通过非遗传的方式进行的，并不借助十分麻烦的生物繁殖的中介作用。道金斯又称，模因的扩散与生物学进化也并无直接的联系。我们可别期待，成功的模因始终有延长生命的价值，或者会实现另一种生物学功能。大多数模因都生机勃勃地扩散着，因为如上文所言，它们就是在那里自顾自地自我复制着。

在道金斯于1976年提出其模因与文化进化的命题之后，科学界沉寂了一段时间。尽管由于"模因大师"的主张而发展起一种亚文化，但在科学界，除了几个例外，人们对该主张是不予理睬的——如在美国生物学家兼哲学家大卫·赫尔的论著里，就没有提到该主张。按丹尼尔·丹尼特的解释，文化学者起初闭口不谈模因理论，是由于他们对道金斯的社会生物学观点是采取批判对立的态度的。（在第5章中我们已经看见了，上世纪70年代，社会与人类学学者对任何将他们的专业领域"生物学化"的倾向是予以抵制的。）

直到上世纪90年代，丹尼尔·丹尼特、苏珊·布莱克莫尔以及理查德·布罗迪等人发表了详细讨论"模因学"的论文，这方面的情况才发生了变化。从1997年起，互联网上出现了网络杂志《模因学杂志：信息传递的进化模式》①。最近几年，该网络杂志上所发表的讨论这个题目的文章，数量与日俱增。目前，关于这门学科的科学地位，尚有意见分歧。有的批评者认为，模因理论是不会有什么结果的，它以很烦琐的方式所阐释的，其实都是我们早已知道的道理。而且，拿基因与模因进行类比，从多个角度来看，都可称之为误导，故而可以预见，其成就将会是很小的。但另一些人却持不同的看法，他们声称，目前要作出结论性的判断，为时尚早，还应该给模因学证明自己的机会。

普遍适用的达尔文主义

论说文化之进化，当然是老生常谈。"进化"意为发展或变化，这并没有多少论说的必要性。若众人都像模因学学者那样认为，文化是遵循达尔文的进化论原理的，那才是更有意思的。模因（文化复制子）传播的方式方法，不仅仅是一个可以用进化论的术语抽象地描述的过程，而且这个过程，正是一种达尔文式的进化。构成达尔文学说的基础的，是三条基本原理：

变异（众多的不同要素之积聚）

选择（几个要素比其他要素更经久不衰）

复制（要素能自我复制）

这三条原理组合起来，就构成进化之逐步过程，即是一种积累性选择的机制，这种机制能产生出复杂的特性来。选择过程是积累性的，因为每一轮选择的产出，会作为下一轮的投入。在这样一个又一个轮回的过程中，"要素"持续不断地经历了微小的变化，这样一来，特定的特性就根

---

① 其英语原文为：*Journal of Memetics: Evolutionary Models of Information Transmission*。

据各自所遭遇的选择压力而强化或者弱化了。

这样一种达尔文式的进化，其最初的形式，我们当然是在生物学的范围内发现的。一个种群的成员，以自己的基因对种群的基因库做出贡献。在其基因库里的，是遗传变异的总体。而种群里的个体相互区别的基础，则是遗传变异。例如，有的基因是编成厚实的毛皮以及大体型的密码，另一些则编成薄皮和小体型的密码。联系到环境的状况，有些特性优于其他特性。所以，遗传的变异会导致不同的素质，引向不同的繁殖成果。自然选择会"奖赏"特定的特性，会"惩罚"另一些特性。能最好地适应其环境的生物，其产生后代的平均数量最多。最后，身体素质也是可以遗传的：后代也具有其父母的特性。所以有的复制子比其他同类更有成就。编成有利特性密码的基因，将会在基因库里占据主导地位，而其他基因则渐渐地被剔除。

然而，没有必要说上述公式只能应用于生物学领域。原则上，任何动态系统都能在达尔文理论的意义上发展，只不过需要满足变异、选择以及复制这三个前提条件。在这个语境里，人们说到一个"普遍适用的达尔文主义"的概念：从媒介以及媒介里始终发展着的要素的角度来说，进化的渐进过程是中性的。所以连文化也可以用进化论的观点来加以审视。在既有意识又有语言的生物登台亮相的那一刻，一种新的、独特的进化方式便启动了。从此，新的复制子模因便不停地相互竞争，同时在尽可能多的人脑里扎下根来。只有生存能力最强者，才能在模因库里占据优势地位。一个模因和一个基因完全一样，力图造出自己的复制品，否则它就不能继续生存下去。

新的模因同样会持续不断地进入模因库，而已经存在的复制子则会逐渐地发生变化，这样，就能满足变异的条件。当然，大多数模因的生存时限不会很长，它们仅仅流行一段时间，随后又消失了。文化环境决定其成败。与生物学领域的自然选择相类似，在这个领域里，也会发生一个选择的过程。

最能适应所处文化环境的模因，其自我复制所得复制品之平均数量最多。平坦大地①的模因或者巫术的模因一度是最成功的复制子。直到它们被更成功的复制子排挤出局为止。能抗拒时间之齿咬磨的复制子，如轮回观念、书籍印制艺术或者荷马的《伊利亚特》，相对而言都是稀少的。与此类模因的每一个相对应，都有成千上万的模因悄然毁灭。

作为基因效果的文化

在我们更深入地探讨模因是如何传播的之前，我们得先问一问，生物学进化与文化的进化是怎样相互影响的。基因与模因之间，是否存在某种关系呢？流行的社会生物学观点，是以生物学进化之优先地位为出发点：归根结底，一切都是以基因的传播为中心；语言和文化提升了我们的遗传素质即繁殖的能力——语言和文化正是为此而形成的。与此相反，模因学者的观点却是，文化的发展表明，有一种完全独特的、不依赖生物学进化的动力。文化的进化自有其独特的渐进过程，有其独特的复制子，从而形成一种独立的进化过程。这两种过程都可以极端地简化：社会生物学之论，是因为它将文化追溯到生物学进化的源头，而模因学之论，则是因为它将文化追溯到模因的传播。然而其区别却在于，模因学者在很大的程度上，是将两种进化形式的相互关系割断来进行研究。倘若这种假设一语破的，那必定有并不重视生物学进化之专制地位的模因存在。

此外，这两种看法的根源，我们都可以在道金斯的论著里部分地找到，因为上述有关文化之社会生物学适应的言论，都能在他的著作里看见。如他在上世纪80年代，曾提出扩大的表现型概念。所谓表现型，可理解为生物个体的通过遗传气质和环境影响的共同作用而形成的表型。其次，生物学家还言及属模标本：即作为表现型之基础的遗传图谱。按道金

---

① 平坦大地：古代人们认为自己脚下的大地是平坦的而不知道它只是一个球体的一小部分表面。

斯的说法，所谓表现型，并不仅仅表示一个生物的肉体。基因也可以在肉体之外表现自己。我们只需要想想海狸堤、鸟巢以及蜘蛛网。这些"人工制品"都是海狸的基因、鸟类的基因以及蜘蛛的基因对世界的扩展表现型影响。这些"人工制品"都对生物的遗传素质有很大的贡献。故而生物的行为及其表现也应当包括在表现型之内。

从这个角度来看，文化不外乎是人类基因的一种扩展的表现型效应。它必然会以某种方式提高遗传素质，否则它就不可能取得成功。据此，人的精神、人的行为、我们的艺术和文化，归根结底都应该属于生物学现象。这并不意味着文化的特点，如穿木鞋行走或者修建磨坊，是遗传所决定的。其所表明的是，发展文化的能力植根于我们的基因之中。它会增加我们的繁殖机会。所以，文化有某种活动余地，它可以朝各个方向发展，但其活动余地并不是无限大，因为文化之进化，始终都是生物学进化的一种扩展。

威尔逊曾说过，文化是受基因牵制的。所以，一种文化绝不可能脱离其生物学的根。若文化背离人的天性，牵制之力会使其重新回到正轨，或者使其毁灭。

关于文化是生物学进化之扩展的想法，是通过行为学研究得到论证的。在某些动物种群里，也发现了文化的征兆，因为它们并不是通过遗传的途径传递信息。灵长目动物学家弗朗斯·德瓦尔在其著作《类人猿和寿司大师》中表示，他不认为人的文化与动物的文化之间有根本性的区别。野生黑猩猩会把干果的硬壳敲破吃果仁，还会掏白蚁吃。为此它们会使用工具，这本身就是一种文化的成就。况且这需要以学习的能力为前提。小黑猩猩必须看会并模仿其年长同类的这种技术（见图9—1）。学会某种特殊的技能，往往需要耗费几年的时间，有的则永远学不会。

类人猿的文化有助于增强其生物学体质：技术使它们得到重要的脂肪和蛋白质——否则它们就可能会缺少此类营养。

动物之（原生态）文化的另一个实例是鸟类的鸣唱。鸣禽有与生俱来

▶ 图9-1　类人猿的文化。一只成年黑猩猩正在用一块石头敲油棕树的硬果，另一只在一旁观看

的发声结构，但它们必须经过学习之后才能鸣唱。在这里，信息的传递也是通过非遗传的途径。相互隔离的种群会发展出不同的方言。不过，尽管鸟类的鸣唱包含着一种明确的文化成分，其鸣唱却完全是服务于生物进化的，如鸟类以自己的鸣唱保卫自己的领地，引诱雌鸟。如果有的动物也有模因，那这模因也仍然是基因的表现型效应。

　　这一切都证明，我们的文化也是通过这种方式形成的。通过使用工具并发展起狩猎技术，第一代人科动物提高了自身的遗传素质。集体狩猎和使用初级的武器，开辟了新的丰富的食物来源。最早的艺术证物可能也得与此联系起来进行审视。洞穴里的壁画，几乎都是表现动物形象的，小型的妇女形象则很可能是巫术礼俗中的角色，她们应是祈愿狩猎成功、收获丰富的女巫师。

　　性交和寻找食物是生物的列在最前面的两种生物学活动。然而在人的进化过程中，不知何时发生了转折，人脱离了自己的生物学之根。文化的进化摆脱了羁绊，开始了自己的生命。

模因起义

文化能够抵制生物学进化的绝对命令①吗？对这个问题，道金斯的回答是肯定的。他称，人是地球上唯一能够抵抗自身基因的专制统治的生物。如果我们采取了避孕措施，我们就能做到这一点。我们可以自觉地决定不要孩子，或者决定领养孩子而自己不生。文化、科学和技术如此飞速地发展，以致它们同自己的生物学之根几乎已经不是紧密地联结在一起了。模因进行了所谓的抵抗，剥夺了基因的影响力。

故我们所拥有的一些特性，仅从生物学优点的角度是无法解释的。例如我们超尺寸的大脑，从生理学的角度看是极端不利的一个特点。要供给如此硕大的一个大脑，需要耗费很多的能量，而且在出生之时，它还可能引起各种很难对付的并发症——因为我们的头几乎不能通过阴道口。既然如此，为什么还要发展成这样的大脑呢？承担回答这个问题之责任的，并不是进化生物学，而是模因学：我们的大脑最初是服务于生物学进化即基因之扩散的，可是渐渐地却由模因接管了控制权。模因为了自身的扩散，力图发展出越来越优良的器官，因而它就要施加选择压力。它这样做，并非为基因着想，而是为了有利于它们自身。于是角色更换了：现在是模因牵制基因了。

模因不仅仅影响了我们的生理学，而且还影响了我们的行为。尽管基因和模因经常是互相补充或曰彼此强化的，但有时它们也会进入矛盾对立的态势。有的模因与遗传素质简直就是背道而驰。道金斯提出所谓"独身模因"的例子。在天主教神父和修女的脑子里，独身模因已然生根，这些人的遗传素质②下降为零——至少在他们履行自己的信仰义务的时期是这样的。一种（假设的）独身模因注定会灭绝——除非在极其罕见的情况下，

---

① 绝对命令：这是康德哲学里的一个术语。

② 即繁殖能力。

犹如组成国家形态的昆虫种群，一个亲戚的遗传素质会获得提高，从而间接地得以散布。不过，独身模因也可能会硕果累累，只要它有足够多的代表就行。它得释放出某种吸引力，并且要使模因以不变的形态传给新的载体。在复制的过程中，模因结构必须保持正常功能，否则就不能称之为具有持久性并可识别的复制子了。

另一个实例是自杀现象。自杀行为会对生物学素质产生影响。自杀基因原则上是有生存能力的。试想那为了保卫自己的巢而与进攻者战斗的蜜蜂。这些蜜蜂献出自身性命就是为了拯救其近亲的性命，这样也就拯救了它们自己的基因的复制品。自杀模因可以跳过这段复杂的遗传道路，通过语言或者通过模仿进行繁殖。自杀模因能在身体健康的年轻人中间传播，因为其载体认为，自己是受了更高级的权力的委托而舍身殉道的。另一种自杀模因则指示其载体，组织一个秘密教派，为了获得心灵的解脱而集体自杀。媒体一次又一次报道，在日本，年轻人在互联网上寻找志同道合的网友，准备集体自杀。

在所有这些事例中，重要的是，模因的载体都留下了信息，或者关于该事件的公开报道有助于模因的传播。与此相关的，我们可以回顾一下那两个杀害老师及同学的青年。此血案发生在科罗拉多的科伦拜恩中学。这两个青年在自杀之前，先屠杀了一批人。据报道，他们两人被邪恶的摇滚乐队（"Shock-Rock"）迷住了——是该摇滚乐队诱骗其追随者制造此类暴力事件。不管怎样，反正在美国，人们害怕盲目模仿者并不是没有道理的。

这几个实例给我们留下的印象表明，模因是一种病原体，是与模因学者如道金斯、丹尼特以及布莱克莫尔的看法相符合的。模因不仅仅操纵其载体的行为，它们也会传染新的载体。显然，我们自己不能决定，让哪些模因在我们的脑子里定居，虽然人摆脱了生物学进化的桎梏，却又换回来另一种枷锁。这就是说，我们变成了我们的模因的奴仆。

模因复合体的魔力

有一种现象无人不知：你在某个地方听见音乐之声，而后那旋律就在你的脑子里面回响，很多天都不消逝。如果那是舒伯特的一首歌曲，或者巴赫的一首康塔塔①，倒没有什么害处，但假如是《鸽子》或《小汉斯》之类的流行歌曲②，可能就会震断你的最后一根神经啦。看样子，我们并不是总能影响我们自己的头脑里所发生的事情。故丹尼尔·丹尼特把模因比作"肉体吞噬者"：它们侵入我们的脑子，就像寄生虫操纵其寄主一般地操纵我们。日复一日，它们成百上千地包围着我们，简直就是等不及要抢夺我们的没有什么抵抗力的情感与情绪。然而，人的头脑容量是有限的，加之有更多的模因充当"寄主"，因而在模因之间就会发生残酷的竞争。

起初我们乐于相信，是我们自己在作出决定，什么样的模因可以进入我们的头脑。虽然有一系列的模因企图挤进我们的脑子，譬如连锁信、广告、时装、史邦牌肉罐头、没完没了的广告音乐等，当然，也有与之对立的无数有益的模因——它们能使我们的生活变得更舒适，或者能够改变社会，譬如日历书、字母表或者毕达哥拉斯的语录，等等。看来，后一类模因就是为了使我们在世上过得舒服。我们检验它们的实用性，并将它们传给下一代。从图书馆和网上收集到的知识便是这种选择过程的结果。若无这种有针对性的筛选所获得的结果，那将既不会有文化，也不会有技术与科学。

模因学者认为，这个观点还需要加以修正。我们得从模因的视角来考察文化的进化问题。从某种意义上来说，需要形态的演变，意识的转变，以探明此种视角的价值。我们必须学会换一个角度观察世界。关于可以对

---

① 康塔塔：原指天主教复活节后第四个星期日，后成为一种教堂歌曲的名称。德国著名作曲家巴赫一生创作了200余首康塔塔等教堂歌曲。

② 流行歌曲，此处德语原文为ohrwuermer，指革翅目昆虫——这种昆虫对人无害，但能使狗、猫、兔等动物耳朵发炎。在口语里代称"流行歌曲"。

比的思维之转换，在前面第5章言及基因选择理论时，我们已经提到了——据其论述，所谓进化，归根结底还是一个基因散播的问题。在进化的进程中，基因是隐身在它可以操纵的载体，即我们所说的生物之中。按照这种看法，生物不外乎是基因的临时躯壳。基因把我们用作运输工具。它们向生物发出指令，要生物不断地造出它们自己的新复制品。在这种意义上，生物只是基因的一种繁殖工具。

文化进化中的模因亦然。犹如我们从基因的视角审视生物学进化一样，我们也能从模因的视角审视文化的进化。模因学者认为，谁要是说模因之出现，是由于世上有我们，那就是一种误解。其实关系正好应该颠倒过来：我们的存在是为了它们。是它们把我们用作运输工具，以便把它们自己运送到各处去。模因并不是人的精神创造物，而人的精神才是模因的创造物。是模因组建起我们的精神，以便将越来越多的模因传送出去．它们繁殖，因为这对于它们自身是有利的，与此同时，它们要利用我们的精神。对此，我们自己却几乎无法控制，因为并无此类独立自主的主体似的东西。所以说，我们的"我"，我们的意识，都是模因的创造物。我们成了它们的——可以任由它们在其体内逗留、运动以及散播的——奴隶和寄主。模因犹如基因，是"自私的"：它们只"愿意"做一件事，那就是制造它们自己的复制品，而完全不考虑它们的这些复制品对其载体是有利的、中性的还是不利的。

按照道金斯的观点，这些主要是由"控制"我们的模因所组成的大型集群。此类模因复合体（在模因学里也简称为"模合体"）是很奇特的，它们比组成它们整体的零散成分更容易自我复制。有的模因犹如某些基因似的，组成一个群体并且彼此般配，这样就可以大幅提高它们自己的模因学素质，大幅增加自己的持续存在时间以及繁殖的机会。此外，它们还在自己的进化过程中，改变自己不得不在其中长期生存的环境，以期有利于自身。它们就是这样为自己创造出自己滋生繁荣的沃土的。

道金斯又以宗教为例，说明此类模因复合体是如何一次又一次成功地争取到代代新人拥护自己，并以这种方式立住了脚的。按道金斯之言，宗教是一种精神病毒，它能击垮寄主而使其丧失理智的反击力量。"上帝"和"来世"之类，便是属于宗教的模因复合体的四肢。此类复制子之所以能够取得如此巨大的成就，是因为它们用一种能使人们的生命具有意义的目标来迷惑人们。如果再给这个模因复合体附加一个模因——即在不忠于教会或者批判教会的情况下，将会受到惩罚的模因，也就是"地狱"模因——那这模合体将会得到更好的繁殖机会。负责最高奖赏（升天）和永不消解的诅咒（下地狱）的模因，便通过——施加给人们的——强有力的心理作用，保证其持续生存下去。如果再增添"启示"、"盲目信从"和"传教热情"之类的模因，那就能取得更大的复制成就。这些模因会削弱批判者的思考能力，激励人们赢得新的门徒。有些模因复合体含有"异己思想者是无知的，他们尚未发现'真理'"之类的信息。

总之，宗教模因的复合体具有表现形式最纯正的自行传播结构：具体的要素会相互强化，从而有助于其他要素延长寿命。宗教模因能为自己创造一块有利于继续复制的沃土。假如我们将所有的可以采取的"技巧"——模因复合体可以利用于使自己的繁殖机会增多的"技巧"——汇集在一张表里，我们就很可能会看见，在不同的世界宗教里，我们也能发现这类"技巧"。据布莱克莫尔的说法，这就解释了"为什么某些小型宗教会传播到世界各地，而大多数其他宗教却灭绝了"的问题。只有最优良的复制子才能在激烈的竞争中获胜而得以继续存在下去。凡对宗教有效的，当然对其他思想和世界观也是有效的。我们不是自己选择世界观，我们是被世界观感染了。

我的模因错了！

前面已经提到，模因学并没有能够博得一致赞同的掌声。虽然可以说该理论将会在一定程度上获得复兴，但我们还得拭目以待，它究竟何时才会复兴。有的批评者认为，模因理论的许多矛盾之处，使其一开始就被视为一种不合格的理论。也根本没有必要去等待其可能会取得的成就，因为它根本不会有成就、该理论的忠实的拥护者所组成的俱乐部迟早会自行解散。另一些人却觉得，现在做出这样的负面判断为时尚早，人们得让该理论有机会证明自己。下面我们将对模因理论中的几个问题做进一步的探讨。

针对模因理论提得最多的异议，是说该理论夺走了我们的理性和我们的自由意志。假如我们丧失了自主决定思想、信念与价值的能力，我们就是在一定程度上任由精神病毒摆布。这个批评是有道理的：因为人不仅仅是模因的被动的载体与中转站。而某些信念以非理性的方式得以实现的事实，却掩盖了理性丧失的负面情况。文化并非仅仅是由时髦的念头所组成。我们现在就挑选模因学的模因本身来说一说吧。模因学的拥护者提出了他们的观点的理性论证，这表明，他们是在呼吁我们理解他们，而且他们所提出的，并不是一种假说。在科学领域，理论受到赞同，毕竟（起码在理想的情况下）不是因为时代精神有规定，而是因为一个理论坚守住了预先给科学规定的特殊要求，如对现象作出解释并预言将会出现的现象。在此类情况下，是我们挑选的模因，而不是相反。显而易见，我们是能够自由选择的，我们可以在经过理性思考之后作决定。于是，尽管我们是在思想上受到了模因的感染和影响，但我们还是在深思熟虑的基础之上，才对其深信不疑的。我们很不像是心甘情愿地当我们的基因的奴隶，与此完全一样，我们也不像是我们的模因的奴隶。模因被分配给我们，它们为了能够生存下去，需要我们的理解。所以，模因决定论犹如基因决定论一样，是不可信的。进化让我们获得了自由，我们得经常作决定并为我们的行为辩解。有的人声称自己的行为该由自己的模因负责，有的人却把责任转嫁给自己的基因，而人们对这两种人的态度完全一样，都是不怎么看得起的。

我们仅仅是模因的被动的载体的想法，部分地要追溯到道金斯对"复制子"和"运输工具"之类概念的那种能使人的心灵受到强烈影响的用法。运输工具不是自己驾驶的，而是由别人——在这个事例中，是由复制子控制的。大卫·赫尔指出，运送基因和模因的运输工具，并非只是担当被动的角色，它们更应该是具有决定性意义的主角——此话言之有理。生物和大脑不只是运输工具，而是互动的主体。决定复制子成就大还是没有成就的，是生物（连同其大脑）与其环境之间的相互关系。复制子并不是直接地暴露在周围的环境面前，它们需要一个中转机构，即一个中介物，以便能进行自我监测。在生物学领域，生物就是这样一种互动主体的原型。生物的成就决定其基因（即生物学的复制子）是传递下去还是不传递。而在文化领域，则是由脑担任中介角色。没有这脑及其所属的这个人，模因（即文化复制子）是无能为力的。虽然一个具有永存潜力的模因有可能在脑内扎根，但若是相关的这个人不能在其所处的社会环境里成功地立住脚，那模因也是不能传递下去的。

模因并不是简简单单地飞进我们头脑里的。例如科学与技术的模因就是多年研究发展的结果。是我们自己通过辛勤的工作把这些模因收集起来，并将其拼凑成一个整体，以便解决特定的问题或者扩大我们的知识面，等等。这就是说，与生物学的进化相反，文化的进化并不只是一个盲目的、没有目标的过程之结果：文化的发展，往往是以意图明确而又合乎理性的要素为基础。另一方面，人们也并不总是任由理性牵着我们的鼻子走。模因学的批评者几乎不能否认，在我们的文化的某些方面，如致病菌似的四处传播的模因，确实是在越来越大的程度上占据了主导地位。这种例证很多：媒体上大吹大播地推销商品的广告，因特网上的流言蜚语，经济界、政治界以及艺术界的导师型头面人物。或者每天如潮水般涌来的广告，成心要把我们变成顺从的消费者。模因经常要创造出自己的代言人。我们人则是具有社会性的易于受影响的创造物，特别倾向于随波逐流和接受集体约束。这使我们——很可惜——经常会受到"无理性"模因的影响。

此外，丹尼特也承认，有的模因学者——包括他本人在内——一开始也许还是很有吸引力的。然而正因为如此，模因理论并未受到批驳，并且恰恰相反，它始终还是在给我们提供一个更好地理解我们自己和我们的文化的很不错的模式。模因学对人的理性当然是没有怀疑的，它只是声称，理性并不是从天上掉下来的某种神秘的、非物质性的东西。我们的自由意志和我们的理性，都是生物进化和文化进化的结果，是基因与模因的一种复杂的互动。我们必须学会把我们自己看成是达尔文的渐进过程的结果，看成是进化机制变异、选择及复制的累积结果。

文化的进化是拉马克主义的吗？

经常听见的对模因学的第二个批评意见是，把生物的进化和文化的进化放在一起进行比较之所以是有问题的，是因为后者所服从的不是达尔文的原理，而是拉马克的原理。不错，论其本质，文化是由我们所学到的可以流传下去的思想内涵所构成的。文化的成就与传统会长期存在，因为我们能把在生命的历程中学到的传给我们的子女。

如我们在第1章中所获悉的，拉马克所主张的是，通过学习而获得的特征与特性是可以遗传的。拉马克的进化，其进程是迅速的，是直达目标的，而并不迫切需要一个麻烦的选择过程，在其进化过程中，通过学习而获得的特征与特性，会直接进入遗传特征，这样也能供下一代使用——每一代都是以前一代的成就作为立足的基础。长颈鹿一生都是伸长自己的颈项去吃金合欢的多汁的树叶，故它们能够给自己的下一代遗传更长一点的颈项，以便后代一出生就有优势。全靠父母的努力，后代才总能完美地适应其环境条件。

拉马克的看法在19世纪快要结束的时候，被孟德尔和魏斯曼的观察结果批倒了。通过学习而获得的特征与特性，并不能进入遗传特征，性细胞将不会通过生物生存期间所发生的变化而受到影响：因果关系的脉络的走向，是从属模标本到表型而不是相反。生物进化并不遵循拉马克的，而是遵循达尔文的和孟德尔的规则：偶然性的（无明确目标的）遗传变异，在其适应某个选择过程后，会被筛选出来在一个种群之内传播。

　　但是，拉马克主义的阐释模式，倒显得特别适合文化的进化。因为在生存期间所获得的成就，确实可以传给下一代。不过，连模因学的批评者也不得不承认，这一点不能从拉马克主义词语的字面意义上去理解，否则就需要把此类成就编成密码植入遗传特征，通过有性繁殖的途径而传给下一代。在文化的进化中，传递不是经由遗传学的，而是经由模因学的途径，即不是通过DNA，而是借助书写的和说出的话语。所以，顶多只能在借用的意义上谈论拉马克主义的进化。不过，这种转义的解释模式也并不是没有问题的。因为模因并不是后天所获得的表型特征的，而是基因的（转义的）相似物。因为无论是在生物的进化中还是在文化的进化中，都不是复制产品本身，而是复制产品的设计图。所以，按模因学者的观点，照这样推论下去，也不可能达到将文化的进化称作是"拉马克主义的"地步。这只会造成观念上的紊乱。按赫尔和布莱克莫尔的看法，倘若不断地在字面的解释与转义的说明模式之间来回地摆动，那就只能给文化的进化披上一件拉马克主义的外衣。可是其结果就只能是一幅讽刺漫画。在生物学进化与文化的进化之间，存在着明确的区别，但是，若把后者称作"拉马克主义的"，那无异于是一种误导。

　　当模因学的批评者谈论文化进化的拉马克主义特征时，他们认为，文化的变化是目标明确的，是以计划为基础的。我们在思考问题时就是这样，会反复掂量各种可以采用的解决方案。说到这个文化的变异，与遗传变异相反，它似乎并不遵循偶然性准则。生物的物质性进化是盲目的，而其文化的进化却似乎是以未来为指向的。这种异议较难反驳。文化的进化究竟是类似于达尔文的进化论，是一种累积性的自然选择过程的结果呢，还是以拉马克主义的方式，无须进行实验，也不会失误就能完成的呢？在下一章，我们将联系认识论，对这个问题做进一步的探讨。

一种模因谱系学

　　与前一个批评意见紧密相关的还有另一个意见，即认为模因不仅可以流传给自己的后代，而且还能流传给没有亲戚关系的后代。可以把自己的思想传给自己的孩子，但也同样可以传给一个南非人或者一个日本人。与生物学领域不同，文化信息的传递显然不仅是"垂直方向的"，而且也可以是"水平方向的"。没有一条明显的进化路线，文化信息是交叉散播的，以致复制路线也是交叉的，而生物学进化则是一个不停分支的过程。分支一旦形成，就再也不会重新会合了。

至于有一种不同的意见所认为的，在这方面，两种进化形式之间存在着巨大的差别——这种说法，因为它对生物的物质性进化的描述过于简略，所以并不是完全令人信服的。即使是在生物的物质性进化中，也有一种"水平方向的"信息传递——只要想想杂交现象就清楚了。在杂交时，两条分离的路线再度相交而重新会合，产出杂种。我们也知道，病毒能将一个物种的遗传特征之小碎片转运给另一个物种。这就是说，犹如批评者所言，生物的物质性进化远不是那么层次分明的，而文化的进化也远不是那么结构不明的。这是因为，尽管信息可以沿水平方向传递，但是在文化领域中，也能十分清楚地发现文化传统、宗教、科学学科等形式的复制路线。

然而，有的人可能会有不同的看法，即认为在文化领域中不可能有真正意义上的遗传性。虽然模因会传递给下一代，但这是通过模仿或者通过说出来或写下来的词语而实现的，不像在生物学领域那样，是通过有性繁殖。这种区别是显而易见的，但也有值得注意的一致性，即在这两种情况下，我们都得与复制子打交道，只是复制子的繁殖成果不一样罢了。只有一个前提，就是要尽可能造出准确的复制品，以便使复制子中所储存的信息能够历经很多代而保持不变。犹如我们在本章中已经探讨过的，无论是复制子的形式还是媒介，都没有什么作用。就其作为基础的基质而言，达尔文之逐步推进的理论，对两类进化都是适用的。

在文化领域，要满足复制的前提条件是毫不困难的。举例而言，在任何一个大学的图书馆里，都能找到欧几里得的《几何原本》或者柏拉图的

《理想国》。古希腊时期的这两部和其他著作，历经各种西方的和阿拉伯的复制路线，几乎是毫无改变地流传到我们今天。于是，犹如基因似的，绝大部分模因往往是完好无损地走过一代传一代的旅途。然而，模因的结构当然有可能在传递过程中发生改变，某些方面被扬弃，另一些补充进来。从这个角度看，模因与基因是没有区别的。基因也是这样，有的特性历经百万年而保持不变，另一些则通过不显眼的突变而渐渐发生改变。

按照大卫·赫尔的看法，生物学进化和文化的进化都适用同样的谱系学原理。生物物种和文化传统，都可能在时间的长河中发生变化。然而物种和传统却会保持其可识别的状态不变，因为是它们构成了进化的路线（世系）。一种生物属于一个物种，并非因为它具有某些外在的特征，而是由于它是一个繁殖系列的一环。所以，即使两种生物彼此很像，若它们并不属于一个共同的世系，那它们就不属于同一个物种。文化传统也是这样的。某些思想或者礼俗，就其内涵或者结构来说，几乎是相同的，但是，假如它们源自不同的进化路线，那它们也不属于同一个传统。据赫尔所言，生物物种和文化传统都是历史性的存在，即使它们持续不停地朝着新的目标发展，它们也仍然保持着自己的本体。

模因是什么？

还有一个批评模因学的说法是，模因这个概念的定义不明确。流行的改写法（"一种文化的要素"或者"文化的基本单位"）太不确切了，没有什么科学价值。连我们把模因称作"文化复制子"，也会引出一个问题：究竟是要复制什么？让我们举个例子来看看。我们可以将贝多芬的全部作品，或者只把他的第五交响曲，或者只是其中的第一段即最有名的那一段［即Allegro con brio（快板，有力地）］视为唯一一个模因。的确，我们甚至可以只挑选开头几小节，因为著名的c小调"命运主题""G—G—G—Es"已发展出了某种程度的自己的生命；早在第二次世界大战期间，BBC就曾采用这段乐曲作为德语广播频率的标志性旋律，今天它又被用作插播广告的背景音乐和手机的铃声。

所以，模因学——如其批评者所声称的——与遗传学之间存在着引人注目的明显差别。后者的定义是明确的，其所研究的，是可以识别的单位。和模因相反，基因有一种固定结构。基因是一个染色体的特殊的一段，它的物质性的基质的轮廓是清晰的，它是可以直接控制的。而模因却似乎没有这些特性。所以有的学者提出，将它们称作容易记牢的人工制品，另一些人觉得，应该称之为神经元结构，或者称之为行为指令。或许这种改写法更容易理解：最小的、能可靠地自我复制的文化单位。即使这种定义被公认为仍旧相当含糊不清，那这也并不意味着它是和模因学根本对立的。因为对"这种定义基本上不比遗传学好多少"的看法，我们是可以不予考虑的。如现代分子生物学所揭示的，基因其实比最初所假设的要复杂得多。它们并不是各有其独特功能的、彼此的界线划分得十分清晰的染色体碎片，而是处于特别复杂的等级制的相互关系之中的可以复制的DNA分子团。故而生物学家并不能明确地道出，一个基因或一个染色体起于何处，止于何处，其间又有什么。此外，许多基因似乎并无任何功能，譬如所谓的"Junk-DNA"。基因之所以要复制，往往是因为它们是优良的复制子。

模因学是科学吗？

对几个重要问题，模因学尚不能作出令人满意的回答。我们还不是很清楚，这模因是什么，它们有什么样的物质性表现。当然，对这门学科.我们得体谅其尚未成熟。任何学科在开创期都是猜想。研究科学学的学者伊姆雷·拉卡托斯认为，一门学科的价值，要在其经历较长时期的发展之后，才能作出判断，人们必须让它有成长的时间。只有在一个研究项目经过长期的努力也未能取得理论与实践的进步之后，才有充分的理由将其束之高阁。在今后几年，模因学得证明自己。无论如何，模因理论总算是给文化现象打开了一扇新的、有时也会令人不安的窗口。例如这理论使我们注意到，有的文化传统并不是人使它维持生存的，而是它们自己使自己生存下去的。据丹尼特的说法，这问题也并不是探究，是否会形成一个文化进化的理论，而是探究这个理论该有什么样的形式。

其间也依据经验取得了一些进步。例如，有研究者借助模因学的认识，对燕雀种群中的鸣叫声的发展进行了研究。通过复制的小错误的积累，通过种群的地理隔离，通过也作为新的生物物种之进化基础的相同的机制，便产生了不同的方言。这样的研究结果，也许可以用来更好地理解我们自己的文化的模式。大卫·赫尔便是这样，将模因理论应用于研究科学思想的传播与接受的问题。科学的学科可以再细分为次级学科，这类次级学科都致力于提高自己的模因学素质，这和生物学种群分化为不同的亚种群完全是一样的。种群之模因学是可能有将来的。模因学者或许可以构思出能够预测一个模因如何在种群内传播的模式来。将来这门学科分支的研究者，肯定能从聪明的广告和推销商那里学到一些东西。此类商人精于兜售某种消费品的大吹大擂的推销术。

另一个大有希望的研究对象是互联网。这互联网眼下已成为一个独立的组织机构①。五花八门极其繁多的模因变体，在网上自由自在地疯狂游戏。布莱克莫尔认为，在遍布世界的网络上，有一种自私自利的模因创造物，其目的就在于繁殖。犹如基因产生出植物、动物和人，模因会产生出书籍、电话及iPods，以确保它自己能继续生存下去。互联网暂时还是其成就最大的作品，是地地道道的模因传播者。故可预见，在互联网上会不断地涌现复制子——这些复制子懂得用"超自然的"信息，用末日即将到来或救世主将会光临人间的预告来诱导成千上万的人。

现代遗传学与分子生物学揭示，科学有能力实现无比神速的进步。在

---

① 此词德语原文为"Organismus"；在德语中，该词也含有"生物"之义。

半个世纪之前，谁能梦想到，有朝一日人类的基因图谱会被揭秘，人们会说起基因疗法和基因控制技术之类？在为苏珊·布莱克莫尔的书《模因之力》所写的前言中，道金斯断言，这个新理论的沃森和克里克尚未出场，更别说它的孟德尔了。但这也不是同这个研究项目说再见的理由。模因学的模因是否会四方传播并继续发展，仍旧没有答案。

第10章

进化认识论

新视角

在前一章，我们用进化的观点对文化现象进行了考察。文化作为进化的媒介，很可能是遵循我们在生物圈所见识的那些相同的规律。在本章中我们将对文化的一个特定的方面，即科学的形成与发展，做进一步的探讨。知识和科学也可从进化的视角加以考察。知识是什么，知识是如何产生的？可以采取进化论的方法对科学的发展进行更好的分类整理吗？有的人甚至认为，进化生物学的思路，逼迫我们对知识现象思考一个全新的定义。因为按照这个观点，人的知识和科学只是范围宽广得多的种种获取知识活动的一个小小的部分。

寻求可靠性

为了能够评价达尔文主义的认识论含义，有必要给哲学史添加一个小补遗。人类历来都在思考什么是认识，我们如何能够得到可靠的知识。在哲学之内，深入研究这些问题的学科是认识论。在现代哲学之父笛卡儿的信徒中，许多认识论学者都认为，哲学的任务是创造认识论的基础，即科学得以建立的基础。这就是说，哲学家必须寻找最初的原理，寻找无须再作辩解的绝对可靠性——因为它们是不容置疑的，或者其本身就是显而易见的。

认识论的历史可以粗略地区分为两种主要的思想流派——其对我们的认识的可靠性问题的回答是不一样的。第一种流派是唯理论，笛卡儿也属于这一派。按照唯理论学者的观点，引领我们获取可靠知识的，首先或者说只能是智力。唯理论的先兆，早在柏拉图的言论中就有了。有一种知识，不是以经验为基础，它是我们生而有之的，或者是上帝种在我们的脑子里的。这种表现在思想观念里的生而有之的知识，使我们能够确认现实之存在方式。我们可以借助自己的智力和理智而到达——作为一切知识之基础的——最初的原理。笛卡儿的思想实验便是这种方法的一个直观的实例，对此，我们在第8章中已经议过了。笛卡儿称，最最可信的一个事实就是，可以怀疑一切，但不可对怀疑本身有所怀疑。怀疑是思想的先导，为了能够思想，人就得：我思故我在。

唯理论与经验主义是相对立的；经验主义可追溯至亚里士多德。按他的观点，可靠的知识建立在感官感知的基础之上。可靠性只有在经验论的经验之路上才是可能的，没有什么与生俱来的思想或先验的知识。人在出生之时，精神一片空白，犹如一张无字无画的白纸，灵魂是白板一块。所谓没有先验的知识，指的就是没有知识是在经验之前获得的：任何知识都是后天获得的，即使是经验的结果也是如此。故对于经验主义者而言，知识的基础是由基本的感官印象，由直接的不容置疑的经验所组成。

上述两种思想流派，并存了千百年之久，后来在18世纪，才在康德的著作里合流。他认为，认识就是世界观和思想。感官提供原材料，智能确定其形式。我们的智能确定感知的结构，这样，我们就能以特定的方式体验世界。依据康德之言，我们的思想，若涉及范畴，就是先验的（即在一切经验之前）。基本结构如时间、空间以及因果关系等，均出自我们自身。是智力的范畴和世界观的形式决定世界是什么样的。康德的先行方式是有其代价的，因为我们只能预言现实，即预言现实在我们眼前所显示的模样。我们再也无法回答一件事本身究竟如何的问题。

在很长的时间里，康德的复杂的认识论产生了极其广泛的影响，并留下了印记——即使在今天的哲学里也是如此。然而直到20世纪初期，现代物理学的知识表明，对认识论尚未盖棺论定。康德的认识在某种意义上，与相对论和量子论是不一致的。康德是以三维的欧几里得空间为出发点，而相对论却是以三维以上的弯曲时空为出发点。量子力学，即基本粒子的物理学，与康德的"现象世界是无处不在的，并且始终是由因果关系所决定的"论点是矛盾的。哲学家不得不寻觅新的认识论之根据。

在上世纪20年代，出现了一种新的认识论思潮。这种思潮以"逻辑实证论"之名著称于世。其代表人物也像以前的经验主义者那样，声称一切知识（数学与逻辑学除外）都可追溯到——中立的、客观的、普遍适用的——基本感官感知或曰感知数据上去。认识与科学的大厦，是建立在客观事实的坚实基础之上的。故而凡是不能追溯到这样的事实的言说，都是空洞而毫无意义的。这种看法在具有可验证性的假定中是登峰造极的：一种（非逻辑性的）言说，只有在我们能够原则上验证它之时，才会具有充分的认识意义。换句话说：凡是我们不能断言其是否正确的判断，均属于形而上学之论。关于现象背后的世界，关于灵魂永存或关于上帝存在的言说，都只是毫无意义的呓语，用不着认真对待。

不过，逻辑实证论的基础，也证明不是完全牢固的。大厦裂纹初现，随后裂纹不断扩大。这样一来，验证原则就很难遵守，因为对科学提出了太高的要求。因为对一种理论的经验逻辑性，是绝对无法百分之百地验证的。例如"所有的A均等于B"的范畴言说便证明了这一点。我们再来看看"一切乌鸦都是黑的"这个假说。为了判断这种假说是正确的还是错误的，我们必须查验今日还活着的乌鸦是不是黑的，而且还要查验所有以前的以及将来的乌鸦——不言而喻这是不可能的。在使具体的观察结果普遍化时，我们所面对的，是所谓的归纳问题。在数量有限的观察实例的基础之上，我们绝无可能达到适于一切事例的绝对可信度。在本章的后面部分，我们将会获悉，哲学家卡尔·波普尔是如何巧妙地设法绕过这个难题的。

使逻辑实证论者遭遇失败的第二个障碍，是采用客观的赤裸裸的事实。观察并不是不偏不倚的，也绝不可能是没有理论指导的。一个科学家所感知的，在很大的程度上是取决于他的期望、他的知识以及他的世界观。我们的观察浸透了理论的精神。康德曾经教导我们，有目标的感知，总是要以一个理论的框架，一种思维模式——观察就在这个模式之内进行——为前提。这类问题和其他问题动摇了逻辑实证论的根基。在1960年代，逻辑实证论便失去了影响力。人们只好从头再来。

自然主义

自从逻辑实证论破产以来，客观世界似乎离我们比以往任何时候都更遥远了。有的哲学家认为，现实归根结底是一种社会结构，因为最强大最有影响力的势力决定什么是事实。而另一些哲学家，则最终同认识论分手了。在过去的400年岁月里，使人痛心的是，我们清楚了，认识不可能有坚实的基础。探求可靠性的努力失败了。即使这个判断本身是如此的正确，我们也还不能因此而非得沉湎于相对主义和后现代主义不可。哲学家很喜欢从一个极端滑向另一个极端，他们这样做的时候，很容易忽视，还有中间立场可以采取。即使我们没有能力为我们的知识构筑坚实的基础，那也并不等于一切知识都是没有价值的。

越来越多的认识论学者赞同美国逻辑学家韦拉德·范·奥曼·奎因的观点，即不应把认识论束之高阁，而应该把它改造一下。奎因支持自然主义认识论的提法，这就是说，认识论之产生并非先于科学，而是科学的一个不可缺少的组成部分。认识论的问题，必须在与科学的对话之中加以解决。我们没有别的解决方案，而只有这一个办法：我们犹如驾驶航船的人，不得不在空旷的大海上修理我们的航船，因为我们没有船坞可用。

按奎因的说法，没有坚实的基础也不是什么灾难，我们可以使我们的认识
一步一步地扩大，并使之得到保障。从错误和成功，我们都能学到东西。
故而不能以绝对可信度为出发点，绝对可信度顶多只是一种——或许永远
也无法实现的——科学理想罢了。我们最好是研究"认识如何能够确实建
立"的问题，而不必去反驳怀疑论者——因为这反正是绝不可能成功的。
采取这种方式，经验科学将会成为自然主义认识论的一块柱石：哲学家应
当在其他学科，如心理学、认知科学以及并非最不重要的进化生物学中去
找一找。

对于自然主义而言，人和人的意识是物质性大自然的一部分。我们是
在与世界处于紧密的交换信息的关系之中发展起来的。因为奎因也认为，
鉴于我们的认知器官系统具有可靠性，所以我们才可以从达尔文的理论获
得一定的鼓励。其认知能力不适合现实的生物，在其能够繁殖之前，值得
称赞的特性就会死去。自然选择就是这样确保——在认识的主体与被认识
的客体之间的——某种程度的一致性，若没有这样的一致性，生命就是不
可能的。故而自然主义者往往会挺身而出，保护进化认识论——这种认识
论意识到，我们是进化的结果。这种认识论的出发点是，人与动物的认知
器官系统之形成，是为了完成一项重要的功能，即收集那些生命所必需的
环境信息。认知与感知系统，是通过自然选择而与客观现实的那些对于生
物特别重要的方面达到协调一致的。

关于不卧巢的雏禽和与生俱来的知识

第一位从进化的视角对认识现象进行探讨的学者，是行为研究者康拉
德·洛伦茨。早在1941年，他便在其论文《从当代生物学的视角评康德的
先验理论》中阐释了进化论之认识论的含义。进化生物学从全新的视角出
发，既研究唯理论的原理，也研究经验主义的原理。如我们已经知晓的，
经验主义认为，人在出生之时，其精神是一张未写未画的白纸，是一块白
板。一切知识都以经验为基础，因为没有所谓与生俱来的知识。对此，洛

伦茨是有疑问的。生物学已经揭示了，人与动物都很好地掌握着与生俱来的认识形式——虽然不是唯理论意义上的先验的思想和观念，而是本能、倾向以及学习的机制。若是没有这种与生俱来的"知识"，生物的生命将会持续不断地跃入不明朗的前景之中。关于世界的、影响到生命的重要信息，都编码储存在每种生物的遗传特征之中。所以，我们可以把这种与生俱来的知识形式称作先验的个体发生的形式，也就是说，称之为：个体的与生俱来的知识。

洛伦茨本人描述过这样一种与生俱来的行为模式的经典实例：不卧巢的雏禽的独特现象。为此，他于1973年与卡尔·冯·弗里施和尼可拉斯·廷贝根共同获得诺贝尔医学奖。所谓不卧巢的雏禽，从这个名字就可以明白，这是那种从壳里一钻出来就离巢而去的禽崽，而恋巢的雏禽却是赤裸裸地闭着眼睛来到世界上，它们特别地无助，还得在巢里再待一段比较长的时间。鸭和鹅是典型的不卧巢禽类。毛茸茸的小鸡也是，一旦从蛋壳里爬出来，有时是成打的或更多的，立刻纷纷跑到巢外来。若不及时招呼它们遵守秩序，那它们的结局就会很糟糕。进化为此想出了一个绝妙的解决办法。小鸭和小鹅听从一个与生俱来的行为指令：你从蛋壳里钻出来以后，要立刻跟着你所遇见的第一个比较大的运动着的目标。这样，就在不多的几分钟时间里，母禽与幼崽之间的几乎无法断开的纽带又连上了。一般第一个比较大的运动目标，其实就是鸭子或鹅的母亲。不过，假如出于某种原因，在关键的所谓"敏感的"阶段，未能成功地认出自己的母亲，那幼崽就会成为没娘的孤儿四处瞎跑啦。

在这种机制中，洛伦茨发现了一种先验的知识形式。之所以是先验的，是因为这种机制先于任何一个感官的感知。不过知识并不是先验地固定下来的。于是洛伦茨指出，雏禽是很容易被误导的。他在一只孵化箱里孵蛋，在幼鹅看来，他的行为就像是一个运动着的大目标。加之他还模仿幼鹅之母的嘎嘎叫声，所以从此刻起，雏禽便亦步亦趋地跟着他走啦。而在自然环境里，大多数情况下，行为指令都会起作用。一个这样的特征以及由此而产生的行为，在通过自然选择而进化的过程中会分化出来。故而从进化论的视角来看，个体发生的先验性，其实就是种系发生的后天性。这就是说，个体中与生俱来的知识，是其种属所积累的"经验"的结果。

这样一来，无论是经验主义者还是唯理论者，都被搞糊涂了。经验主义错误地否认先验经验的可能性，而唯理论却错误地以与生俱来的思想观念为出发点。虽然我们拥有与生俱来的知识，但这些知识却并不具有思想或观念的形态。思想与观念必须学习才能形成，即它们是后天形成的，是个体经验的结果。与生俱来的知识具有行为编排和其他使我们可以延长寿命的生理学适应的形态。

认知小生境之内幕

按康拉德·洛伦茨之言，从进化生物学的角度来看，康德的认识论也需要修改。康德认为，范畴就是——先天确定的——我们的思想之实际存在。而现象世界则以我们的认知器官系统为基准，客观现实本身是无法识别的；现象世界的结构（空间、时间以及因果关系）出自我们自身，是我们的认知器官系统把这些特性强加给世界的。洛伦茨认为，这走得太远了。从进化论的角度看，认识主体与被认识的客体之间，并无根本性的对立。实际上更应该说，在世界和在世界中发展的生物之间，存在着密切的关系。而且规则的存在，也并不仅仅是因为我们有智力的能动性。实际上更应是相反：在进化的过程中，认识能力适应了世界的稳定结构。生物与外界是协调一致的：是外界参与塑造了生物——包括其认知器官系统在内。

让我们再来看一个特殊的例子。人的认知器官系统的一个特性是，处处都能发现关联性。对于经验主义者大卫·休谟来说，因果关系是将事件按习以为常的方式联系起来所产生的结果。我们相信，先后接连发生的事件，是以因果关系的方式相互联结在一起的，但这却不是从经验推导出来的。假如事件B总是跟随事件A而出现，那我们会倾向于设想，A与B之间有着某种因果关系，但这样的跳跃思维是不合道理的。凭经验，其中只有时间上的先后顺序，却无因果关系。而康德却是以另一种方式解答这个问题：在因果关系中进行思考，要以主体内的一种理解结构为基础。在我们的眼里，世界的秩序是按因果关系建立起来的，因为我们就是这种秩序在世界上的投影。我们透过因果关系的眼镜观察周围，但这眼镜我们却是不能摘下来的。无论休谟还是康德，都不认为因果关系是世界本身的一个特性。

洛伦茨则是另一种观点。为何我们会拥有因果关系的概念——尽管这与现实世界毫不相符？怎么会产生如此复杂的一种幻觉，而且它还在进化的过程中立住了脚？洛伦茨把因果关系定义为在能量传递时所发生的一种过程。只有那种接连发生的——同时自有起因的影响以某种形式得到了能量的——事件，才是通过因果关系而相互结合在一起的。白昼与黑夜之间就没有因果的关联性，但是闪电与雷鸣之间一定有因果关系。一枚台球撞击另一枚，这就是有因果关系的事件，而某人每次健身锻炼之后都要洗淋浴，就不是什么有因果关系的事件。

康德的唯心论认为，世界是以我们的认知器官系统为基准的。既然我们不接受他的这种理论，那我们就没有别的选择，只能接受某种形式的唯实论：现实本身有某种结构，而这种结构至少是可以部分识别的。早在人的或动物的认知器官形成之前很久，世界便存在了。人和动物在与周围的自然持续地相互影响中发展起来，各有其不同的组织安排，并适应于各自的生存空间。因为生物对于现实的那些对其具有重要意义的方面是敏感的。一只苍蝇经历世界和一条鱼是不一样的，鱼和人又是不一样的。其实只不过是，它们从各不相同的角度观察同一个外部世界而得出了不同的结果罢了。所以，虽然我们所获得的现实景象是"五光十色"的，并且是有限的，但也不完全是随心所欲的。生物为了持久生存下去，需要可靠的信息。故而进化便为生物配备了感觉器官、神经系统以及脑。假如这些装备不能以某种程度的可靠性与世界进行信息交流，生物就不会有持久生存下去的机会。不过，作为进化之推动力的自然选择，既不能保证十全十美，也不能保证绝对可靠——犹如幼鹅之例所表明的那样，但是一个认知器官系统，却必须在一个充满危险的世界中满足特定的一些最低要求。

况且按照洛伦茨的观点，我们有必要在这里探究一下，为何康德对认识的起源问题不置可否？其实他并不能超越"智力范畴与观念形式是构成性的，是一切经验和认识的不可缺少的前提"的论断。可是我们却不能由此而责备康德。在18世纪，人们只能引证上帝之言来解释这类问题，若是有人宣称，认识论是在某种——原则上是不可认识的——"东西"的基础之上建立的，那也特别容易招致怀疑。故而康德便谨慎地对此保持沉默。直至1859年，当达尔文的《物种起源》出版之时，才有了回答这个问题的可能——此时康德已经去世55年了。进化论寻求对先验知识之形成作出解释。认知器官系统并非从天而降，它更有可能是在自然选择的进程中形成的。洛伦茨为了作比较，引用了莱卡相机为例。相机的所有零件互相协调配合，使其能够为外部世界拍照。犹如莱卡相机的镜头、快门以及光圈都是所谓先天就有的，它们使得相机可以拍照一样，生物的认知系统的各个与生俱来的不同零件，也使生物能够收集周围环境的信息。两者都是为一种功能服务。区别只在于，莱卡是由工程师设计的，而认知系统则是由自然选择塑造而成的。

从进化生物学的立场出发，我们必然会断定，康德的思维与认知模式丢掉了其所臆想的必要而不可变更的特点。至于智力范畴与观察形式，虽然因其是任何经验的决定性因素，故而是必不可少的，但这却并不是在其具有绝对有效性的意义之上的判断。同样，两者的不变性也很微弱，因为它们都是进化的产物，并且将会继续遵循进化的规则。按照洛伦茨和其他一些进化认识论学者的观点，空间、时间以及因果关系，都只是在特定的认知小生境之内得到过证明的"工作假设"。所谓认知小生境（类似于生态小生境的概念），就是一个物种的认知器官所能接触的客观世界的一个特定的小部分。在这个熟悉的范围之外，如在量子力学或天体物理学的领域，"工作假设"很快就会失效。到那时，我们就不得不修改我们所熟悉的关于空间、时间、因果关系、质量、速度以及万有引力等的看法了。这就是说，即使我们的知识和我们的想象能力在某种意义上是由我们的生物学装备所决定的，同时又是有限的，我们也能很好地修改我们与生俱来的认知器官系统的画得不对的图纸，并且对其置之不理。所以，人是地球上第一种可以看到自己的小生境之内幕的动物。

进化就是获取知识

我们已经获悉，进化认识论要以某种形式的唯实论为前提。假设世界上没有什么稳定的规律性，那认知器官系统就根本不可能得到发展。现在我们还可以更深一步来探究这个问题。因为从进化的立场出发，人们可以断言，逐步进化的漫长过程之最终产品，即感觉器官和脑，不仅仅会制造出一种关于世界的"知识"，而且基本上能够制造出所有的适应来。作为自然选择的结果而形成的一种适应，是具有某种特定功能（如器官、肢体、躯体结构、行为等）的一种生物学特征。而调整则是某种知识形式。达尔文的变异、自然选择以及复制，是逐步进行的过程，即是一个探索外部世界的规律性，同时收集信息并获取知识的过程。于是我们可以说，鲨鱼、海豚、企鹅、墨鱼以及灭绝了的鱼龙，这些彼此之间毫无关系的动物，其流线型躯体，都反映了流体动力学的基本原理。（此外，还可以说这是所谓的趋同进化的一个非常好的例证，它说明，自然是通过不同的途径达到相同的结果的。）同样，信天翁、蝙蝠、蜻蜓以及鸟头翼龙属的翅膀，则反映了气体动力学的基本规则：这些动物的不同种类的翅膀，体现了所谓的关于大气最低层的密度与粘滞度的知识。

这就是说，生物并不一定需要建立起一个与外部世界的认知的、语言的或者感觉的关系，以便追寻其无数特征并加以利用。只要有一种生物的设计略图，就足以向我们透露世界的知识了。例如北极熊的生理特征，白色的毛皮、厚厚的皮下脂肪层、宽大的可以充当雪地鞋的脚掌，以及特殊的新陈代谢方式，都表明了许多关于其北极生存空间的信息。它的设计图体现了所谓的世界知识。而现实的外部世界的实际状况，则会迫使生物形成一定的特征。所以我们或许应当更宽泛地理解"知识"这个概念，把它同以人类为标准的内涵如语言、精神表象及真理分离开。从进化的视角来看，知识是一种自然选择过程的结果，而这个过程所采取的方式，就是汇集关于世界的与生物生死攸关的信息，并且将这些信息传给后代。适应性进化是这样一种过程，它既不需要语言，也不需要精神表象，更不需要真理。在这样一种宽泛理解的意义上，虽然知识也含有某种特定形式的信息交流之意，但却不是在词语同世界之间的一种语义学关系的意义上，而是在生物与环境之间的一种生态关系的意义上的交流。我们不能说，一种适应是真实的还是虚假的，却肯定可以说，它是被一种特殊的环境所塑造出来的，故而是可以适应的。

反对这样一种看法的容易理解的一个异议是：知识是一个认识主体的前提。此处所谓认识主体，指的是已经意识到该知识的某个人。没有这个主体，则该知识概念就是没有内涵的。我们也可以同样明确地说，海滩上被冲刷得圆滚滚的鹅卵石，体现了海浪拍击海岸的"知识"，或者说行星的轨道泄露了关于太阳引力的某些"本质性"的东西。严格地说，知识需要一个认识主体，这听起来是可信的。然而，鹅卵石和行星轨道的实例却并不是无懈可击的。知识在此处所指的更广泛的意义上，是达尔文的变异、选择与复制的渐进过程的结果。只有这种渐进过程可以形成适应，而这种适应堪称知识。针对鹅卵石或许可以称之为变异（鹅卵石的形状各种各样，其密度也是各不相同的），还可以说到自然选择（较软的鹅卵石被海浪打磨的速度要比较硬的快），但要说什么复制，当然是不行的。鹅卵石不能繁殖。不能繁殖，就不可能有积累性的选择，没有积累性的选择，就不会形成功能的适应。

太阳系也是一样的。在太阳系这里，缺了达尔文所开的处方中的第三味药。虽然行星显示变异（在天体的大小、与太阳的距离及其绕行时间等方面），而且太阳的引力也是某种选择机制——通过这种机制，只有当行星的轨道运行速度和行星与太阳的距离能够准确地达到平衡之时，行星才能长期"存在"下去。若不是这样，天体迟早会与太阳相撞，或者消失在宇宙的无底深渊之中。这就是说，今天的相对稳定，是一种基本选择过程的结果。也可以说，太阳系也在进化，但却不是依照达尔文的原理。因为天体不可能繁殖，而且没有变异、选择以及复制的积累性效应，也就没有复杂的适应问题。

还有另一个异议，它反对"适应是一种知识的形式"的看法，即认为生物只适应于一种特殊的环境，一种持续不断地变化着的环境。倘若硬要谈论"知识"问题的话，那这知识也必然是粗浅而有缺陷的。这个批评意见也是不正确的。因为生物并不仅仅是适应一个特殊环境里的局部地方的、某种程度的时间范围之内的实际状况，如气候、土壤性质、植被等，而且还得适应全球性的、我们的行星上到处都可以遇见的、恒定不变的实际状况。譬如，我们可以想想地球引力、空气和水之类的元素、季节的转换以及太阳光的电磁波谱。如果环境由于某种缘故而发生变化，进化的过程绝不需要因此而完全从头再来。基本的适应和躯体的功能，如身体结构与新陈代谢，有能力承受环境的变化，并能保持功能。达尔文的渐进过程，会以现存的知识为基础开始重建，以至重新达到生物与环境之间的细致入微的协调一致（在此可以思考一下尺蠖蛾的例子）。

现在，让我们针对最后的一个异议谈谈我们的看法。这个异议，是反对"生物进化是一个获取知识的过程"那个论点的：提出所谓的适应主义的谬论的责任，应由进化论者承担。因为进化论者的出发点是，生物的一切特性都是适应（因而也是功能性的），所有的生物都是最佳设计。在前面第7章我们已经看见了，史蒂芬·杰伊·古尔德和理查德·莱旺廷也责备专业同行——他们的观点是，一种生物的每个特征，都是为了保持一种通过自然选择而形成的调整结果。犹如伏尔泰的《天真汉》中的邦葛罗斯博士①，他们处处都只看见最优良的实用性，却不理解，一种往往是偶然形成的生物特征，不过是进化的副产物而已。

然而，对古尔德和莱旺廷夸张的批评意见，我们还得探究一下。没有一个理智的生物学家会断言，生物的所有特征都有一种功能，每种生物都是最好地适应其环境的。古尔德和莱旺廷所攻击的，其实是一个谁也没有主张的观点。他们这样做，不太可能是出于科学的动机，而更有可能是出于社会政治的天性。他们担心，一种过于僵硬的、强调自然选择和人与人之间的与生俱来的差别的达尔文主义，会支持政治右派的观点。按古尔德之言，"强硬核心"的达尔文主义，只会导致为社会的不公平作伪科学的辩护。（我们必须考虑到，在美国，社会达尔文主义的影响从来都没有完全消除。）古尔德成为一个坚决反对威尔逊的社会生物学的学者，这并不是没有原因的。所以，古尔德派的学者宁可选择支持"人可以通过教育和文化而加以塑造"的观点。

进化生物学家一致认为，唯有自然选择能解释适应的存在。有争议的是，进化之适应，究竟能达到何种程度？其实生物的某些特征，就只是进化的中性副产物。不过关键的是，并且一直是，一个功能性的特征，只能是进化的三条基本原理的产物。进化生物学界的许多领军人物，如迈尔、威廉姆斯及道金斯等，其实也没有把古尔德和莱旺廷的批评视为威慑，更确切地说，是视为激励——促使他们加强"适应主义的研究"。因为没有这种研究纲领，生物学绝不可能臻于"成熟"。在最近这几百年时间里，这个领域中的每一次突破，开始的时候都会遇到这个问题：这个或那个特性的功用是什么？若没有提出这样的问题，可能我们直到今天也还不明白，胸腺、脾脏、脑垂体或松果体有什么作用。

其实这些归根结底都是为了弄明白，我们喜欢哪种"知识"定义。把适应性进化称为获取知识的一种过程，有没有令人信服的理由呢？这样

---

① 参见本书第138页上的注释。

的理由是有的。肯定没有一个人在考察生物的独特的实用性和错综复杂的整体性时，不会觉得惊讶和感到敬畏。我们必然会得到的印象是，其中一定有富于创造性而实用的设计。人不会是无缘无故地在千万年之久的时期里，在生机勃勃的自然中看见了一位无比聪明的创造者的活动。关于必有设计的论证，在长时期里都是上帝存在的最重要的证据之一，时至今日，依然还会有人提出这个论据来反对进化论。他们声称，进化不会否定一位超自然的主管的作用——因为他精于此道并操控着此事。而一切看起来都像是，聪明设计的代言人的看法是不对的。但是，这难道意味着，我们再也不可以把进化所制造出来的结构，看作是知识的一种形式了吗？

大自然的建造物，是人类工程师只能梦想却无法建造的。单是一种鼠妇就比航天飞行器或者最新式的超级计算机要复杂许多倍。仅仅一个活细胞，就同一座世界级大城市一样的复杂。难怪科学家和工程师们会因为大自然的常常是令人惊讶的解决方案而受到鼓舞了。进化在长达35亿年的过程中所汇集的关于生物圈的知识，成为研究工作的一个几乎永不枯竭的源泉。我们要感谢达尔文使我们认识到，这知识的宝库是通过一种自然的过程而形成的。领会这样一种内涵深远的关于知识概念的定义，对于哲学家来说，一般都比生物学家和其他自然科学家要困难一些——自然科学家们多年以来就在无所顾忌地谈论储存在遗传特征之内的信息。《杜登辞典》把信息定义为"一种关于将具有认识价值的意义积淀在知识之中的一切详细的消息"。进化论表明，这样一种知识，也有可能是一种盲目的渐进过程的结果。

达尔文机器

不过，生物学的"知识获取"却有一个缺点：其获取的过程是比较漫长的。信息的收集并进入DNA究竟会有多快，这取决于生物的一代时间有多长。知识是通过选择遗传材料中偶然发生的变化而积累起来的。而DNA中的信息，却不能以拉马克的方式转化为现实：自然选择依赖基因在复制过程中的突变和重组。所以在基因的层面上，进化并不能对世界的某些变化作出适当的反应。世上的变化来得太快了。假如这样的特别频繁的变化对生物构成了威胁，那就得以别的方式寻求平衡。进化所找到的一种解决办法是，给生物配备监测器，其中有几种监测器，竟然出人意料地内设了一种独特的渐进式的进化过程。所以神经生物学家威廉·卡尔文十分确切地把它称作"达尔文机器"。

脊椎动物的适应性免疫防御机制和哺乳动物的脑便是其中的两例。免疫系统和脑不仅仅是进化机制运行的结果，而且还持续地贯穿于进化过程本身。这里，变异、选择及复制的渐进过程又一次显示了，它是一个可以应用于许多领域的模式，现代免疫学证明，脊椎动物的（故也可以说是人的）免疫系统如同遗传进化一样，是以同一种选择机制为基础的。不过，这种过程的进展会快得多，能与可能出现的致病菌同步发展。细菌和病毒的繁殖，其速度比脊椎动物的繁殖速度要快得多，并且是繁殖越快，进化越快。在人的一代时间之内，可能发展出大量的细菌与病毒的菌株。这样快的繁殖速度，脊椎动物不可能与之同步，但其免疫系统相反，却是绝对能与之同步的。

一旦有一个致病菌将免疫系统激活，就会制造出大量的白血球，即所谓的淋巴细胞——淋巴细胞会投入抗体，抵挡入侵者，并使身体产生能抵御下一次来犯之敌的抵抗力。这个系统是利用一种选择机制来与新的病毒作斗争的。因为淋巴细胞几乎全部是独特的，凡是健康的身体，其中潜伏着起码不少于100亿个不同类型的淋巴细胞。

如此巨大的多样性，也是细胞发展过程中的偶然性遗传变化的结果。这样就可以保证，起码一种淋巴细胞会制造出一种能抗击入侵者的特殊的抗体。这样一个淋巴细胞一旦被激活，它就会制造出无数个自己的复制品来，结果被选择出来的细胞类型就将按指数的方式迅速地繁殖。当体内恢复平静时，几个克隆产品还会在体内继续循环。它们就是免疫的"记忆"。在脊椎动物的脑里，进化机制也是有其作用的。

我们的脑和免疫系统一样，也是一部达尔文机器。以前认为，在遗传特征里，储存着脑的整体结构的设计图，现在看来，由于我们发现了脑的高度复杂性，这个观点是站不住脚的了。人的新脑皮质估计有10^{15}个突触。突触就是神经元——也就是脑细胞——之间的结合部分。鉴于信息如此之多，人的基因库之储存能力太小了。然而，并不是将脑的结构在遗传特征里固定下来，而是将遗传密码编程设置在脑里，使脑能够产生出非常多的神经的与突触的结合。这在脊椎动物的脑里，主要发生在出生之后的最初几年里，但有的却显示，神经的与突触的结合的超量产生，也会持续到年龄更大的时候。个体与环境之间的相互关系，会挑选并强化某些神经结合，而另一些则被撤销。这就是说，功能的调整并不是通过添加新的神经元和神经元的结合，而是通过其增生和紧随其后的消除来实现的。这里所说的，是这样一个进化的选择过程，即在这个过程中，是由来自外界的刺激决定，何种突触保留下来。

达尔文机器，是通过基因的积累性选择而组装完成的，但它却逐渐地在自己的内部启动了自己的迅速得多的选择过程。系统发生的基因选择，被速度快得多的淋巴细胞个体发生的选择（在免疫系统里），以及突触结合的个体发生的选择（在哺乳动物的脑里）所取代。多亏达尔文机器的速度高并且具有灵活性，所以它可以针对在基因层面上不能发现的变化自行调整。主要是脑，在这个过程中是必不可少的。有的动物在进化的过程中发展成特别复杂的、有能力与环境形成一种可以极其细致入微地进行调整的互动关系。这种动物的行为库存，再也不是编定了程序的，它们可以从自身的经验进行学习。哺乳动物之脑的发展，最后产生出了拥有复杂的社会结构，有意识、有语言、又有文化的生物。

科学的进化

在前一章我们已经得知，文化的发展很可能也是遵循达尔文主义的原理的，只是它的单位不是基因，而是模因。文化不是生物进化的扩大，文化的发展与我们的遗传素质并不是直接地联系在一起。某个人是喜欢巴赫的音乐还是沙滩男孩的歌曲，是喜欢吃面条还是杂烩一锅煮，都不会影响到复制的结果。或者我们再从文化的一个特殊视角来考察一下。科学与技术会影响到我们的进化素质吗？在一定的方面当然如此。只要想一想医药、我们的居住文化以及食品供应就明白了。不过，现代科学的相当大的一个部分，对增加繁殖却是没有任何重要性的。

在人类的原始时代，在获取的知识与遗传素质之间，在生物进化与文化进化之间，曾经有过联系。但在千万年的历程中，这种联系变得越来越松弛了，知识的获取与科学变得独立了。科学也像文化似的，是一种模因学的进化的结果，只是区别于许多文化模因，科学的模因并非精神"病毒"。研究人员的大脑，并不是自私自利思想的被动的载体，一位学者并不仅仅是一个想要繁殖的图书馆的辅助手段。科学是我们的文化的一个领域——在这个领域里，模因通常都是以理论的形式，认真仔细并经过深思熟虑而选择出来的。

著名的科学哲学家卡尔·波普尔去世前不久，于1994年出版了他的一部题为《一切生命都是解决问题》的文集。波普尔在其漫长的科学生涯中，一再强调指出，知识中含有生物学的成分。知识之所以形成，是因为生物经常都需要解决问题，而不论这问题是涉及一个单细胞生物如阿米巴（变形虫），还是涉及一位名叫爱因斯坦的人物。处处都采取同一种策略：我们解决问题的方法是，始终用可能解决问题的新方法做试验，即所谓试错法。在我们勉强地克服了一个困难之后，我们将会面临下一个困难。阿米巴与爱因斯坦之间的唯一差别在于，后者并不是把自身，而只是把自己的理论当作赌注。而在涉及人的时候采用试错法，则是转用到科学领域，以这种方法对可能会解决我们的问题的答案进行检验。

但无论是在生物学领域还是在科学领域，关于世界的知识，都是小步小步地增加的。在这两个领域里，都是为了解决问题。为了解决一个科学问题，将会提出猜想式的假说，若此假说暂时优于其他假说，那它就会成为得到赞同的理论。称之为暂时的，是因为不知什么时候，它也许会被一个更好的理论取而代之。"适者生存"的原则对于科学亦然：在选择过程中，不适用的理论就会被淘汰。

按波普尔的观点，科学取得进步的方法是，寻找与真实不相符合的思想。波普尔不支持逻辑实证主义的验证原则，而是赞同"证明为假"的原则。只有原则上可以反驳的理论，才是科学的理论。相反，一种始终"保持正确的"并与任何可能的经验都不矛盾的理论，则是伪科学理论。波普尔举出占星术、弗洛伊德的精神分析等为例，指出其预言是如此的不准确，以致此类预言几乎次次都会得到证实。这样一些理论是毫无价值的。它们不会冒生命的危险。简言之，一种理论必须与现实发生碰撞，否则它不可能使知识得到增长。

波普尔认为，对于我们这些可能出错的人来说，真理是不可企及的，我们只能搜寻不真实。这种"反向追求真实的途径"，同时使我们可以绕过归纳的问题。我们以有限次数的观察为基础，是根本不可能绝对可靠地得出适合一切实例的推论的。而归纳的结论却用不着依靠经验的观察，所以从逻辑上来说，这也是不可能的。如前文所述，一种说法——如"所有的乌鸦都是黑的"——是否正确，是无法验证的，因为我们绝对无法对所有的乌鸦都进行检查。但我们却可以证明这种论断是不真实的。只要有一只乌鸦不是黑的，就足以推翻这个假说了。这样我们就前进了一步，因为我们又剔除了一种不正确的猜想。

波普尔关于科学的理论，受到了进化生物学思想的强烈的影响。在科学里，达尔文主义的变异、选择以及复制的基本原理也是有效的。科学是伴随着问题的解决而成长起来的。如前文所论，这个道理不仅适合生物学进化，也适合科学的进化。在这两个领域中。所使用的实际上都是同一种策略：我们经常试用不同的（有可能解决问题的）解决办法，挑选出其中能起作用的，将其传给下一代。在生物圈里，这样就会导致越来越细致入微的适应，在科学领域里，则会形成越来越精致的理论与技术。不过，在

第9章里，我们已经提到一种引人注目的区别，即科学的进化是以意识为基础的。

目标明确的科学

谁也不会否认，生物学进化与科学的进化之间，存在着重大的区别。而问题在于，两者之间，差别是否大于一致性？在前一章里，我们已经就这方面的问题对达尔文主义的第三条基本原理即复制进行了深入的探讨。复制含有复制品是可靠的这层意思。在文化－科学领域，这个条件已得到了满足。文化的单位（模因）犹如生物学的单位（基因）一样的得到复制，于是便形成了具有因果关系的进化路线。这是因为，相同的谱系学原理也是适合这两个领域的。但是，其他两条进化的基本原理又是怎么样的呢？生物性领域的变异和选择，与科学领域的变异和选择之间，究竟有多大的可比性呢？

现在就让我们先来考察第一种要素即变异的情形。对于进化认识论的批评者来说，所谓相似的说法是站不住脚的，因为科学的变异与生物学的变异相反，是有明确目标的。而生物学领域的遗传变异则是随意的，变异并不能预见在一个种群里居于主导地位的选择压力。种群只能等待，等待自然选择有一天会奖赏一种偶然而有利的变异。相反，科学变异的设计却是有目标意识的：科学家提出假说，是为了解决问题。生物学的进化就缺少这样一种追求目标的精神，其变异的发生，并不是有"目标"的。

看来，相似之说确实是站不住脚的，但是这随意，说不定还有别的——对两种进化形式都很适合的——含义。这是因为，变异是随意的这种说法，在两个领域里都意味着，变异的结果是不可预见的。科学变异是有目的地设计的这个事实，还算不上是结果的保证。要不然我们早就开发出一种能治愈癌症的药物，或者能掌握核聚变的技术了。所以，假说是有意识地提出来的这个事实，丝毫不表示其真实性或可靠性如何。科学的变异是随意的，是不可预见的，这是因为，先还得检验其是否适合，而且如像生物圈里所显示的，大多数为解决问题而进行的试验，其结果都是不适用的。

这就是说，尽管科学的变异是有明确目的的，但这并不意味着，这会自动地达到目的。另一方面，生物学的变异也并非完全是没有目的的，因为生物的进化，只能借助现存的结构与设计图进行。属模标本的种类与结构，以及有关物种的发展史，限制了有可能发生的遗传变异的存量。在科学领域里，我们也发现了一点可比性：新的思想、理论和技术的存量，也是因正居于优势地位的世界观和有关学科的历史而受到限制。

科学中提出的所有的假说中，只有很小一部分经得起批评，而且也只是暂时经得起。为了取其精华而去其糟粕，人们转而采用了一种分离的方法，这就是我们所要谈论的进化的第二条基本原理——选择。人们又可以论证，从这个角度看，两种进化形式之间的明显区别，与其说是根本性的，还不如说是渐进式的。乍一看，在盲目而无计划的自然选择过程和目标明确而合理的科学方法之间，差别是很大的。也许科学以有意的并且合理的要素为基础，比生物学进化更有效果。然而，我们谈论这两个实例，仍旧是在谈论一种选择过程的结果。而差别其实在于，我们是有意识地选择，但在生物圈里，却没有一位有意识的主管。不过，这远不是意味着，解决方案总是会自动出现的。科学的进步，不是一种神秘的先见之明的结果，而是一种反作用的纠正机制的结果。

按照大卫·赫尔的说法，科学研究比一般所想象的要盲目得多。只有在回顾的时候，我们才觉得科研是很有效，并且是目标明确的，因为我们把无数的失败与困境都遗忘了。只有当我们宏观地考察整个科学史的时候，我们才能看见更切合实际的景象。大部分研究项目最后都是一无所获，即使是有机会发表的成果，大多数也没有特别的效果。科学家们确实是有一个一般性的目标，但他们的特殊目标却往往证明是虚幻的。假如我们对所有这些失败都略去不计，实际上科学也会是一种很有效的、目标明确的活动，但现实却不是那么讨人喜欢的。好思想不会自动取得成果。科学是一个既费力而又费钱的选择过程：每一个成功的思想背后，都有千百种想法默默无闻地归于湮灭。

自然主义的错误结论

现在让我们来做个总结吧。我们已经看见了，在生物的物质性进化与科学知识的增加之间，有一种很有趣的相似性。这种相似，在两个方向上有其作用。生物的物质性进化可以被理解为一个获取知识的过程，反过来，科学知识的增加，亦是遵循进化的原理。所谓知识的获取，即使按其广义的理解，都是积累性选择的结果。

不过，此事还有一个难点。传统的认识论者也许会提出不同的看法，他们会说，虽然进化与知识的获取之间的相似很有趣，但这种相似并不能带来丰硕的成果。认识论研究的是规则问题，它所阐述的是，一种理论必须履行的、从事科学工作应当遵循的规则与标准。如果说科学是一种选择过程，那就意味着，我们已将特定准则之存在当作前提——若无此类前提，我们就不知道该挑选什么。只有认识论学者和科学哲学家能够阐释这类准则。而自然主义的错误结论却是，这类准则系来自进化生物学之类学科的经验研究。

奎因式的自然主义者认为，认识论是科学的一个部分。认识论的问题，只能与认识论进行对话才能澄清。对此，传统的认识论学者提出了一个似是而非的推论：从源自经验的思想出发，绝对不可能推导出价值判断来。故而经验科学不可能对认识论有任何贡献，因为认识论在先，而经验科学在后。进化认识论也只能描述事实，而不能阐释任何标准。

然而，也说不上是什么似是而非的推论，因为先于一切科学出现的某种"第一哲学"之类的东西，本来就是没有的。我们不可能先验地确定，什么是好科学。关于这个问题的辩论还远未结束。波普尔的论说并不是最终的解决方案。对他所提出的"证明为假"的理论，起码可以提出两条反对意见，其一是，连波普尔本人也不能避开归纳的问题，因为从失误中学习必然在归纳之前。其二是，科学与伪科学之间的分界线早已不是特别的清晰——正是波普尔想要我们相信这一点的。

总之，我们不可能一开头就确定，什么是好科学。而要解决这个问题，单靠逻辑思维是不够的。经验科学也很重要，因为我们可以从我们的失误和成功中学习。所以，是认识论提出科学准则，但反过来，也可以说是科学提出认识论的准则。科学的认识甚至能逼使我们，从全新的视角重新审视我们的认识论。实际上，在方法论层面上的这样一种反馈，使得"更深地"奠定基础成为了多此一举。因为在相互竞争的方法之间进行挑选，与在相互竞争的理论之间进行挑选，其实并无本质的区别。一种方法的价值，同一种理论的价值完全一样，一定会在经验的层面上显示出来。

这就是说，经验科学对于认识论是极其重要的。我们能够以经验的方式，找到我们研究世界的最好的方法。故而奎因是对的：解决标准问题的实验，不应当先于科学，而应当同科学一道进行。我们甚至可以更进一步。一种进化认识论所代表的观点是，也可以在方法论的层面上，谈论一种积累性的选择过程。采用试错法，我们能够对各种科学方法——包括其中所采用的选择标准——的价值进行检验，必要时还可以改进它。而且在进化认识论中，也总是有标准的，只是这些标准不会是一成不变的，而是经常地发生变化。

进化与宗教

魔鬼神父之助手

1842年9月，达尔文携妻子埃玛和两个幼小的孩子，从伦敦迁往伦敦以南差不多25公里的肯特郡，在一个名叫道恩的村庄里定居下来。他以2200英镑的价格，买了村子边上一座带大花园的豪宅。在随后的岁月里，他的家庭持续膨胀，而他本人则继续按照自己的秘密计划，撰写选择理论的论文。暂时还不需要考虑将来这论文是否发表，先得把有说服力的证据和资料汇集起来，况且每当达尔文一想到自己的思想发表后必然会引起公众的激动，他就觉得有些害怕。所以，现在还是暂时不要声张，独自悄悄地深入进行自己的研究为好。"道恩居"和肯特这一带的平缓起伏的丘陵绿野，确实是一个能提供必要的安静的去处。

1846年10月，达尔文开始对属于甲壳纲（蔓足亚纲）的海蟹类动物进行研究。这项研究，他一干就是8年。此类动物是值得研究的，因为人们对此类动物所知甚少。而且这并不是贝壳类和蜗牛类的软体动物，而是甲壳动物。与蟹虾之类相反，这种海蟹类动物不能自由运动而是紧紧地附着在岩石甚至舰船，或者鲸鱼之类大型海洋动物的身上。随着岁月的流逝，达尔文收集到的标本数量特别巨大，因为世界各地都有人给他寄标本来，连大英博物馆的馆藏标本也成了他个人的收藏品。"道恩居"里处处都塞满了蔓足动物。（他的一个儿子猜想，所有的成年人都在收集研究此类动物，所以他问邻居家的男孩："你的父亲在哪里搞海蟹研究？"）

蔓足亚纲动物分布广泛，种类繁多，这使达尔文更加坚信，自然选择是进化的推动力量。甚至在一个物种之内，变异都很大。显然在进化的过程中，这类生物的设计图，一直都在发生变化，这样它们就能够适应新的环境条件。达尔文在深入研究中也指出，胚胎的发育具有重要的意义，因为他发现，发育成熟的生物个体，常常是差别显著的，但其幼体却是特别相似，这就不可避免地会使人猜想，所有的动物都可以追溯到一个共同的原始形态。1851年和1854年，达尔文终于发表了两部内容特别丰富的专著，描述了当时已知的所有的蔓足动物，并将其做了分类。不过，在这两部论著中，尚未直接提到进化的思想。关于进化论的研究仍然保密。

在道恩比较清静的田园生活，由于达尔文受到命运的沉重打击而突然结束了。其后他就再也没有完全恢复元气。1850年，他的9岁女儿安妮（即安妮·伊丽莎白）得了重病。其实安妮早就是个病人，不过截至当时，她的病一直没有严重到危急的程度。但是到了1851年3月，她的病情急剧恶化，达尔文便将她带到伍斯特郡的大莫尔文疗养地去——他自己曾经在这里做过水疗。他希望，那位名叫詹姆斯·格利的医生——就是曾经给他治过病的那位大夫；不过，有的人却认为，这个人是江湖医生——也能把自己的女儿治好。可是命运却不准备满足他的愿望。

1851年4月23日，星期三，刚刚10岁的安妮在莫尔文死于格利所说的"伤寒发烧"。在安妮临终前的最后几天，达尔文一直守在她的病床旁边，而有孕在身的埃玛则在道恩恐惧不安地等待着消息。女儿去世后一个星期，达尔文写了一篇感人肺腑的纪念文章，表达他痛失爱女的不堪忍受的悲伤心情。安妮之死，彻底摧毁了他的虔诚的宗教信念。早在此前的几十年岁月里，他对自己所受的英国宗教教条的教育就越来越怀疑。此时他更是完全抛弃了对一个善良而公正的上帝的信仰，此后就再也不到宗教里面去寻求安慰了。他的女儿之死，便是这盲目的自然的一个毫无意义而且残酷的实例。

当然，达尔文也不会随处宣扬自己的不可知论的观点，他竭力回避这个问题，主要是顾及自己的妻子是一个特别虔诚的教徒。而在他去世之后，埃玛却不惮修改他的遗稿中与此有关的部分。譬如他的自传，其原始文本是这样写的："同样，不可不注意抓住机会时常给孩子们灌输对上帝的信仰，这样灌输，能对孩子们的头脑产生格外强烈的，或许是遗传性的影响，因为孩子们的头脑尚未完全成熟，以致他们很难放弃对上帝的信仰，就好比一只猴子遇见一条蛇的时候，很难打消恐惧与厌恶的心理一般。"当埃玛审看这段时，不免心生恐惧。于是要求在以后的版本中将这段删去。因为对于她来说，一想到安妮已在天上，全家有朝一日又会在天堂重聚，她心里便不无慰藉。达尔文不可能认为，他自己得不到上帝的启示，上不了天堂，也得不到解脱。宗教完完全全是毫无道理的。

曾在剑桥学神学的达尔文，原本应该按照父亲的愿望当乡村教区神父，但在其女儿亡故之后，他却成了一个"魔鬼神父助手"。1856年，他在写给植物学家朋友约瑟夫·胡克的一封信里，半开玩笑地自嘲道："一名'魔鬼神父的助手'，又能写出一本什么样的谈论自然的愚蠢而奢侈的、拙劣低级而又极端残暴的创作的书呢？"4年之后，他在给植物学家阿萨·格雷的一封信里又写道："我不能说服自己相信，善良而万能的上帝会有意地创造出姬蜂，并且赋予它明确的任务，依靠寄生的活体幼虫养活自己，或者让猫与老鼠玩捉迷藏的游戏。"安妮之死，擦亮了达尔文的眼睛，使他看清了残酷的现实：大自然不好也不坏，但是更糟糕的却是，它对万物万事都是漠不关心的。毋庸置疑，在这样的一个世界里，上帝缺席了。

美国的状况

弗里德里希·尼采声称，上帝死了（而且我们是杀死上帝的凶手），而达尔文却证明，从来就没有什么上帝。既然如此，两位思想家的精神遗产，若不是达尔文的论断或许有操之过急之嫌，似乎是可以勉强地相互融合的。虽然达尔文摧垮了证明上帝存在的最重要证据之一，即设计证明，但是进化思想和宗教并没有因此而变得水火不相容。甚至教皇约翰·保罗二世还于1996年宣称，进化论与上帝造人的理论是并不矛盾的。一边是理查德·道金斯之类的生物学家认为，在达尔文的身后，已不可能有人还会相信上帝，另一边则是史蒂芬·杰伊·古尔德和哲学家迈克尔·鲁斯的骑墙态度。后两位认为，宗教与进化论根本不可能相互抵触，因为两种理论所研究的，是根本不同的事物。对这样一些区别极大的看法，还有什么可说的呢？

这场关于进化与宗教是否是臆想的——水火不相容的——大辩论，直至不久前还纯粹是美国国内理论界的内部争辩，但是，其间大辩论的浪涛也波及了欧洲——从数个欧洲国家的宗教界神职人员和政治界的知名人士的表态，也证实了这一点。如2005年初，时任荷兰教育部长的马利亚·范德胡芬女士，竟会为了一桩真正耸人听闻的事件而操心。她呼吁科学家和智慧设计派（ID）——这是美国的一个自20世纪末以来准备向现代的进化研究开战的流派——的代表进行对话。这导致了理论界的激烈的骚动：这位基督教民主党的女部长，在海牙的议会遭到猛烈的攻击，有人以读者来信的方式取笑她①，而高校的教师们则觉得，科研自由已危在旦夕。没有人料到，美国的这种状况会在荷兰出现。人们之所以如此地万分激动，是因为政教分离的体制陷于危险的处境。若认为智慧设计论是严肃认真的科学选择，那就不会再进一步，把它纳入学校的教学中去了。甚至一向是新教

---

① "马利亚，呆在你的圣经圈子里别出来！"（马利亚，指《圣经》里的人物马利亚，即耶稣之母；这位女部长与其同名。）

中心之一的阿姆斯特丹自由大学的几位教授，都错误地理解了女部长的呼吁，故而在《民众报》（荷兰）上公开表态，声称自己与智慧设计论没有什么关系。该大学的一位生物学讲师，收到穆斯林学生的一篇评论文章，其中将进化论贬责为西方的一种误入歧途的理论。其大部分材料，来源于一个原教旨主义的网页。在整个激烈争论的会场中，有一个细节颇引人注目：在那群移居进来的新荷兰人攻击女部长的时候，她不由得对他们看了一眼。就进化问题进行"跨文化讨论"，也许能帮助穆斯林填平信仰与科学之间的鸿沟，通过智慧设计论这块跳板，他们也许比较容易登上现代性的瓦尔哈拉殿①。

如果说宗教势力曾经退让过的话，那它现在就是踏上进军之路啦。即使是在荷兰这样一个开明的国家，世俗化的过程也停顿了——就算仅仅是由于信教的外国移民不断地涌入这一个缘故，也只好如此。直到不久之前，人们也想不到，在荷兰竟会发生进化与创造的大辩论。进化论被当作越来越严重的威胁，因为它竟敢怀疑信仰的教义。确实，连荷兰的科学家也参与了进攻。如代尔夫特技术大学的分子生物物理学教授塞斯·德克尔，便和几个同道联名发表了一部论著，其中新达尔文主义的批判言论咄咄逼人，并且公然为智慧设计论辩护。德克尔声称，进化受制于一个智慧的主管，生物之复杂多样，根本不可能是偶然产生的。

由于智慧设计论发源于美国，故而先详细介绍一下这场思想冲突的背景和发展史是恰当的。在美国，进化与创造之间的表面冲突，演化成白热化的大辩论和司法争辩，最后上诉到最高法院。主要是在美国的南部和中西部正统主义派教徒占优势的地区，基督教原教旨主义者觉得进化论是眼中钉。达尔文的理论削弱了基督教的价值，诱发青年的不道德行为。倘若孩子们知道自己只是动物，那他们的行为举止也可能会像动物一样。没有宗教便没有道德。

---

① 瓦尔哈拉殿：北欧神话中收容阵亡将士英灵之所。

然而，难以接受进化论思想的，不仅仅是基督教原教旨主义者。美国盖洛普民意测验得到的结果，令人十分惊讶。接受调查者需要回答的问题是："在下列说法中，哪一种和您自己对人的起源与发展的想象最接近？"

A）上帝在大约1万年前创造出了今天这样的人。

B）人是在数百万年的过程中，从生命的形态发展起来的。

C）人是在数百万年的过程中，从比较原始的生命形态发展起来的，不过，这个过程却是由上帝操纵的。

这个结果很能说明问题：赞同A与C的，分别占受调查者的46％和40％，而赞同B的只有9％。5％的无法给出答案。知情者觉得，这并不是真正令人吃惊的结果，因为在美国，达尔文主义一向都是举步维艰。差不多100年来，人们都对是否要在公立学校开设进化论课程争论不休。1925年，美国田纳西州的生物学教师约翰·斯科普斯因为违反当年颁布的反进化论法并在课堂上讲授达尔文的进化论而遭到起诉。他被宣判有罪，罚款100美元。这起诉讼案，可算得上是美国历史上最引起轰动的案件之一。民间把这起案件称作"猴子审判"，其实是一种出于误解的说法，因为达尔文并未说过人起源于猴子，而是说人与猴子起源于共同的祖先。1960年，由斯潘塞·屈赛和弗雷德里克·马奇担任主角的电影片《向上帝挑战》取得了很大的成绩。尽管二审以"违反常规"的理由，改判约翰·斯科普斯无罪，但这起猴子审判案却成为一个重要的先例。因为大多数美国人都觉得，进化论完全是胡思乱想，必须彻底清除。依照田纳西州的先例，密西西比州、阿肯色州、俄克拉何马州以及佛罗里达州纷纷颁布了反进化论法。公立学校的教学计划删除了进化论而代之以《圣经》的《创世记》：是上帝在大约6000年前创造了地球和所有的生物。人是上帝的翻版：是造物主的顶峰之作，是动物的主人。

直至上世纪60年代，事情才出现了转机。1968年，美国最高法院宣布，禁止在学校讲授进化论的法令违反宪法。青少年必须有权知悉进化论的知识。之所以如此，也是由于法官们担心，美国的科学技术会落后于苏联。当时的苏联已在航天技术方面取得了轰动世界的成就。然而，基督教的议会院外活动集团却并不认输，他们开始进行反攻：他们散布一种"科学理论"即神造论——这个名称表明，他们的这个理论，就是逐字逐句地诠释《圣经》的《创世记》，并且要使《创世记》在学校的课程中占有与进化论平等的地位，同时还得注意不能列于社会科学或公共科学门类，而应该列在生物学课程中。学生应该有权自己判断，哪种理论他们觉得是最有说服力的。

但阿肯色州的一家法院却于1982年判决，神造论不是科学，而是服务于宗教目的的。神造论者并不搞研究，而是宣扬一种无法检验的思想。所以神造论不属于生物学的教学范围。加之由于这种思想的几个追随者意识到，假如逐字逐句地诠释《创世记》，将会遇到几个难题，于是他们便分裂成两个阵营：自由思想者和顽固派。后者继续坚持认为，是上帝把所有的化石埋进地下的，目的是为了测试我们的信仰是否坚贞；而前者却意识到，地球或许更古老，不止6000年，况且诺亚方舟也不可能装得下所有的动物。说不定真有进化呢？

在90年代，前述具有很大影响力的美国院外活动集团披上了一件新的外衣。智慧设计的信奉者们不再像神造论者那样鼓吹逐字逐句地诠释《圣经》；虽然他们认识到科学的事实，但他们的观点却是，进化论不能解释一切。尽管今天的生命形态是源自以往的，却不是在达尔文主义理论的意义上。进化不是以盲目的选择过程为基础，而是有其智慧的起因。进化是上帝所一手操控的。因此，ID是神造论的缩微版，或称之为轻型神造论。

智慧设计派错在何处？

乍一看，ID（智慧设计派）对于既对无神论的达尔文主义又对单纯的神造论都抱着否定态度的教徒们是具有吸引力的一种选择，因为这种思想，把两个世界的最优秀者结合在一起，也就是使上帝与进化和解。如其代表人物所称，假如你一旦认识到新达尔文主义的诠释模式是多么地不恰当，那你就会明白，要想将两者糅合在一起是不可能的。生物化学家迈克尔·贝希于1996年发表了《达尔文的黑匣子》，他在书中力图对进化论之不完善做出科学的解释。他提出他认为"无法简化其复杂性"的生物学现象的几个实例，如凝血机制、免疫系统以及线状细菌（即所谓的犹如螺旋桨一般驱动单细胞生物的细菌鞭毛）。按他的观点，这样复杂的系统绝无可能通过达尔文所假设的自然选择一小步一小步地发展起来，因为单个的成分只能在完全确定的组合之中起作用，因而并不单独具有任何的进化优点。若是拆除了其中的一个成分，那整体就再也不能起作用了。必须有一张智慧的设计图，一个活的生物体内的分子、基因、蛋白质和细胞才能相互配合起作用。在一定程度上，贝希并不否认自然界中的进化发展，但他认为，进化是遵从一种较高级的力量的智慧设计而进行的。

细心的读者不会忽视，ID的信奉者从收藏箱里面取出来的古老的设计论证，还是威廉·佩利在19世纪初期提出来的：生物之实用性证明，有一个智慧的创造者存在。对于反进化论者，人的眼睛就是无法简化的复杂性之典型例子。其结构与功能确实太复杂了，是不可能通过偶然性突变、选择和适应而产生的。可是现代生物学借助计算机模拟和别的方法已经证明，眼睛很可能真是一小步一小步地发展而成的。连这种逐步发展过程的中间阶段，也会给生物带来益处，因为在一个充满危险的世界里，视力每增加百分之一，都相当于是得到了一件礼品。然而，人们发现，眼睛的所有的过渡形态，今天差不多都可以在各种生物的身上见到，从无脊椎动物的色素细胞和光感受器，直至脊椎动物、节肢动物以及软体动物的各种"完美无瑕"的眼睛，真是应有尽有。自从人们再也不相信以眼睛为例的"不可简化的复杂性"以来，如贝希之流的反达尔文主义者，又提出其他例子来证明进化论之不可接受性。

迈克尔·舍默是怀疑论者学会的会长，还兼任《科学人》的专栏作家，他在谈论这方面问题的时候，很中肯地言及"缺陷上帝"。ID的策略是，借助一个神灵、一个智慧主管或者一条超感官的整理原则，填补生物学的知识空白。不过，进化论的反对者们所面临的问题是，越来越多的空白得到了填补，致使他们经常落后于现实。更为严重的是，就认识论而言，求助于一个超感官的主管是完全没有效果的，因为所提出的解释，连一个新的可验证的假说都引不出来。更有甚者，一解释，反而会引出更多的无法回答的问题。这就是伪科学用避开经验之检验的"辅助假说"填补空白的一个典型特征。ID就是神造论，一只披着羊皮的狼。

然而在2004年8月，进化论反对者却取得了一个重要的成果：在《华盛顿生物学会公报》上发表一篇ID论文——这是一家生物学专业期刊所发表的第一篇ID论文。不过，发表本身并不是那么重要，更重要的是这个事实，即这篇论文是在一家专业杂志上附加了同行评论发表的，也就是说，在发表之前，是经独立的专业同行审阅而评定为良好的。所以这篇论文是得到了科学界的郑重对待的。将来若要对公立学校的教学大纲进行司法审议，ID运动即可以此为证：ID是得到了承认的一门学科。但该刊的认真的读者却发出了警告，愤怒的情绪如波浪汹涌而来，学报的理事会只好介入争议，然后将该文撤下。理事会主席罗伊·麦克迪尔米德称，其责任编辑犯了严重的判断错误。麦克迪尔米德承诺，要更加严格地奉行编辑守则，该刊再也不会给ID提供插足之地。

这当然带出了一个问题，则这些措施会不会导致反向创造的效果？ID的信奉者将会洋洋得意地指出新达尔文主义诽谤异己的"教条主义特征"。他们将会把达尔文主义贬责为一种世俗的"宗教"。

在那篇争论文章中，作者——科学哲学家斯蒂芬·迈耶——表述了自己对进化论的怀疑，他引用所谓的寒武纪生物激增作为例证。在大约5.3亿年前生物激增的时候，在一个只持续了5000万—2000万年的相对比较短的时期之内，多细胞生物在当时的汪洋大海中特别迅速地蔓延。当时就产生了我们今天所知道的动物王国的所有的设计图。事实上，进化中的这一次重要事件，迄今仍有许多问题未能得到解释。然而也还是有一系列的线索可以探究。如有人解释，多细胞的生物，是在细胞和海藻借助光合作用给世界各处的大海注入足够多的游离氧之后才发展起来的。这是因为，多细胞生物尤其依赖这种比较稀少的气体。按照另一种解释，有某种遗传学的创新推动发展的进程，因为在寒武纪时期，产生了基础的控制基因（例如干扰基因）——这种基因可控制生物胚胎的发育。在这种基因里面偶然发生的小突变，能导致全新的设计草图产生。除此之外，在寒武纪时期的海洋中，存在着无数的小生境，等待着生物进驻。生物可以朝着各个方向发展，因为角色尚未分配。依据今天的生物学家和古生物学家的看法，所有这些要素结合起来，就成了寒武纪生物爆炸式激增的引爆剂。而斯蒂芬·迈耶的兴趣却并不在此，他认为，生物体结构设计图之突然增多，只能借助"智慧设计师的行为"的假说来作解释。

谁害怕大规模进化？

ID思想的卫道士们，在前几年已经指出了进化论的多处这样的"空白"。如他们承认，微小的进化可能真是有的，这意味着，一个种群的遗传学组成之渐进式变化，可能真是有的，但他们也像迈耶似的断言，进化论不能解释大规模进化的机制，不能解释全新的分类学种群的产生。从来没有人亲眼目睹过一个新物种的产生。鉴于这个论断是如此的正确，故而人们可以提出不同的看法，即断言，从来没有人在山脉形成之时在场。难道我们就因此而不得不推测，山脉的形成不是渐进的自然过程的结果，而是一个更高级的生灵的作品吗？

在19世纪，关于这个问题，有两种相反的考虑，一是激变论，一是均变论。前一种是指，地球的表面突然间通过上帝的插手而成形，后一种则是指达尔文的朋友查尔斯·赖尔所代表的那种关于持续不断的过程的思路。与前一种相反，第二种思路证明是一种成果特别丰硕的研究纲领。

第一代神造论者，只是在否定板块构造理论和大陆漂移学说的时候，才是坚定不移的。但是，今天的ID思想的代表却没有走那么远，他们承认地球的年龄，承认造山运动的力量。但是在物种的形成问题上，他们毫不犹豫地打出了众所周知的王牌。上帝显然有一份兼职工作。ID思想的信奉者们不赞同"小的生物学变化经过长期的过程会造成巨大的后果"的看法。虽然大规模进化之进程，一般都是极其缓慢的，以致人根本观察不到，但进化其实并不是看不见的。我们前面已经提过细菌和病毒的例子，它们能够产生出抗药性来。这类微生物繁殖的速度特别快，能持续生成新的菌株，制药工业很难与之同步发展。

不过，细菌的复制率高倒也有其好处。这使密执安州立大学的生物学家理查德·伦斯基想到了一个出色的主意，请细菌到自己的实验室里来进化。他成了一个崭新的调研项目，即"实验进化研究"的奠基人。伦斯基从1988年起进行一项长期实验，他用必需的营养物质喂养大肠杆菌的各种菌株。只供给菌株一种能源即葡萄糖，并且只供给很少的量。时至今日，经过32000代的繁衍之后，细菌已经适应了葡萄糖含量很少的环境。更有甚者，在这方面，菌株仍在进行自我改善。尽管尚未观察到一个新物种的诞生，但是在可预见的时间之内，这项实验是一定会成功的。当然，伦斯基在其试管中，迄今都还没有发现"智慧的设计"。

况且我们也并不依赖伦斯基的实验室，因为大规模进化的现存的证据特别丰富。不过，这些证据与"每个新物种都是先在一个智慧生灵的绘图板上设计好了的"想法是不一致的。进化可看作是一位业余爱好者的手工艺作品，这位业余爱好者没有多加思考，顺手拿起手边的材料边试边做。有时他所制成的作品是先前的作品的改进型。而这改进型，后来得以通过时间历程的考验而获得成功。

加之在化石检测中也有过渡形态的记录。这就是说，进化是渐进式的，并且进化的课题也是随时变换着的。许多生物显示出残缺不全的器官遗存，这些器官失去了功能，退化了。这一点也与"有一位智慧的设计师"的猜想是矛盾的。鲸的进化便是一个恰当的例子。这种海洋哺乳动物是从陆生的有蹄目动物发展起来的,这些有蹄动物生存在大约6000万年之前,其外形类似于北美狼狗。其化石证明,初期的鲸还有后腿,随后后腿变得越来越小,最后几乎完全消失(格陵兰鲸还有残余的骨盆带和腿骨)。相反,原始鲸的前肢已变形而成为鳍,但可以辨认出,鳍的骨骼依旧是陆生哺乳动物的五指模式。鲸与海豚的运动状态,不像鱼类那样以躯干作侧向摆动,而是以垂向拍打使之向前运动,这也使我们联想到,它们是从四条腿的动物演变而成的。

最后,还有许许多多的遗传材料使我们能够推测,物种是从早期的生命形态渐渐形成的。一个实例就是维多利亚湖的丽鱼种群之群落的发展。遗传学调研证明,在不长于12000年的时期之内,就产生了数百个物种。总之,我们到处都发现了大规模进化的证据,但是没有任何迹象显示,大规模进化是由一位智慧的设计师推动的。

偶然与糊涂的设计

前文已经简略提及,ID思想的信奉者们又拿起"设计论证"的陈旧武器来同新达尔文主义对抗。很遗憾,为了这个目的,他们毫无顾忌地画了一幅漫画讽刺进化论。在这种时候一再提出的对立观点,总是针对生物学过程之中的偶然的重要性。偶然的突变从未造出眼睛、翅膀、免疫系统、凝血机制、细菌鞭毛以及数不胜数的其他复杂结构。故而进化论完全是不充分的,因为——再说一遍——每件复杂的设计,都需要有一个智慧的设计师,犹如钟表也需要有钟表匠一样。钟表不可能自动产生,根本不可能通过偶然而盲目的力量组装起来。同样,你可以猜想,强旋风刮过废金属堆场,能不能组装成一架大型喷气式客机?或者这样问,一只猴子敲击计算机的键盘,它能不能打出一篇莎士比亚的剧本来?

使人觉得很遗憾的是,这样有意地通过虚构的手法描述事态,使本身绝非毫无意义的进化与宗教之间的辩论,变成了一潭无法看清的浑水。

的确，纯粹的偶然不可能造出眼睛、翅膀和免疫系统之类复杂的适应产物来。但进化并不仅仅是一种偶然的过程。虽然它是盲目的，没有预设目标，却也不是随意的。通过进化机制即变异、自然选择和复制，适应得以产生。而作为进化机制的第一个组成部分，变异确实包含了一个很强的偶然要素。遗传变异是遗传特征中的偶然性变化的结果，也就是说，是突变和遗传重新组合的综合结果。这样的变异之所以是偶然性的，是由于它不是先于种群所遭遇的选择压力而对进化产生影响。因而种群只能够"等待"，等到有利的变异之偶然发生。而进化的第二条基本原则即自然选择却与之相反，按定义是非随意而为之的，也就是说，不是偶然性的。平均而言，体内含有有利基因的生物，比体内含有不利基因的生物所产的后代要多。所以，最能适应环境的生物也有最大的机会，历经灾难而继续生存下去，并繁殖后代。繁殖成果（即素质）的差别亦非任意的。进化不是博彩活动。机制的第三个组成部分，即复制，能使进化积累性地向前发展，因为每一轮选择之产出，又可用作下一轮选择的投入。只有这样一种加成的过滤过程，才能促成复杂的适应。在若干千代的繁衍过程中，有利的基因组合积聚起来，这就使进化沿着一个方向进行。而在这个过程中，环境条件扮演着一个重要的角色。通过积累性的选择，一个种群将会适应这些环境条件，而在生物与其外部环境之间，则会发生一个长期持续的微调过程。

　　这样看来，进化绝不会是偶然发生的。让我们再回顾一下猴子使用计算机的例子。假如给文件处理程序添加一种积累性的过滤机制，通过这种机制把莎士比亚的剧本中的字母、空格和标点符号正确地挑选出来（要依照正确的顺序），那么只管敲打键盘的猴子，就有可能完成很多打字任务。

　　进化之按步骤进行，目的就是要解决问题。如"趋同"现象就表明，沿着不同途径的进化，可以找到相同的解决模式。眼睛和翅膀就是在完全不同的动物种类中，彼此毫无关联地生成的。即使像ID思想的代表人物在生物界所感知的那样，一切都是有目的的和目标明确的（目的论），也不能证明确实有一个造物主上帝。有目的，这是积累性选择的结果。适应是有功用的，但却不是目的论意义上的，由外界给它加进去的。今天在进化生物学中，这被称作"目的性"。目标明确的目的性的过程，其进行的基础，是一种预设的遗传程序，实际上从它那方面来说，就是长期的积累性选择过程的结果。

既然像前文所说的那样，可以把进化看作是一位没有预先设计的业余爱好者的作品，那就能预期，在自然界也会遇见草率之作。我们已经提过，有的动物躯体上还残存着已丧失功能、退化得十分厉害的部分构件。在我们猜测有一位设计师上帝的时候，此类残缺不全的构件却使我们觉得扫兴。若是一家计算机制造厂依旧把电子管晶体管之类，以及任何目的都不能满足的各种小灯和开关，通通组装进自己的产品，那它在市场上是不会有什么机会的。然而在自然界，这样的结构缺陷却是层出不穷的。

而进化生物学家却不说什么智慧的设计，而是说糊涂的设计（SD）。一个生动的实例就是眼睛。人和其他脊椎动物的这种视觉器官，虽然是一种特别有创造性的器具，但它还是有几个值得注意的缺陷。如视网膜中的视柱细胞和视锥细胞的神经纤维，不是直接朝后方通向大脑，而是向前进入眼珠。它们在那里同视神经结成一束，然后再穿过视网膜中的一个孔而进入大脑。而神经节及其血管截留光线，正是在视神经穿过视网膜的那个位置，那里便成为所谓的盲点，也就是说，眼睛在这个位置是没有视力的。原来我们的眼睛的视网膜安错了位置！然而幸运的是，我们不一定能察觉到这一点，因为我们的大脑将两只眼睛的图像合二为一，这样就互相抵消了盲点。但是，若省去适应的过程，并且从一开始就正确地设计脊椎动物的眼睛——犹如墨鱼的眼睛，那岂不是更聪明的设计吗？（见图11-1）。

我们可以引证一系列这样的SD实例。如人的脊椎与骨盆起初并不是为直立行走设计的。这种设计在四足行走的动物身上，证明是合适的，但在

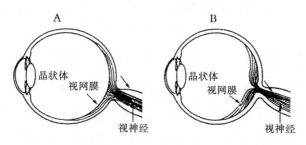

➡ 图11-1 最好是将人眼的视网膜设计成类似于墨鱼的模式（A），但人眼的实际结构却是：神经与血管都在视网膜的内侧（B）

人的身上，它却使人时常觉得脊背疼痛。妇女的骨盆还会有其他毛病。进化过程中，随着颅腔容量的增大，骨盆和生殖的通道也会变宽。当然，这样的发展也得有其限度，不能使其两只脚无法行走。这种情形所造成的后果是，在生孩子的过程中，不得不把胎儿转动90度，使之脑袋朝下先露出来。这种不理想的结构，常常导致危险的并发症——其实只要仔细地斟酌一下这样的"设计"，并发症是很容易避免的。

范畴之争

总而言之，要使进化与宗教相互调和，智慧的设计证明是无能为力的。见不到任何智慧造型的迹象。所以，如果我们想用超自然的阐释模式来填补进化论的空白之处，我们是无法达到目的的，因为我们这样构思出来的，如前文所言，不会是经得起检验的假说。所谓超自然的，按其定义，就不会是科学的研究。

按进化生物学家理查德·道金斯的观点，进化与宗教也是相互排斥的。人们不能这也信以为真，那也信以为真。而且证明进化论的证据占有优势，宗教只不过是信仰的东西，所以只得退让几分。坚定的无神论者道金斯把任何形式的笃信宗教都视为眼中钉。无论信仰什么，好歹总有理由。好的理由要以科学的方法为基础：预测、检验以及经验论证。多亏了这些，我们在过去的几百年时间里，得以使我们的知识爆炸式地增长，使我们摆脱了许多迷信的桎梏。而使我们相信什么东西的那些坏的理由，则是传统、权威以及神的启示——这些都属于宗教的特征。按道金斯的说法，这些都是摆脱了监控的谣传，毫无经验事实的依据。尽管如此，谣传却很有办法站住脚，因为人们现在总喜欢相信自己的祖辈几百年来曾经相信过的东西。引证——已经获知信条之真实性的——教条和权威，这其实是多此一举。

道金斯认为，宗教是一种危险的精神"病毒"，一种模因，它善于一而再、再而三地传染一代代新人。属于一个错综复杂的整体的各种宗教模因，其目的只有一个：自我繁殖。它们从一个头脑跳进另一个头脑，并且鼓动自己的寄主去捕捉新的灵魂，于是它们就得以繁殖下去。这样一个模因的复合体，其实是可以永生不灭的。每一代新人都是其肆无忌惮地繁殖的心甘情愿的牺牲品。现在孩子们很容易接受成年人告诉他们的东西，根本不问其是否虚假不实、愚昧粗俗，或者简直就是坏的。给幼小的儿童灌输宗教思想，严格地说，就是一种洗脑的方式。这只有利于宗教模因。

反宗教者还指出，任何一种信仰取向都声言，自己是唯一真实的，信仰其他宗教的人都是无知的或者不可信的，这样就会引发冲突和暴力争斗。没有一种宗教能证明自己优于另一种宗教，因为其信念是经不起检验的。所以宗教是科学的天敌。在宗教与科学的冲突中，多亏了哥白尼、伽利略和达尔文，科学击退了宗教，并且逼迫其越退越远。但是，只要人们把传统、权威和神的启示供奉在高于自由研究和经验证明的位置之上，宗教的蒙昧主义就始终是具有危险性的。总之，宗教真正是对人类的健全理智的一种伤害。

2002年去世的进化生物学家斯蒂芬·杰伊·古尔德，从科学的角度来看，是与道金斯极端对立的，是另外一种观点的代表。虽然他是不可知论者，但他却在自己发表的书和文章中表示出对宗教的尊重。他甚至参加一个教堂合唱队的演唱——但人们却无法想象，道金斯也会这样做。按照古尔德的观点，科学和宗教彼此之间是不会发生冲突的，因为它们是在完全不同的层面上活动。科学所研究的是自然界的经验事实，而宗教却是研究人的生命的意义，以及伦理道德问题。《圣经》教导我们如何升天，而不是告诉我们，天空是怎样运转的。故而科学与宗教不可相互评说。科学不介入宗教事务，宗教也不介入科学的事情。

古尔德将科学和宗教视为两类不同的"教育范畴"。一种范畴就是一个研究与教育的范围，在这个范围内进行特定的讨论。由于宗教和科学所研究的是完全不一样的问题，故两者之间不可能发生冲突。古尔德称之为"不会交叠的范畴"①，或者简称NOMA。这种思路并不是外交式的解决方案，而是两个领域的原则分界线。这两个精神领域都是合理的，但其中任何一个都不该花费心思去评说另一个。连哲学家迈克尔·鲁斯也赞同这种看法。与其说宗教与科学不是相互矛盾的，其实还不如说，两者是互为补充互助增强的。两个领域可以和平地共处共存。一个达尔文主义者肯定可以做一名基督教徒，反之亦然。

古尔德和鲁斯对宗教的和解态度是很值得注意的，因为在前文已经提及的1982年阿肯色州的那起司法诉讼案中，这两位科学家在庭审期间，都是同反对将神造论纳入教学中的原告站在一起的。古尔德和鲁斯当时都把神造科学称作伪科学——这个判断，得到了法庭的赞同。这就是说，那时他们应该明白，无论是一般的现代科学还是作为特殊门类的进化论，都是不会同宗教原理的逐字逐句的阐释模式和解的。一个人不可能同时相信《创世记》的说法和进化论的原理。在许多国家，出于宗教的缘故，进化论是遭到禁止的——这样做，也是不无缘由的。

进化论与有神论，与有一位正在显灵的创造者上帝——这个上帝仍然在插手世界事务——的想法，都是不相容的。但古尔德和鲁斯并不考虑

---

① 不会交叠的范畴：原文为英语non-overlapping magisteria。

这种不兼容性。而NOMA原理，即两个领域的隔离，却只能在同一个世界里才会有作用，因为在这个世界里，宽容的教徒是有所保留地接受自己的宗教信念的。可惜的是，现实却是另一回事。宗教狂热导致十字军东征、宗教法庭审判异端以及恐怖主义。古尔德认识到危险之所在，但他并不认为，宗教应当为此承担责任，而认为该由占有宗教的世俗势力承担责任。在他的眼里，神造论者和ID思想的信徒踏上科学的领地，顶撞NOMA原则，这并不是宗教事件而是政治事件。

而道金斯其人，却对进化论与自然神论完全是和睦相处的这个事实置若罔闻。依据自然神论，神只是启动了宇宙的运行，自此以后，就再也不插手历史的进程了。此外，站在宗教对立面的，可能还有许多不同的立场观点。其中只有原教旨主义和有神论这样的极端立场，才是和进化论不相容的，而较为温和的价值取向，一般都不会过分地与科学为敌。我们可以引证那些凭借宗教才得以完成的文化成就，例如米开朗琪罗在西斯廷教堂里面绘制的湿壁画，例如法国沙特尔大教堂，巴赫的弥撒曲。道金斯的冷静而尖刻的无神论，他对宗教的猛烈的批判，使许多人觉得反感。如英国布里斯托尔大学的计算机科学讲师迪伦·埃文斯在一篇辩解文章中就表示，其他任何人都没有像道金斯那样卖力地推动宗教事业，故而埃文斯赞成将宗教看作一种复杂无神论的艺术形式。宗教创造出许多富有活力的比喻，这些比喻满足了人们对先验定义的渴求。这整台大戏，所表现的是人类的起源——并且包括上帝在内，而其成形，有时真是很出色的。

以下是几种宗教的世界观：

基督教原教旨主义：有一个人格化的上帝，是他创造了万物。所有发生的事物，都是按照上帝的意愿发生的。是最顽固最反对自由化的宗教形式。其特点是对持不同观点者抱着敌视的态度。只承认一种圣贤书，并要求严格遵循其中的规范。

有神论：与基督教原教旨主义相似，但教条主义的和褊狭的色彩较弱。有一个人格化的上帝，他仍在插手创造，以便操纵之，如通过奇迹而显灵。上帝的存在及其意图都宣示在《圣经》之中。虽然它也承认其他宗教，但认为其他宗教的价值较低。其变种有一神教（只有一个神）和多神教（有多个神），如印度教。

自然神论：有一个神，但自创世以后，他就不再插手世界事务。他是工程师，是他使宇宙机械开动起来，现在是让自然法则掌管之。神并未通过《圣经》宣示什么东西，这是人的事业。他的意图我们一无所知。在启蒙运动中作为有神论与无神论之间的中间道路而产生。

泛神论：万物都是神，神就等同于宇宙。泛神论的一位著名代表是斯宾诺莎。除了神之外，不存在任何物质。斯宾诺莎将其称作"神或自然"。创造性的自然和被创造出来的自然集于神之一身。神是存在的基础，是存在与基础的最深刻的本质。在新时代的注水而稀释的形式之中，泛神论倾向于泛灵论——泛灵论认为，自然和万物都有一个神的灵魂。

某种主义：存在着某种更高级的、作为万物之基础的、可以在赞赏存在之时获知的东西。这是不久前才在西方世界，在那些战后第一代的代表人物中间出现的主义。这些代表人物在上世纪60和70年代脱离了教会，而今眼前所见，是生命的尽头，心里觉得个人的精神性已经不知所终。这种主义倾向于宗教归属的模糊化和折中主义（每种宗教都取一点）。这个术语是一位信奉无神论的生物学家所创造的。

人本主义：所谓有没有上帝的问题是无关紧要的，因为生命的意义不在人的躯壳之外，而在其内。这主要是一种无神论或者不可知论的价值取向，是与自然神论完全一致的。人们可以采取各种方式存在，可是却无法认识一种更高级的现实。人本主义者并不否认，上帝有可能存在，只是不能亲眼见到他。

不可知论：是否有一个上帝的问题是无法回答的。人的认识能力不能超越可以感知的世界，因而，原则上没有人能够告诉我们，究竟有没有一个更高级的生灵存在。不可知论这个术语，是1869年由达尔文最好的朋友、绰号"达尔文之犬"的托马斯·亨利·赫胥黎所创造的。

无神论：上帝是没有的。他是人按照自己的模样造出来的，是人类对某种更高级生灵的向往的投影。希腊哲学家兼作家色诺芬尼（他本人是个泛神论者）注意到，埃塞俄比亚人设想自己的神灵们都是黑皮肤塌鼻子，而色雷斯人则相反，把神灵设想成蓝眼睛红头发的。假设狮子也有其崇敬的神，那它们心目中的神就应该具有狮子的模样。

更高级的形而上学

具有讽刺意味的是，当代的进化论是建立在一位英国圣公会修士和一位奥古斯丁派僧侣的研究工作的基础之上的。在达尔文之前的时代，做一个无神论者是很难的。鉴于大自然的目的性很明确，人们只能猜想，有一个"创造者上帝"存在。在达尔文之后，才有了一个科学的替代诠释模式：通过变异、选择和复制而进化。达尔文证明，有生命的自然之具有目的性，是一种盲目的渐进式过程的结果，而生命的发展，却并没有明确的目的，也没有什么进化的设计图。因而，进化论和创世记故事以及对宗教信条的逐字逐句的阐释，都是互不相容的。"设计论证"再也站不住脚了。复杂的结构也没有必要非得先有一个智慧的创造者不可。

但是，常常会听到从宗教方面传出来的不同意见，称进化论只是言及生命的发展，却不能解释生命的起源。达尔文本人不是也通过其《物种起源》的最后那段著名的收尾之语承认了这一点吗？

在生命的视野里，有一位能人，起初竭尽所能也只是给少量的或者甚至是唯一的一个形式注入了生命，而当我们这个行星依照万有引力的法则绕大圈回转时，从一个如此简单的开头，竟然会发展出来无穷无尽的一系列最娇美最奇妙的形式，而且一直还在发展着。

在该书的第二版以及其后各版中，达尔文在加注※号处添加了"by the creator"（意为"由创造者"）。然而，我们不能把这个词组理解为他皈依宗教的证明，而应理解为是他对公众的让步，是为赎罪而献上的牺牲品，是对信教的同代人下跪。在这件事情上，很可能达尔文的妻子埃玛也是起了作用的。不管怎样，无可争辩的是，达尔文及其同代人在探索生命的起源之时，完全是在黑暗中摸索。

今天在这方面，我们知道得多一些了。所谓"上帝把生命注入死物质之中，而后任其进一步自我发展"的观点，并未得到现代分子生物学的证实。按照今天的认识水平，是分子的自我复制发展成RNA——即DNA的前身，随后RNA分子又发展成最初的原始细胞。所谓自我复制，并不是一种神秘的现象，我们观察晶体，就发现了自我复制的初级形式。自我复制与变异相结合，就能自动发生积累性选择，而积累性选择便能使更复杂更稳定的构型得以产生。尽管还有许多细节尚未探明，但暂时还找不到需要花费心思去悟出一种超自然的诠释模式来的理由。

当然，我们没有必要打扰一位自然神论者，他可以把神远远地推回到那遥远的往昔，直至太阳系或者宇宙诞生的时刻。然后他再采用"源自运动"的神之证明，而这个证明则会告诉我们，如果我们沿着因果之链探索回去，那我们最终就会抵达第一动因——一切都出自这第一动因。所谓第一动因，就是其动因在自身之中的动因。亚里士多德把这条宇宙原理称作"不动的推动者"。今天，天体物理学家喜欢谈论大约发生于140亿年前的宇宙爆炸。但是，对于"宇宙爆炸之前是什么"，或者"是什么力量引发了宇宙爆炸"的问题，却没有人能给出一个有道理的答案，因为物质、空间和时间都是同宇宙爆炸一起产生的。我们的自然神论者会将其称作"无能之证明"——一个越来越快地膨胀的宇宙，怎么可能从一无所有中产生呢？也许就像是莱布尼茨在17世纪所提出的最后一个，或许也是第一个形而上学的问题："为什么一般都说有**某样东西**，而不是说有**一无所有**呢？"

以前的神学家和哲学家，为了表述所谓的宇宙论的"上帝证明"，即表述"只有处于我们的宇宙之外的一种力量，才能诠释宇宙的存在"的思想，都要思考这个"为何宁有某样东西而没有一无所有"的问题。宇宙之产生不可能是无中生有。这个论证的一种现代异文即是所谓的"与人有关原理"——这条原理说的是，物理学的自然常量是如此精确地相互吻合，致使宇宙、生命以及人的意识有可能产生。如引力、基本粒子的质量与电荷，以及宇宙膨胀的速度，均属于此类参变量。假如精调稍有差异，则会像我们所知道的那样，很可能就没有我们，也没有宇宙了。

行文至此，那很容易产生疑问的自然神论者会问我们：你这话难道不是意味着，需要有设计草图吗？并不是非要不可。从自然常量和宇宙的存在，并不能推论，这一切都是有设计的，或者说必须这样而不能那样。这一个的后面并不会出现那一个；从某样东西的存在或者某件事情的发生的事实，并不会得出"它不可能是不一样的"推论。宇宙与生命的进化过程，可能是不同样的一种模式，但却是一样的好，只是那样的话，就不会有我们了。所以有我们存在的这个事实，不是必然地表明，有更高的目的，事先有规定，或者有必要。而且关于有上帝的猜想，又会引出更多的问题，以致这种猜想无法回答：上帝从何而来？是他本人造出了自身，还是他本来就一直存在？若上帝是永生的，那么是他解除了时间的羁绊，或者更确切地说，他是永远地存在着？上帝是第一动因并且是宇宙爆炸的引爆者的想法，只是把问题转移了，这是因为，如果我们问，为何会有某样东西，而不是有一无所有，那上帝也属于某样东西之列了。这样一来，有上帝存在的猜想就会是一种循环论证：把想要证明的东西拿来作为证明的前提。

伊马努埃尔·康德早就驳倒了所有臆想的上帝证明。认识上帝是不可能的，因为我们的理性不可能超越感性的世界。假如有一个上帝，那他就是在经验之外的那个王国里，而经验的大门紧锁，我们的认识进不去。由于我们的认识是有限的并且是会出差错的，故而不在科学与哲学中提出不必要的或者多余的假设是明智的。这条原则以"奥卡姆剃刀"之名而为众人所知——该名取自生活于14世纪的英国哲学家奥卡姆的威廉。它是一件反形而上学的"武器",因为它规定,再也不要把"存在"(存在、物质)假设为是逻辑上绝对有必要的。奥卡姆原理促使我们节省:如果有两种理论同时把一件事实解释得很好,则总是优先挑选其中解释事实的语言最简洁的那种理论,即是那种以最少的假设为出发点的理论。由于"有一个上帝启动了宇宙的运行"的假设是无法检验的,所以它也不能增加我们的知识,故我们要严格地拒绝它。

难道这样就会明确地证明,相信某种更高级的东西就是胡思乱想吗?不是,幻想破灭了的自然神论者是有救的。关于世俗化思想在西方世界极其广泛地传播的论点,完全是严肃地提出来的。至于世俗化思想之所以能够广泛传播,除了其他原因,还有一个原因,就是纯粹由于光污染和空气污染,我们再也看不见缀满星辰的天空了。若能毫无障碍地看见银河系,那就等于是奇迹出现了。我们会感到宇宙的崇高而邈远,也会感到人之微不足道。由于星辰布满了夜空,最后几个问题就会自动冒出来。自然神论者可以放心,因为在形而上学的较高区域里,允许任何人相信其想要看见的——只要他尊重别人的观点,不要插手科学就行。

在探索上帝模式的路上

虽然进化论是与一种自然神论的世界观相一致的,但与一种有神论的、将宗教教条视为有约束力的世界观却是不相一致的。创造与进化是相互排斥的。就这一点而言,人们不得不抱着某种程度的怀疑态度,看待教皇保罗二世于1996年所发表的关于进化论的声明。按天主教会的意见,人的躯体可能是通过一种自然过程从初期的生命形式产生出来的,然而人的灵魂却是直接由上帝创造的。这种自相矛盾的观点会引出一系列问题。例如,人们究竟应当如何确切地理解灵魂的含义,或者灵魂是在发展中的哪一个时刻被植入人心的。由于进化是逐渐地进行的,类人猿不会忽然间一跳就变成了人科动物智人。确定任何时间点都将是随心所欲的擅自行为。奥卡姆原理的建议是,要践行本体论的节省原则。由于"上帝是灵魂的创造者"这种假设，并不能科学地引导我们进步，所以我们不应该理会这种假设。天主教会企图把两个世界的最优秀的东西结合起来，这只会引起大家的困惑。

如果说从前上帝与进化没有任何关系，那说不定反而是进化把我们引向了上帝。因为就生物学而言，宗教现象其实绝不令人惊讶。所有生活在紧密的社会联合体内的灵长目动物都需要领袖，即那个保护本群体并决定群体的内部等级制度的个体。就这方面而言，人却是例外。宗教便能迎合这种对舵手与权威的需求。宗教起社会黏合剂的作用，加强成员的归属感，加强群体的内部团结。此外，人是我们这颗行星上唯一意识到自己会死的生物。天国，死后的生活，或者再生，都是为了自我安慰而设想出来的。在所有的文化圈里，我们都看见对一种形而上学的秩序的信任，对人的精神部分在其中继续存在的一个范围的信赖。宗教对追问人生意义的问题作出回答，提供在一个冷冰冰而且漫无目的的宇宙中的庇护所。连自然界里许多无法理解的现象，我们的祖先也能用一种超自然的力量来解释。人们在令人惊恐不安的自然现象如闪电、惊雷、地震或者日食的背后，看见了诸神的震怒。

有的研究者甚至认为，对精神性的需求，已在我们的基因里扎了根。宗教是有益处的。教徒似乎活得更久，很少情绪低落，身体更健康，生育孩子的平均数多于不信教的人。所以，一种宗教基因是会起作用的，并能在种群内自行散播。加之有迹象表明，宗教情绪与经历可以追溯到大脑里的神经过程。相对应的脑区则被称作"上帝中心"（God Spot），或曰"上帝模块"。当实验参加者深思或祷告之时，可以检测到其大脑垂体管睡眠的部分和脑边缘系统内都提高了活性。前者使精神集中，而后者则专司情绪加工之职，专管冲动行为。更有意思的是，与此同时，垂体顶部的血液急剧回流——正是在那个使我们能够空间定位并把我们的身躯与其余的世界区分开的部位。人感觉自己已同宇宙合为一体。

作为一门学科，这种对宗教的笃信痴迷被称为"神经神学"，我们只能从神经生物学的基础上去寻求对它的理解。我们首先想到的问题是，究竟是精神的经验引起了所观察到的大脑活动，还是从后者引出了精神经验？是上帝造就了"上帝中心"还是"上帝中心"造就了上帝？也许两者是同一回事。教徒可能会说，是上帝把一种类似于天线的东西植入了我们的大脑，以便我们能够清清楚楚地接收到他所发出的信息。显得更为有趣而且更有用处的是，假设宗教是进化的——通过自然选择而得到的——结果，因为这种假设会引出整整一个系列的有关生物起源和精神性之功能的新问题。不过，也不能排除，宗教根本没有什么功用——起码对我们来说是这样。如果道金斯、布莱克莫尔以及其他模因学者是言之有理的，那么宗教就仅仅是为了其自身而存在的。它有能力不断地造出自身的新复制品。若是这样，那我们就只是永存不死的模因的暂时的、可操纵的运输工具。

在人类历史的近现代时期中，对笃信宗教的现象有各种各样的解读法，如"麻醉人民的鸦片"（马克思），集体性的神经官能症（弗洛伊德）或者"社会的黏结剂"（杜尔克姆）。上述这些和其他当代的解读法中，大多数都有一个共同之处，即力图骂垮宗教，这样也许会使这种典型的人的内心活动断然终止。对更高尚的难以理解的东西怀着敬畏之心，对存在抱着赞赏的态度，这本身肯定是天下所有的人——无论是教徒还是不信教者——的特有的本性。可是这种赞赏的态度，并不一定需要借笃信宗教或者借精神性的方式予以表达，其实也可以艺术或者科学的方式将其表达出来。道金斯在其没有多少人知道的一部作品《解析彩虹》中，表示反对"当代科学解除了现实的魔咒"的看法。他认为，完全相反，当代科学丰富并且深化了现实。科学强化了人们的赞赏之感。

2005年7月1日，美国享有盛誉的科学杂志《科学》，在其创刊125周年之际出版了一期特刊，列出了125个尚未获得解答的重大科学问题（什么是我们所不知道的？），不过，只列举了可能会在下一个25年获得解答的此类问题。编辑部对所列出的问题中的25个做了说明。

前3个问题是："宇宙是由什么构成的？""意识的生物学基础是什么？""人的基因为何这么少？"差不多60％的"重大问题"都与进化生物学有关。其实还有许多"空白"，不过所谓"空白"，并不是指一门学科的原则上之不完善，而是指这门学科如此迅速地发展的事实：进化生物学所开拓的这片领域，正变得越来越广阔。

第12章

进化与道德

道德之基础

世人历来都把道德视为某种比较高尚的东西，用丹尼特的话来说，这东西是"抓着天空中的吊钩"降落到地球上来的。正统的基督教徒对于好与坏的认识，都是以《创世记》中所描述的原罪之后果为准。在伊甸园里，夏娃受到蛇的诱惑，偷吃了知识树上的禁果，从此人们就一直受到良知的困扰。因为关于道德义务的学说，即伦理学，也是长期被视为纯粹的神学与哲学的事务。归根结底，道德是建立在一个超自然的基础之上的，因为我们的道义之感是源自上帝的。按照这种看法，"品德"是专门为作为创造之顶峰作品的人所预留的特性。动物不会知道有上帝的存在，也更不知道上帝的戒律。

不过，这种道德观点从相当长的时期以来就受到了质疑。有人认为，伦理学并无绝对的基础，也根本没有一种超自然的起源。我们的道德行动的能力并不是上帝所赐予的，而更可能是我们的天性中一个固有的成分。道德感受不是来自"上天"，而是从"下面"而来，它植根于通过进化而成形的与生俱来的秉性之中。犹如人拥有与生俱来的语言能力，他也拥有一种自然的"道德能力"。进化心理学家和社会生物学家认为，道德的产生和发展，也应该是自然科学的研究对象。社会生物学之父爱德华·威尔逊坚信，探究道德行为的生物学根源，会使我们有可能建立起一个更为公正、持续时间更长久的社会制度。如果人们将道德哲学置于自然科学关系之中，那它就会取得进步。进化生物学、灵长目动物学以及博弈论的知识，将会深化我们的相关知识。

此外，社会生物学家和进化心理学家都认为，伦理学系统是从控制冲突、促成合作的必要性产生出来的。道德之产生，是为了给一种社会制度提供保障。信仰的见解完全不同的人群，往往遵循相同的道德准则，这事实证明，道德已经植根于我们的天性之中。偷盗、强奸或者杀人，在任何地方都不会得到宽容，而宽宏大量、无私以及集体主义的精神，在所有的文化中都被视为美德。所以，道德或许不太可能是我们的文化与文明的产物，确切地说，倒应该是相反：文明是我们的植根于生物学之中的道德的结果。

按照灵长目动物学家弗朗斯·德瓦尔的看法，我们同其他哺乳动物一样，是拥有道德感的。可以观察到黑猩猩和倭黑猩猩之类的感情冲动，如狂怒、愤恨、羞愧或者同情，和人的冲动十分相似。有的动物显然具有某种良知：它们知道，有的规则是不可以违反的。德瓦尔和别的研究者认为，我们的道德是从合作的需求产生出来的，而这种需求，则是我们和许多其他社会动物都具有的一种本能。如我们在第5章中已经讨论过的，从生物学的角度来看，合作是建立在两种进化机制，即亲属选择和互惠互利的基础之上的。

社会契约

在前几个世纪里，哲学家们一再绞尽脑汁地思考，在一个没有政府的自私自利的世界里，人间的合作关系究竟是如何形成的？17世纪的英国哲学家托马斯·霍布斯对这个问题给出了一个著名的答案。霍布斯认为，在国家建立之前，人们生活在一种自然的状态之中，此时是"所有人与所有人作战"的社会。由于自私自利的个体之间的无情的竞争，所以生存是"孤独的、穷困的、艰辛的，是动物式的、短暂的"。救治这种无政府状态的唯一良方，就是将统治权授予一位君主。君主为人们提供安全的保障，但是他会为此而要求人们遵守规则。人民和君主之间达成这样的社会契约之后，处于自然状态的社会便能转变为一个文明的社会。在这样的社会中，国家负责保护公民的权利，公民则臣服于维护社会秩序的君主。

其他思想家，如法国哲学家让－雅克·卢梭，就如何建立一种社会制度的问题，给出了另一种答案。与霍布斯不同，卢梭假设，处于自然状态中的人，都是品行端正的。他勾画出与自然及其创造物融洽相处的高尚野人的形象。在私有财产与国家制度尚未形成之前，人们都是自由而相互平等地生存着。首先是社会政治制度使人们腐化堕落了，同时又破坏了社会的和谐。换言之，是文明使人们堕入不自由不平等而且颓废的境地。因为卢梭的最有名的口号式的名言之一就是回归自然！当然，卢梭不会赞成霍布斯关于和一位君主或一个国家订立社会契约的建议的。他不支持订立臣服的契约，而赞成订立团结契约。人不应臣服于一位君主，而应服从于集体，服从于普遍的意志。通过这种方式，人便重新获得了品德与和谐。

18世纪的苏格兰哲学家亚当·斯密则采取了一种中间的立场。虽然可以通过各种方式方法建立社会，但"最自然的"体制还是自由的市场经济——在这种体制之下，公民是在遵守一定的社会规则的前提下，致力于扩大自己的私有财富。斯密认为，这样一种体制，是通过公民间不计其数的交易而所谓"自发地"建立起来的。国家的富裕，人与人之间的协作，都是由"一只看不见的手"操控着。很快就产生了社会分工，致使人们相互依赖。我们不能大家都当面包师、屠夫、酿酒师以及清扫烟囱的师傅。社会制度并不是由心怀目标意识的人设计出来的，而是自动建立起来的。斯密和其他正统的自由思想家，都是从关注其个人利益的成年公民的角度出发提出其理论构想的。从总体上说，这是有利于社会的。

　　人们相互帮助的事实，其实在日常生活中绝不会被人们看成是什么问题，但在生物学中，的确是这样看的。问题在于，在一个以自私自利为标志的达尔文主义的世界里，合作与集体精神怎么能够立得住脚？自私自利的行为留给移情作用、献身精神以及同情心的空间很少，更不要说更高尚的道德了。斯密认为，即使没有当权者给人们规定义务与责任，合作与秩序也是可以建立起来的。但是，个人的自私自利如何能够变成对整个社会有利呢？为什么好心的个体不会遭到彻底的剥削呢？有的人利用合作体制获利，却并不付出相应的回报，但为什么他们并不能动摇社会呢？什么原则是我们愿意相互合作的基础呢？难道合作最终还是落脚于个人的私利的一种策略？为了回答这些问题，我们得把它们归纳成一个总的题目。这就是我们下面将要探讨的博弈论问题。

博弈论

　　博弈论是数学家约翰·冯·诺伊曼和经济学家奥斯卡·摩根斯特恩于1944年创立的。两位学者开发出一种阐释经济的过程并能说明其道理的数学理论。然而，不久之后就证明，这种博弈论有着广阔得多的应用范围，因为在随后的几十年岁月里，这种理论也在其他学科，例如在政治学与进化生物学中，得到了应用。自那时以来，博弈论便成了研究合作的进化问题的一个不可缺少的工具。

　　在博弈论中，两方或多方之间的冲突或相互作用，被理解为是一场"博弈"，而其参加者都推行一种特定的策略。我们不由得联想到马路上、商界中以及政界里所发生的冲突。博弈论试图分析，如果这样一种博弈的所有的参加者都表现出合理的行为，那将会如何。所谓"合理"，意为每个参加者都力求使自己的收益最大化。换言之，在任何一场博弈中，每个参加者都力求获得最大利益（我们将会看见，连动物也参与这类博弈）。每个参加者都会——针对其他所有的参加者都表现出合理的行为，也就是追逐最大利益的态势——制定有利于自身的最佳策略。有时是利益的相互竞争，有时是利益的彼此交叉。在这样一种不同利益竞争的混乱局面之中，最佳的策略是什么样的呢？有没有这样的策略？如果人人都考虑自身的利益，那么对于集体来说，又会有什么样的结果呢？这样的话，还有可能合作吗？

在博弈论中，博弈可以区分为"零和博弈"和"非零和博弈"。零和博弈的结局是，一个输一个赢。让我们来思考一下网球比赛：一个运动员的胜利，自动表示另一个的失败。非零和博弈则要有趣得多。因为这种博弈还有一种可能性，参与双方都输或者都赢。让我们来看看一个简单的例子：譬如说有两名参加者，一个叫汉斯，一个叫玛丽。这场"博弈"是发生在马路上的一种情况：汉斯和玛丽驾车驶过一座只有一个车道的小桥，他们的行驶方向正好相反。汉斯和玛丽各自都有两种选择：继续前行或者停车。这样一共就有四种可以选择的"策略"，即是：

a. 汉斯让玛丽先过

b. 玛丽让汉斯先过

c. 汉斯和玛丽都停车

d. 汉斯和玛丽同时继续前进

很清楚，不是选择a与b，就是选择c与d。我们可以采用图表的形式来表示四种结果。

		玛丽	
		停车	继续前进
汉斯	停车	0, 0	1, 1
	继续前进	1, 1	0, 0

图12-1 小桥错车之一

我们给每种结果都打分。策略c和d对汉斯和玛丽都不利。所以给这两种情况都是打的零分。而另两种策略a与b得的分要多一点，即分别打1分。然而问题在于，汉斯和玛丽都不知道对方有何打算。也许双方都会有礼貌地等一会儿，直到两人都失去了耐心。然后都加足马力启动，紧接着一瞬间，两部汽车便迎面相撞。换言之，这场博弈没有明确的解决办法，没有胜者。或者更确切地说：有两种解决办法即a与b，但正好是这两种办法，会使博弈的参加者陷入不安全的境地。

不过，如果汉斯和玛丽经常在过桥时相遇，那情况就有可能改变。在这种情况下，有可能无声地达成默契（"女士先行"）。这对于两个博弈参加者来说，是一种最佳的解决办法：汉斯让玛丽先走。

		玛丽	
		停车	继续前进
汉斯	停车	0, 0	2, 2
	继续前进	1, 1	0, 0

➡️ 图12-2　小桥错车之二

通过此类交际规则，可以避免冲突而有利于所有的参与者。我们在日常的社会交往中都会使用此类服务于合作目的的规则与约定。但是，关于此类规则究竟是如何形成的问题，却依然没有得到解答。

囚徒的困境

也有一些博弈，其参加者的利益有时是彼此交叉的，有时却是相互冲突的。在这种情况下，得分之多少，就要取决于对手的行动了。到了此时，博弈论才真正算得上有意思了，因为此时的问题是，什么时候肯定会合作，什么时候不能合作？在这种情况下，是不会选择绝对无私的策略的，因为这种策略不能解决这个问题。有时不合作反而更明智，因为绝对的利他主义会迅速地消耗光。

这样一种需要采取混合策略的博弈，一个最有名的实例就是所谓的囚徒困境。有两个共谋犯罪的嫌疑人，就说他们是武装抢劫银行吧。为方便起见，我们还是把这两个嫌疑犯称为汉斯与玛丽。虽然警察已有具体的证据，证明这两个人参与了抢劫，可是如果有供词，那事情当然就简单了。无论如何，两个人一定会被判入狱服刑，问题只是，刑期将会是多少年。

汉斯与玛丽被分别审讯。如果他们两个人都供认罪行，并告发另一个是主谋，那他们都有减刑的机会。谁认罪并告发另一个人，就会只被判刑1年，而另一个承担主谋罪责的人，就会判10年徒刑。这样看来，告发别人是有吸引力的，因为另一个人也是这样考虑的。因而，两个人若是互相告发，那么每个人都可能会坐5年牢。这样看来，最佳策略就是两个人都沉默，那么两个人都被判两年半的徒刑（见图12-3）。图中逗号前面的数字是汉斯被判的刑期，逗号后面的则是玛丽被判的刑期。

		玛丽	
		沉默	出卖
汉斯	沉默	2½，2½	1，10
	出卖	1，10	5，5

➡ 图12-3 囚徒困境

现在汉斯与玛丽应该怎么办呢？哪种策略最好呢？让我们从汉斯的角度设身处地考虑一下。他明白，玛丽不是沉默就是出卖自己。如果玛丽沉默，那在他出卖她的前提之下，结果对自己最为有利。那样他就只会获刑1年，而玛丽就得在铁窗里面服刑10年。但是，如果玛丽也认罪并出卖他，那么对汉斯来说，告发她也对自己有利。虽然这样他会坐5年牢，但这总比自己保持沉默而获刑10年要好一些。不管玛丽如何决策，对汉斯而言，把罪责推给她似乎都是最好的策略。当然，反过来对玛丽也是一样。不管汉斯采取何种对策，只要她出卖自己的同伙，对她自己都是最有利的。由于这两个家伙都竭力使自己的获利最大化，结果反而错过了最佳的解决办法！这是因为，假如他们两个都保持沉默，则每个人都不必坐5年牢，而只需要在铁窗后面服刑两年半就可以了。关键在于，这两个家伙的理性思考，并没有引导他们找到最佳的解决办法。

现在，人们可能会认为，汉斯和玛丽之所以错过了机会，是由于他们没有互相商量。只要让他们两个有几分钟时间单独待在一起，他们一定会约定，两人都保持沉默。不过，这还是很成问题的。假如他们两个确实能够在无人监视的情况下商谈几分钟，那他们的确很有可能会相互承诺保持沉默。可是返回监舍之后，他们每个人都会再度面临同样的两难处境。更有甚者，出卖另一个人的意图此时反而更强烈了，因为此时两个人都完全会认为，另一个人可能会坚守承诺，保持沉默的。乍一看，这样就只能从囚徒的两难处境得出一个使人灰心的结论：合理性思考不会导致合作的成立。如果汉斯与玛丽顺着这个思路考虑，都竭力维护自身的利益，那两个人都会吃亏。若只是考虑自身的利益，显然是得不到所希望的结果的。

猴子的两难处境

然而，这种悲观的结论未免下得早了一点，因为两个博弈参加者，若再度陷入同样的境地，事情是会发生变化的。如果经常参与这种博弈，就可以说是反复陷入囚徒困境。像玛丽与汉斯这两个无可救药的罪犯，很可能会经常在警察局里出现。那样一来，他们将会弄明白，彼此信任保持沉默，才是对他们自己最有利的。

至于如何能够建立起这种彼此信任的关系，玩玩另一种博弈是有助于看清楚其中的门道。从形式上看，这和囚徒困境是一样的，只是主角换了，环境不同而已。现在我们所观察的，不是汉斯与玛丽，而是一群猴子。猴子喜欢在自己的身上东挠西挠抓跳蚤。但是，背后有的地方自己是挠不到的。有一个简单的办法：只要猴子们愿意相互合作，就能解决问题。我先给你挠，然后你再给我挠。如果这种博弈猴子们只做一次，那就会和前面那个汉斯与玛丽的例子类似，又陷入同样的两难处境。因为骗骗别人是有诱惑力的：一旦它给我挠完了背，我就赶紧溜走。故对个别的猴子来说，骗骗别人是最明智的策略，因为这样它被人家利用的风险就会最小（见图12—4）。

		猴子A	
		合作	欺骗
猴子B	合作	A和B的背都挠了	B先给A挠背，但A却没有给B挠
	欺骗	B的背挠了，但B却不给A挠背	A和B的背都没有挠

➡️ 图12-4 猴子的两难处境（囚徒困境之重复）

现在让我们来替猴子B想一想。不管猴子A做什么，对于猴子B来说，欺骗总是最有利的。如果猴子A合作，那B的背就挠了，随后它却不必回报同样的动作。如果猴子A骗了它，那么猴子B最好是采取同样的策略，因为不这样，就成了只是它给同类挠背，而它自己背上的跳蚤却没有清除。当然，对猴子A来说，也是这样。于是两只猴子都会得出欺骗是最佳策略的结论来。由于所有的猴子都以获得最大报偿为自己的出发点，那最后的结果将是，每只猴子还是自己挠自己的背。由于缺乏相互信任，它们错过了最佳的解决办法即互相挠背，结果它们只能忍受背后挠不到的地方奇痒难耐的痛苦。

不过，猴子A和猴子B时常相遇，经过了这样的几次博弈之后，猴子A对经常骗人的猴子B就不再轻信了。但是也有可能，两只猴子逐渐地确定了相互信任的关系。于是就形成了一种谨慎的合作关系，而没有这种合作关系，最佳的解决办法是不可能有的。如果猴子身上的某个部位它想自己挠却挠不到，那它就得投点儿资。我先给你挠，你后给我挠。这样，两只猴子的策略就可以相互吻合，进而可以形成一种建立在互惠基础之上的合作关系。加之一群猴子的数量多于两只，故而很容易另外找到一只愿意合作的同类来替换不愿合作的，这样就可以指望获得更多的利益。

互利主义

互利主义的概念，出自社会生物学家罗伯特·特里弗斯。这种策略是建立在"一只手洗另一只手"的原则基础之上的。互利主义意味着，某人暂时把自己的精力与注意力放在另一个人的身上，是指望某个时候能得到"回报"。因而重要的是，要能及时认出受益者。某人若是上过几回当，那他得让骗子感觉到这一点。在日常生活中，我们一再发现有人这样考虑。如果我们已经请一个熟人吃过几回饭了，可他从未回请，那我们到一定时候就不再请他了。

为了把道理讲清楚，我们还应该说：在生物界的各个层面上，我们都发现了互惠的关系，甚至在植物界、霉菌和微生物界都存在这种关系。有的生物通过靠近其他生物而获利，这就形成了一种依附的关系。在大多数情况下，这是指完全不同的物种之间的一种共同生活方式，如鸟类在寻找昆虫吃的时候自己爬进了鳄鱼的大嘴巴，或者觅食花蜜的昆虫却为花授了粉。这类情况我们称之为共生现象。这种行为完完全全是遗传确定的，生物是彼此依赖的。如鳄鱼在鸟儿把自己的喉咙清理干净之后，也不把大嘴巴闭上。它的直觉告诉它，专业的清洁工是很少的。

这意味着，生物之间的共生关系，并不是建立在一个有意识的动机的基础之上，相反，互惠互利主义却恰恰是如此。后者还要以良好的记忆力和情感为前提，只在高等动物中间出现。由于个体经常都需要重新定位，故他们必须相互认识，并且能回忆起以往曾经相遇的情形。如果总有一天会得到回报，骗子也会受到惩罚，那么，只有在这样的情况下，互惠互利主义才能行之有效。这就是说，合作并不是像共生现象那样，是预设了程序的，个体必须根据具体情况决定，是合作还是不合作。在这样思考的时候，互惠就是判断的标准。若是有一个臭名昭著的"不买票搭车者"又提议做交易，那就得让他碰碰壁。更为聪明的策略是，让一个已经证明是可以合作共事的同类参与。策略就是这样凭以往的经验确定下来的。所有采取社会生活方式的高等动物，都运用此类行为准则。

南美洲的吸血蝙蝠，是我们所发现的此类互惠现象的最漂亮的一个实例。它们只靠吸血为生。它们在夜里凭借自己的尖利的牙齿，从马与牛之类哺乳动物的身上吸血。它们的唾液里含有阻止血液凝结的物质，这种物质甚至可能具有减轻疼痛的功效。不过，这种蝙蝠也不是每次都能成功而返，个别的会空着肚子返回栖息处——某个山洞或者枯树树干上的空洞。而这也不是毫无风险的，因为这种吸血动物至少每三天必须饱餐一顿，否则它就会饿死。

在这种情况下，如美国生物学家杰拉尔德·威尔金森所查明的，吸饱血的吸血蝙蝠愿意让饥饿而乞讨的同类分享自己所带回来的营养品。它们将自己肚子里的血液又呕出来，喂进乞讨者的嘴巴。令人感到惊讶的是，它们不但这样喂亲属和自己的后代，而且也喂本群之中不是亲属的同类。这种合作不是建立在亲属选择的基础之上，而只是建立在互惠的基础之上：一只慷慨的吸血蝙蝠可以指望，在某一个夜晚，当自己没有吸到多少血的时候，它曾经救助过的那只同类，会给自己一点儿食物。而一个寄生虫则会受到公正的惩罚，什么都得不到。蝙蝠一般都生活在一个紧密的集体之中。所以它们彼此很熟悉，经常能够检测其他同类的合作意愿，这其实就是一再重复出现的"囚徒困境博弈"的一个前提条件。履行自己的义务的个体，会得到酬谢，而骗子则会受到蔑视并被逐出"吸血帮的兄弟同盟"。

博弈论使我们明白了，合作比不合作，利益大得多。这个道理，既适用于汉斯与玛丽，也适用于猴子和吸血蝙蝠。只有在以互惠为基础的合作之中，才能找到"游戏"的最佳解决办法。采取合作的策略，会取得比采取一种——参与各方常常尽量设法——占别人的便宜的策略，或者完全放弃合作的策略，更大的成果。合作是会有酬报的，至少在此期间，能挑选到恰当的合作伙伴。所以博弈论者和进化生物学家提出了下面这个有趣的问题：一个由相互合作的个体所组成的集体，有可能在"自私者与骗子再也不能混杂其中"的意义上达到稳定吗？倘若真能如此，则我们所讨论的就是所谓的进化的稳定策略（ESS）。这个概念出自英国生物学家约翰·梅纳德·史密斯。ESS可以这样定义：ESS是一种策略，假如一个种群的大多数成员采取了这种策略，那它就不可以通过采取另一种策略来加以改良。一种ESS一旦得到了推行，它也会继续坚持下去。因为每次偏离ESS都会受到自然选择的惩罚。美国博弈理论家罗伯特·阿克塞尔罗德对这个问题进行了研究。他想知道，合作是否能形成，它怎样形成，在一个有许多策略可以选用的世界，它能不能站住脚，怎样站住脚。阿克塞尔罗德一开始研究便提出了以下三种假设：

——在一个自私自利的个体所组成的世界里，合作可以在互惠的基础上形成。合作比自私自利更值得。

——合作的策略，可以在一个有许多形形色色的策略正在试用的世界里行得通。合作可以是最佳策略。

——如果以互惠为基础的合作策略得以通行，那它就可以在合作性质弱一些的策略"入侵"之前自己保护自己。这样，骗子就不会有机会再返回来侵占种群了。

针锋相对之胜利

为了检验自己所提出的假设，阿克塞尔罗德于1979年发广告举办计算机比赛，赛题是反复出现的囚徒困境。一批博弈论者、进化生物学家以及其他科学家参加比赛，寄来计算机程序。博弈完全是一种形式，即是说，程序只能得分（见图12-5）。

	程序A	
	合作	出现故障
程序B 合作	两方合计共3分	A：5分 B：0分
程序B 出现故障	A：0分 B：5分	两方合计共1分

➤ 图12-5　罗伯特·阿克塞尔罗德计算机程序比赛

　　一共收到分别属于5个不同学科的著名学者所寄来的14份建议。每件程序都与其他的程序对阵，并且也与自己的程序对阵。此外，为了作比较，阿克塞尔罗德还添加了一件程序——这件名为"随意"的程序所遵循的是偶然策略。在比赛期间，总计进行了225场（15×15）对抗赛。当每对参赛者各走了200步之后，就把得分加在一起。一件程序最高可得15000分［（200×5×15）］，最低得0分。但实际上，这两个极端分谁都没有得到。实际上，一件程序在一轮比赛中得到的最高分平均为600分上下，因为两种合作策略各得了200×3分。试图欺骗对手的那些程序，得分其实少得多，因为另一方也同样设置了故障。为了不被别人利用，寄来的程序大多数都安装了某种报复程序。

　　多伦多大学的俄裔心理学家兼博弈论专家阿纳托尔·拉波波特教授的针锋相对程序，成为这次比赛的赢家。它同时也是参赛程序中最简单的一个。它所遵循的是一种简单的指令：你第一步始终选择合作，然后，对方选择什么，你下一步也选择什么。而其他程序大多数都试图欺骗对手，它们所采取的办法大致是合作几回，随后突然使之出故障。但此类"低俗的"策略，长期而言是不值得的。虽然总是造出故障的策略在与针锋相对程序直接对抗之时，会把同时进行的第一步的全部5分都揽入怀中，并且针锋相对程序再也不能赶上这个优势，然而这种比赛终归还是要凭总分决胜负。而针锋相对程序，原则上却连一次个别的对决都不需要赢，但伴随高分一起到来的却是失败。即使是进行与自己对阵的博弈，这种程序也会得很多分。两个针锋相对程序始终是合作的典范，因而分别得到3分。

故而重要的是，要让反复参加囚徒困境博弈的选手，不知道自己到底比赛了多少个回合。因为他们若是知道了，他们就会分别再玩一种简单的、一次性的囚徒困境博弈。如我们所发现的，在这种情况下，最好的决定就是拒绝合作。（由于无法商量，故没有最有利的解决方案，即双方都保持沉默的办法可供选用。）假如知道，与另一方只有十次对抗的机会，那最后一轮其实是多余的，因为可以预料，参赛双方不会都使故障出现。但这种情形，会在第九轮和第八轮以及前几轮出现。换言之，假如一种反复出现的囚徒困境博弈是次数有限的，博弈的参加者事先就清楚有多少轮，那么最明智的策略就是一直欺骗对手。相反，假如不知道游戏有多少轮，则合作就是值得的。按照阿克塞尔罗德的说法，就是"未来的阴影必须长期存在"。在这种情况下，对于博弈的双方来说，相互欺骗的程度得低一些，因为行骗就得冒风险——在下一轮遭到报应的风险。

为了进行比较，同时也为了排除偶然因素，阿克塞尔罗德在80年代又组织了第二次比赛，这次参赛的程序增加了很多，总计有62件来自不同国家的程序（加上随意程序就是63件）。寄来的参赛程序，出自博弈论专家、信息学家、经济学家、数学家和进化生物学家，还有其他学者。此外，所有的参赛者事先都收到了对第一次比赛的认真细致的分析。所以，有望看见开发出水平更高的程序。事实上，有的策略真是格外地富有创意，如先通过持续的合作麻痹对手，然后忽然使之出现"故障"（即表现出反对合作的态度）。另外一些程序则试图弄清楚，对手对突然出现的欺骗会作何反应。若对手不采取报复措施，那就可以狠狠地敲诈一下这个头脑简单的傻瓜。

出乎意料的是，第二次比赛仍旧是拉波波特的针锋相对程序获胜！尽管所有的参赛者都知晓他的策略，但是谁也没有能够成功地思考出更好的策略来。"低俗的"策略甚至于通通都得了最低分。低俗行为又一次得到了一个不值得的结果。而且针锋相对程序在第二次比赛中，仍是最简单的一个程序。显而易见，对于反复出现的囚徒困境而言，复杂性并不是条件——这和大多格外复杂的下棋程序是不一样的。在第一次比赛中，最复杂的策略甚至名列末位。其作者希望保持自己的匿名身份（"不要公开姓名"）。这位作者究竟是谁，连理查德·道金斯也东猜西猜：也许是五角大楼里的一位幕后操纵者？或者是中央情报局的首脑？要不就是亨利·基辛格？可以肯定，我们永远无法知道此人究竟是谁。

针锋相对是一种进化的稳定策略吗？

阿克塞尔罗德的前两种假设已经得到了证实。第一种是：在一个由自私自利的个体和骗子所组成的世界里，如果合作建立在互惠的基础之上，那就有可能行得通。第二种是：在一个正在试用许多不同的策略的世界里，合作的策略是最值得采用的一种策略。然而阿克塞尔罗德的第三种假设又怎么样呢？如果合作的策略一旦得以推行，它能够在合作性质薄弱一些的策略入侵之时自己保护自己吗？或者说，骗子和自私自利者能够再度瓦解社会吗？换言之，针锋相对是一种进化的稳定策略吗？

为了检验这一点，阿克塞尔罗德设计了一个比赛的生态转向，即把以前竞赛中的程序输入计算机的模拟系统，任其"繁殖"。竞赛的一轮被看作一代。举例来说，如果程序A在第一轮中得到了比程序B多一倍的分数，那么在第二轮中，其分数就会再翻一番。得分高的程序，每过一轮数量就会变得更大。而其他程序则会逐渐地消失。这样，计算机模拟系统便仿造出了自然选择的原则：得分越高，后代越多。对于程序来说，这种检验是困难的：竞争越来越激烈，因为"环境"在缓慢地改变着。所以，这种计算机模拟，其实也是生态的，而不是进化的。若是进化的模拟，程序也必须经历偶然的微小变化（突变）。相反，生态的模拟，就仅仅是程序的分布发生变化。一些强有力的策略，会在一个种群内越来越得到推行，直到最后它们成为仅余的策略。起初，那些人们并不考虑其是否得到了充分利用的策略得分还不少，因为还有足够多的参赛者愿意无条件合作。然而，从长期来看，不计个人得失者注定会彻底消失，与此同时，"低俗"策略的命运也是不能改变的，因为它们得不到牺牲品。它们把自己赖以生存的基础消灭了。

生态计算机模拟的结果，这次又是很说明问题的。第50代（即第50轮）之后，在前面的比赛中得分少的程序几乎都被淘汰出局了，中等水平的退后了，这次仍是得分高的站住了脚，而且其数量越来越多。针锋相对策略的出场次数最多，达到了1000代，而其繁殖的速度依然比所有其他还留在赛场上的程序快。针锋相对证明是一种格外强大的策略，这就是说，它在极不相同的环境中都取得了很好的成绩。

然而，针锋相对并不是真正的进化稳定策略，因为在它站稳了脚之后，仍有可能被一种替代策略排挤出局。虽然不会再被"低俗的"如"始终欺骗"，但一定会被另一种"可爱的"如"始终合作"的策略排挤出局。在一个全是由"可爱的"策略所组成的种群里，针锋相对与"始终合作"的策略就其行为而言，彼此之间是没有区别的。故后者可以在种群内散布而不会被察觉。但这两种程序却并不相等。严格地说，针锋相对并非真正的进化稳定策略。加之这针锋相对若是在一场游戏比赛中没有同自己对阵，它就会出问题。在一个全由骗子所组成的种群里，若是只有唯一一个"可爱的"程序，那它是无法散布的。只有找到了一个同类，并且只有当单个策略所组成的典范的相互合作的集群能成功地击退骗子时，方能形成一个合作的集群。在这样的情况下，针锋相对便具有进化的稳定性。针锋相对策略还有一个缺点：它容易被错误传染。两个典范合作的针锋相对程序，会由于一次失误而陷入相互拒绝的无法解开的纠结，并且再也不能跳出困境，因为每个程序一直在复制另一个程序的前一步。实际上，这样一种"反响效果"不少人都知道，只要想一想近东与北爱尔兰的暴力怪圈就能明白。

给政治家的提示

从阿克塞尔罗德的研究，可以推导出四个策略建议，把它们应用于日常生活，应用于经济、政治以及其他无数的社会情况之中，都是不无裨益的。第一，只要别人也采取合作的态度，你就合作，以避免不必要的冲突。第二，假如别人没有任何理由骗你，那你得让他明白，你感觉到他在挑衅。第三，不要记仇。如果别人又返回来要同你合作，那你应该表示同样的意愿。第四，行为举止要透明，要有可预见性，这样别人才能同你合作。

针锋相对的策略就能满足上述要求。策略之"和蔼可亲"，可以防止发生不必要的纠纷。这种策略一开始就发出了有合作意愿的信号，只要别人合作你也照样合作，那么互相信任的关系便能形成。另一方面，假如别人暴露出一直是叛徒的真面目，那就不可采取这种针锋相对的策略，就要立即还击。另一方将会反复思考，下一回是否仍旧行骗。针锋相对策略的谅解态度，可能会使另一方重返合作。假如对方表现出有良好的意愿，针锋相对策略就不会重算旧账。最后，只要有透明度，就能保证别人能预见你所采取的策略的走向，从而避免发生误会。于是，这种策略便能开启长期合作的可能性。道金斯在其为阿克塞尔罗德所写的书《合作的进化》——此书中汇集了阿克塞尔罗德的分析和建议——撰写的书评中表示，必须让全世界的政府首脑们都关起门来读这本书，读完了才能外出。读这本书，他们会觉得很愉快，因为此书意味着对残余的人性进行抢救。

可是故事到此还没有结束。1993年，博弈论专家马丁·诺瓦克和数学家卡尔·西格蒙德巧遇比针锋相对的成绩还要好的一种策略，即巴甫洛夫策略。巴甫洛夫策略只遵从一种指令：假如前一步能引向一种有利的结果，那就重复之，否则就修改策略。换言之，巴甫洛夫所遵循的，是"得分—继续—失败—更换"策略。"得分"相当于5分或者3分，"失败"则得1分或者零分。巴甫洛夫是在一次计算机进化模拟中发现的——在这次计算机进化模拟中，犹如在生态模拟中似的，得分高的程序，会在代代接续的过程中繁殖。不过，还会发现始终有微小变化的情况。诸如策略会犯随心所欲的错误，或者常常会变换手法。进化模拟则可以通过改进并消除不能得分的策略的办法，使系统学会学习。它仿造出生物界的积累式的选择机制。巴甫洛夫策略是在模拟过程中经过几代之后才形成的，接着便固定不变了。它轻而易举地战胜了针锋相对策略，并证明自己是一种更强大的策略，因为它至少在两个方面胜过了针锋相对。一方面，巴甫洛夫策略更容易纠正错误，所以能够破解反响效果；另一方面，它更有能力榨取傻瓜（"无条件合作"）而获利。因为针锋相对会同这样一种善意的策略合作，从而失掉5分。巴甫洛夫却不是这样，只要有蝇头小利可图，它就会毫不犹豫地捞进自己的腰包，不管它低俗不低俗。

给这个程序安上这样一个名字，当然也不是偶然的，它来自俄罗斯心理学家伊万·彼得罗维奇·巴甫洛夫——此公发现了经典的条件反射，这个事实表明，动物与人都可以经过训练而学会刺激与反射之间的心理联系。在发现条件反射之后又进一步弄清楚了，在明显的条件反射发生之时，行为是可以检验的，并且能通过奖惩而使之发生改变。只要博弈一出现不利的转向，就得变更行为，这条原则就是巴甫洛夫程序之策略的建立基础，而在许多的学习过程，如狗或马的训练，又如孩子的教育中，都能发现这条原则。

不过，巴甫洛夫策略也有一个缺陷——人们也能猜到，这个缺陷是阿纳托尔·拉波波特指出来的。拉波波特在几年之前遇见的，就是这个策略，他把它称作"傻瓜"。这是不无道理的。因为巴甫洛夫策略面对"始终欺骗"策略时，完全是无能为力的，每逢这种情况，它经常是转换到"合作"，所以每次都只能得零分。而诺瓦克与西格蒙德所发现的，则是这个事实，即巴甫洛夫在针锋相对策略把所有的骗子都驱逐出局之后才能散布。而后巴甫洛夫策略才能证明，自己是具有进化的稳定性的，这就是说，对任何其他策略的入侵都具有免疫力。

情感之道德

现在我们可以从上述简介中得出什么样的结论呢？博弈论与伦理有何关系，是什么把两者联系在一起的呢？答案是：我们的情感。英国动物学家马特·里德利在其关于美德之起源的书中表述了自己的观点，他认为，自然选择的过程，给我们配置了情感和社会直觉，而且把情感和社会直觉专门塑造成现在这种模样，以致我们可以接受复杂的、建立在互惠基础之上的关系。里德利还把在长达300万年的人类进化过程中脑容量的巨大增长也归因于此。因为我们的脑大部分时间都不是做智力工作，而是忙于观察社会关系。而要理解一个集体中的复杂关系，增加脑容量则是有必要的。如在囚徒困境之类的情况下，人们必须经常决定，应该同谁合作，不应同谁合作。而建立在互惠基础之上的利他主义，就要求人具有高度的社会智力。在所有的蝙蝠中，南美的吸血蝙蝠拥有最发达的新脑皮质，这可不是没有缘由的。

里德利认为，我们的情感与社会直觉，在我们权衡——我们经常需要权衡——付出与收益的时候，起着一种调节的作用。因为重要的不仅仅是要结盟，要维护结盟的关系，而且还要把骗子和自私自利者及时搜寻出来。对于后者而言，幸好我们拥有良好的嗅觉。至于反复出现的囚徒困境，归根结底还是一个相互信任的问题。假如我们能够预计其后果的话，我们就不会轻易欺骗可以信赖的伙伴。作风极其理性的人，是没有能力承担这样的情感义务的。里德利让我们观察那种将我们束缚在一种关系之中的爱情。这种爱不必是永恒的，但是却应该比纯粹的欲望持续的时间长一些。若是没有这种我们称之为“爱情”的情感，人就会不断地更换伴侣，并且永远都不能真正地承担义务。

互惠互利是一种本能，它使我们有能力从社会的相互关系中获益。在第5章中我们已经得知，互惠互利并不是一种冷莫而理智的考虑。一只猴子并没有配备一只跑表，以便记下一个同类为自己清理皮毛一共花费了多少时间，以免以后无意间回报给它过多的时间和精力。人们对自己的家庭或朋友付出了——把他和他们结合在一起的——爱，是不会（或不会每次都）记账的。弗朗斯·德瓦尔说，观察一切生活于社会之中的灵长目动物，都能发现其中的对称的互相帮助原则。相互爱慕能刺激双方都产生同甘共苦的意愿，并能固定社会的纽带。对陌生人和（有的）同事，我们还是喜欢注意给予和索取之间的平衡。德瓦尔称之为"斤斤计较的利他主义"，这是一种连类人猿都熟悉的策略。这种互惠的形式，对交易行为是要确切地记账的——"你前不久为我做了什么？"弄清楚了才能决定，是否支付回报。德瓦尔在其已出版的几本书里，记述了各种案例，如一只猴子会因为被激怒了而大发雷霆，甚至当它得知，自己的期望没有变为现实之时，它也会因为失望而勃然大怒。

两种形式的相互关系，都建立在情感的基础之上。人和动物有时要所谓的记账，这是事实，但这并不说明，这纯粹就是一种理性的考虑。斤斤计较的利他主义有其情感之根。我们觉得自己在道义上有义务信守诺言，如果我们故意使某人吃亏，我们会因此而觉得羞愧。假如我们利用别人的信任，并且明明知道，在大庭广众之中被揭露为骗子，简直是奇耻大辱，我们就会觉得自己是有过失的。（人这种会脸红的猴子，甚至发展出了一种对自己——在向同类透露自己的心境之时——的内疚感与羞耻心的生理反应。）相反，当我们觉得某人对人虚伪时，我们会感到生气而觉得遗憾，以致我们不会很快原谅此人。另一方面，有人帮助我们，我们会感到高兴，这会增强我们对他的好感。这类情感活动，也可以在类人猿的行为表情中观察到，不过其形式大多不够完善罢了。

无论是里德利还是德瓦尔都认为，经典的博弈论专家的出发点是不对的。从他们无一例外都竭力使自身的获利最大化这个意义上来说，人（以及动物）其实都不是"理性的"。愿意合作并没有一个理性的基础，而是有一个情感的基础。假设获利最大化是唯一的动机，那人们始终都会只着眼于自身的利益而绝不会受情感的左右。实践证明，人们的表现，往往不是像经典的博弈理论所假设的那样，具有理性并竭力追逐最大的赢利，例如拒绝接受一个他们觉得不公平的报价。对于吃亏，特别是对不公平，人们的反应是敏感的，而这并不是不理智的，因为这样可以防止将来依旧被人家利用。

我们是天生的好人吗？

照此说来，互惠互利主义应是进化的一个产物，既服务于个体的利益，又服务于集体的利益。所以人的良知就是介于自私自利与集体利益之间的一种道德观念。里德利认为，杀人、强奸以及偷盗，在任何地方都被视为重罪，因为此类行为是极端自私自利的表现；而具有合作的意愿、慷慨大度、不谋私利，则堪称美德——因为这些品德服务于集体的利益。按照里德利的看法，互惠的原则深深地植根于我们的社会互动关系之中。内疚与悔恨，羞愧与宽恕，欺骗与气愤，这些情感都是有利于合作的。但情感也有其阴暗面，也有可能生出完全相反的结果来。爱可以突然转化为嫉妒、仇恨甚至报复。在这种情况下，也许我们像科幻系列片《星际旅行》中的那位纯理性的斯波克先生那样，没有任何情感更好。

这样看来，道德并非从天而降，它和我们人的天性是不可分割地结合在一起的。进化给我们配备了功能性的情感，使我们能够在复杂的组织中生存。无论是个人还是集体，都能从中获益。灵长目动物研究专家弗朗斯·德瓦尔反对"人天生就坏"的看法；他认为，道德不是只能勉强地掩盖住我们的猛兽天性的一张薄薄的文化遮羞布，而是从生物学合作的必要性总结出来的行为规范之总汇。当一个集体中的个体利益部分交叉而部分是相互竞争的时候，就有可能产生出伦理系统，以对集体生活进行调节。与集体的团结，能形成一种社会制度，形成一种"我们感觉"，这种感觉能防止冲突发生。而这种结成兄弟般同盟的反面，则是有时会随之而引起对其他群体的敌视态度。只要我们想一想排外骚乱、种族恶斗以及足球暴乱就明白了。野生雄性黑猩猩有时会拉帮结伙地寻衅斗殴。在人类社会之中，也不会是不一样的。

所以，普遍结盟不是一种切合实际的理想。连最强有力的"巴甫洛夫"策略都表明了这一点。这种由友好的和低俗的特征所组成的策略，能引向合作，但同时也会防止社会滑向一个天真而温和的梦想之国而让喜欢占小便宜的家伙得手。一个关于伦理问题的进化生物学的以及博弈论的研究报告，并没有为这种"不讨人喜欢的种族特征"作辩护，而只是竭力解释。

话说到这里，互惠互利主义的原则是不是就意味着，我们大家从根子上说，确实就只是自私自利者而已呢？难道我们进行合作，归根结底仍是出于自私自利的意图？这是一个立场问题。虽然我们的意识是由"自私自利基因"所构成的，但其目标却是使我们的意识具有社会性、移情作用以及合作性。难道一个具有合作意识的人真是无私的，或者说他只是想要长期确保自己的利益？也许这样提问措辞不对。自私自利的基因与真诚的移情作用并不是相互排斥的。基因是"自私自利的"这个事实，并不意味着有一种自私自利的基因，或者我们大家都是自私自利者。进化给我们配置了一整套功能性情感——它们可不是基因为了自我繁殖而采取的手段。基因是没有意志的。建立在互惠基础之上的情感，是自然选择的结果，但是，这类情感之真诚，却并未因此而减弱了几分。

道德植根于情感之中的事实，可能含有人不具有对情感的垄断权的意思。我们也在黑猩猩和倭黑猩猩的表情中发现了内疚、羞愧、愤怒或者感激之类的情感。在这方面，人和动物之间是没有区别的。唯一的区别也许在于，我们人类力图使进化给我们配置的道德合理化。然而，居于首位的却是情感。

第13章

进化与美学

美学的困扰

人是为了美而疯狂的动物。我们的可自由支配的时间，一大部分都用于能使我们享受美学体验的事情。我们阅读小说诗歌，进戏院或音乐厅，参观博物馆和展览会；我们还前往遥远的地方，观看那里的恢宏建筑，或者欣赏那里的自然美景。美能陶冶我们的性情，能使我们心旷神怡。我们会忘掉日常的老一套，我们可以在短暂的时间里，徜徉在一个仿佛是仅仅为了我们而存在的王国中。美能令人倾倒。美好的事物给我们带来内心的满足，能使我们在每天遭遇种种痛苦之余获得内心的平衡。

对美学的癖好不仅限于美的艺术，阿卡迪亚①的风景，或者不可不去的博物馆或音乐会。即使在日常生活中，我们也是钟情于好看的东西。购买服装、眼镜、钟表、首饰的时候，我们也受到美学标准的左右。当我们买汽车或者自行车的时候，也完全是外观说了算。我们装修住宅的时候，

_____

① 阿卡迪亚是古希腊时代伯罗奔尼撒半岛中部的城邦，当地的田园风光历来是西方文艺作品的描绘对象。

要挑选家具、地毯以及装饰物品——这些东西其实都是凭借其美学形象说服了我们。设计受到高度的重视。卡地亚、范思哲和平尼法瑞那一类的设计公司享有盛誉。连我们自己的身体也成为了美化潮流冲击的对象。达尔文在其《人类的起源》中已经断定，在一切文化中，人们都在自己的皮肤和指甲盖上绘画，都在染发、文身以及刺字。当代化妆品工业利润格外高，特别发达，不是没有道理的。许诺能使我们的皮肤显得更年轻，使我们的模样显得更漂亮的胭脂、香粉、油膏、润肤膏等赚到了不计其数的金钱，倘若这些物品都仍不能换来理想的结果，那么整形外科医生的门还是畅通无阻的，他能把一个人的身体按照标准整理得完美而受看。

那么，这种困扰从何而来？它是文化所创造的还是我们的基因里面固有的？直到不久之前，人们还认为，体验美认识美的能力是通过学习而获得的，艺术是我们的文化遗产的产物，是文明的一个特征。在古典哲学关于美学的论述中，美好事物的创造以及人们易受一切美好事物的感染的特性，还常常被当作是超越日常现实的一种特性。按其观点，艺术是某种"高尚的"东西，完全没有实用的价值，美的意识纯粹是目的本身。这种观点认为，只有人类才有审美的意识。人是有审美意识的人科动物，与一般动物是有区别的，因为人是唯一能创造并接受艺术的动物。动物是没有这种能力的。动物的道德行为能力很小，与其相似，它们的美学感受力也很弱。

如我们在前一章里所得知的，道德不是从天上掉下来的，而是深深地植根于我们的生物学体系之中。至于道德感，人与动物之间很可能只在于有层次高低的差别。连猴子与类人猿也知道道德的行为规则，它们能够——在获悉承诺是否得到兑现之后——表示感谢、失望以及愤怒。在伦理上有效的，或许在美学上也有效，或许我们也和其他种类的动物分享美的意识。

实际上，进化心理学和社会生物学都认为：人与动物一样，都拥有与生俱来的独特的对一定的感官刺激的偏好。这个人认为是美，是令人觉得愉快或者有吸引力的，那个人却认为是丑，是令人觉得恶心或者倒胃口的。这类偏好是具有适应性的，是通过进化而成形的：它们让生物得以在其所处的环境里站住脚。进化为人与动物配置了一定的偏好，因为这些偏好在生存竞争中会带来好处。这个偏好体系最后便储存在遗传特征里。来自环境的刺激被专门的感官细胞与接收器接收，并在肌体内释放出满意或者厌恶的情绪。所以说，一切动物归根结底都是"审美家"，因为美的经验植根于原始的——从质上来评价感官印象的——生物能力之中。就此而言，体验美的能力完全是服务于普通的目的与利益的。

长羽毛的艺术家

西下的夕阳，芳香四溢的鲜花，布满星辰的夜空，色彩艳丽的飞鸟和蝴蝶，山水风光，夜鹰的鸣唱——大自然丝毫不缺少美，而这种美并不依赖人。可是，难道它是客观地存在于意识之中，从而能够为自身而存在的吗？或者换一个问法：有的东西，假如无人感知它确实是美的，那它本身到底美不美呢？大多数人可能会对这个问题给出一个否定的答案。所谓美，似乎只可能存在于人类的语境之中。离开了我们的目光，是无美可言的。

英语中有一句有名的谚语：美在观看者的眼中。世界本身既不美又不丑，而是中性的，犹如大自然本身既不好也不坏而不必褒贬一般。当我们看见、听见并体验到某些事物时，我们会觉得它坏或者丑，好或者美，并且从道德上或者美学上给出一个评价。这种评价似乎并没有表达出关于世界的某种信息，而只是表达出有关我们自己的经验的某些信息。但实际上，这样一种伦理与美学的相对看法，是很难把握的。假使没有客观的道德与美学的标准，我们也绝不可能会——譬如——美丑不分，因为一切都只是一个个人的审美能力问题。

认为只有人才拥有美的意识的想法，也是应该予以驳斥的，因为如前文已经提到的，动物也有能力从质的方面对感官刺激进行评价。认为所谓美只能在人类的语境中出现的观点，其实是建立在生物学基础上的一种沙文主义的表达。这难道不是证明，人们高傲地以为，只有人类能够因美而感到喜悦？对这种以人类为中心的想法，达尔文就曾经简略地进行过辩论了。他在《人类的起源》中写道：

> 美的意识——据说这种意识是人类所独有的。……如果人们看见，雄鸟蓄意在雌鸟面前展示自己的羽毛及其绚丽的色彩……人们不可能对雌鸟赞赏自己的雄性伙伴的美丽有所怀疑。……如我们以后会看见的那样，蜂鸟的巢以及凉亭鸟的游戏场所都用色彩活泼的东西装饰得很美观；这证明，当它们看见这类东西时，一定会感到某种喜悦的情绪。……雄鸟在谈情说爱的时节里所制造出来的刺激肯定会受到雌鸟的赞赏……。假设雌鸟没有能力赏识其雄性伙伴的漂亮的色彩、装饰、声音，那么，雄性用来向雌鸟展示自己的魅力的所有的努力与认真就全都白费了；这是不可想象的。

达尔文在《人类的起源》中，不仅探讨了人类的起源问题，而且同时他还有意证明，在人与动物之间，并没有一道鸿沟。进化是一个不间断的过程，美的意识亦然。某些动物完全应该是拥有某种美感的，即一种与生俱来的对一定的形状与色彩，对均衡、比例以及对称的偏好。

达尔文在上述引文中所举的凉亭鸟的例子，并不是偶然选用的，因为在动物界的所有的"艺术"创作中，这种产于新几内亚与澳大利亚的鸟的成就，很可能是与人类的艺术最接近的。雄凉亭鸟建造它们的"凉亭"，是把树枝直立排列编结在一起，构成两堵平行的墙壁，其最高者可达两米，它们还用各种单一色调的材料装饰墙壁。这种鸟大概特别喜欢蓝色。它们收集刺眼的蓝色花瓣、羽毛、果实以及蜗牛的壳，特别认真而又特别有美感地把这些东西编排在自己的建筑物上面，使其周遭显示出井然有序的外观。它们成天劳作忙碌不得空闲，因为一切东西一旦褪色，它们会马上用新的将其换下来。若靠近人类的居民点，这种鸟会找来结实耐用的东西，如晾衣服的夹子、电池或者软木塞，装饰自己的建筑物。

若将它们所建造的谈情说爱的凉亭摆放在现代艺术博物馆里展出，也会显得丝毫不差，它是正正规规的装置，似乎表示它们怀有一种创造性表达的欲望。此外，营造这种凉亭的目的就是诱惑雌鸟，因为建造得最成功的凉亭，会向雌鸟发出不可抗拒的吸引力。其实这个目的没有必要排在首位。当雌鸟们像有经验的艺术批评家似的检查完了不同的建筑物之后，它们才来挑选自己的雄性伴侣。年幼而没有经验的雄鸟所建的装置，大多通不过雌鸟挑剔的目光。这些小家伙还得经过几年的练习，从自己的年长的同类那里看会真正的"装饰艺术"。在雌雄交尾之后，雄鸟便把真正的鸟巢，同时也把照料新出世的幼雏的事情留给雌鸟。这就是说，雄性凉亭鸟不仅仅是想到繁殖的事情，否则它就会做得更好，承担父母抚养幼雏的一部分责任了。

所以，是艺术还是繁殖优先的问题很难回答。以毕加索为例，谁也不知道，这个在漫长的一生中到处制造孩子出了名的好色之徒，画画究竟是为了占有女人呢，还是为了传播自己的基因。然而很可能毕加索最先还应该是艺术家。

达尔文指出，凉亭鸟出于艺术意识的行为，是性选择（雌性选择）的结果，也就是对雌性鉴赏力的适应。雌鸟的偏好与雄鸟的行为，在进化的过程中由于双方的相互推动而更为抢眼。这意味着，充分装饰的凉亭，其实是一种无法控制的"追求时髦的冲动"，犹如雄孔雀的华丽的羽毛尾巴一般。然而其区别在于，孔雀的羽毛尾巴，是其身躯的一个构件，而凉亭鸟的交尾场所，却是一种行为的表现。其交尾场所在其身躯之外，故属于所谓的扩大的表现型。不过，两者的功能却是一样的：是身体素质的指示器。耗费这么多时间与精力建造宏伟壮观的凉亭，并且还得维护，还得抵御嫉妒的竞争者的攻击，雄鸟必定拥有优良的基因。雌鸟的择偶也可以有两种解释：它们是出于本能寻觅拥有最优秀基因的雄性伴侣，但亦有可能是因为它们懂得赏识优秀的艺术品。这两种动机其实并不是相互排斥的。

雌孔雀想要什么？

达尔文的论证，远不是人人都赞成的。英国哲学家，白金汉大学的安东尼·奥黑尔教授就绝对不相信动物拥有美的意识。在其《进化所不及处》中，他引用雄孔雀的尾部羽毛为例。犹如凉亭鸟的建筑物似的，雄孔雀的尾巴也是性选择的产物。雌性孔雀挑选尾巴羽毛最华丽的雄性来进行交配。对此大家的意见是一致的。不过，奥黑尔却认为，雌孔雀也是受美学准则左右的看法却是无法证明的。称其有美的意识，是一种依照人的特征设想动物的观点，或者说是认为动物具有人的特征的看法。

奥黑尔认为，完全没有必要将雌孔雀的择偶行为同一种对于美的感觉联系起来，这种行为不外乎是一种与生俱来的适应性反应罢了。一盘硕大的、给别人留下深刻印象的尾轮，只不过是一种信号，表示身体健康、生机勃勃、基因优良而已。决定雌孔雀的选择的，正是此类特征，而不是什么美学动机。甚至极有可能，优先挑选眼睛似的斑点尽可能多的华丽尾羽，完全是预先设定了程序的。犹如凉亭鸟所造之凉亭，孔雀尾部的那一大盘羽毛，只不过是身体素质的标志而已。能展示出比情敌的更加华丽的羽毛的雄孔雀，一定是基因优良，有能力制造出许多健康的后代。进化使雌孔雀的鉴赏力朝这个方向发展，也没有什么可奇怪的。依据奥卡姆的剃刀原理，一种理论应尽量少采用假设。假设雌孔雀是本能地对身体素质的展示产生反应，就足以解释这个事实了。所以，再增加一个美学动机来解释，其实是多余的。

奥黑尔的另一个观点是，关于大脑里的过程以及感受的论述，也是行不通的。大脑的特定的结构，如边缘系统，无疑在对感官的刺激作质的评估时具有重要的作用，但这样的解释原则上是不够充分的，因为它仅仅道出了有关精神功能的物质性基质的少许意思，而未言及思想经验的本身。故而这样一种简单归纳的说法，对于研究美的意识而言，是没有什么效果的。

奥黑尔的阐释所依据的是伊马努埃尔·康德的论点。康德在其出版于1790年的《判断力之批判》中解释道，我们为了理解美的概念，不应分析对象本身的品质，而应该分析我们关于这个对象的美学判断。一个美学判断的一般形式是，"X是美丽的"，或曰"X是美妙的"，因此其所道出的，是感知对象的个体对对象的反应。按照康德的观点，美学判断有几个独特的标志：它是非功利的，普遍适用的，不是建立在概念基础之上的。康德认为，所谓"非功利的"，意味着美学判断不应当取决于利益、需要甚或欲望。我们观赏一个对象，如米开朗琪罗的一幅湿壁画或者一座雕像，如果我们要对其作出判断，那我们切不可让附带意图影响我们。所以说，美学判断要聚精会神排除杂念，并且得用大脑思考。既不要感兴趣于观赏对象的市场价值，又不可服务于某种特定的目的——我们只能带着非功利性的乐趣观赏作品。康德的美学是很没有情欲意识的，因为某人若是带着激情、欲望或者乐趣观赏艺术作品，那他就不可能领悟作品的真实的美。奥黑尔认为，可以理解，这话指的肯定不是雌孔雀。雌孔雀之择偶，与非功利性完全不是一回事。对它来说，更像是在赌博，它得找到一个交配的伙伴，它得为后代着想。

同样，雌孔雀的偏爱，也很难说是普遍适用的。所谓"普遍适用的"，按康德的理解，就是我们的审美判断需要一种普遍适用性，它"苛求他人获得同样的乐趣"。如"X是美丽的"这样一种说法，说明我们指望得到别人的赞同，否则我们说一句"我觉得X是美丽的"就该满足了。康德认为，由于美与主体的个人爱好无关，所以它必定包含着一个"使人人都感到愉悦的缘故"。这是一切伟大的艺术作品——不管是荷马还是米开朗琪罗或莫扎特所创作的——的本质，即任何一个多少受过一些教育而敏感的人都会欣赏它们。奥黑尔还认为，至于雌孔雀的择偶却与此相反，是不具有这种普遍适用性的。假如它的眼睛盯住某只雄孔雀的华丽尾巴，却并不意味着，其他所有的雌孔雀都必须和它一样欣赏这只雄性同类的尾巴。

当康德说，审美判断并非建立在概念的基础之上时，他的意思是，这个判断并不能使我们认识到对象本身。审美判断并非"这是一个正方形"或"这个东西是蓝色的"之类的知识判断。一个审美判断（"X是美丽的"）所表达的，只是某人看见一个美丽的对象时的反应，其所指的是，对象在此人的内心里所引起的情感与思想。在这里，康德大致是继承了大卫·休谟的看法：审美判断如道德判断似的，归根结底是植根于情感之中。然而，情感却是主观的。那么，康德怎么会把审美判断又同时看作是具有普遍适用性的呢？如我们在前文中已看到的，这是可能的，因为就有这样一种伟大的艺术或者伟大的审美情趣。人人都应当同等程度地赞赏伟大的艺术。假如有人说，自己不明白《伊利亚特》、《大卫》或《唐璜》①是怎么回事，那我们就会怀疑他的判断能力，或者会想，他的审美能力还需要培养。荷马、米开朗琪罗以及莫扎特的艺术作品，在所有人的内心里，都必然会引起类似的情感波动（今天是否确实会这样呢？）。这是一个标准问题，但这个问题，在大多数人的眼里，与猜测雌孔雀对雄性同类的大尾巴是纯粹直觉的反应问题却是风马牛不相及的。

美学唯实论

奥黑尔当然不会完全彻底地赞同康德的美学观点。虽然康德不无道理地强调，美学经验往往不只是一种愉悦的感觉，但奥黑尔对康德的"美学判断的唯一基础是主体的个体感知能力"的观点却是不同意的。对于康德来说，即使关于什么是伟大的艺术已有一种普遍一致的观点，美说到底还是一种主观的看法。因为关于美学判断，是无法提出严格的科学根据的，评价美的东西是没有准则可以依循的。美不是一种经过培训而产生的特性。众所周知，关于审美的标准，是没有什么好争论的。

---

① 《伊利亚特》是荷马的作品，《大卫》是米开朗琪罗的雕像，《唐璜》是莫扎特的歌剧。

或者，这是可以争论的？奥黑尔认为，一种相对美学是没有说服力的，因为它不能自己怀疑自己，而去支持一种美学唯实论的形式：美部分地也是一种现实的客观素质。虽然美学判断是我们的判断，但是却有一定的客观基础。因为一个对象的某些客观的特性，能使我们释放出内心里的对美的感觉。让我们联想一下黄金分割——这是一个平面或者一首乐曲的最理想的比例，在古典的艺术与建筑中，经常采用这种比例。这就是说，既有美学经验的主观方面，也有其客观方面。美是一种比例特性。通过我们的生物学基本装备（我们的大脑和我们的感觉器官）和我们的文化传统（我们通过学习而感觉到一定的东西是美的这个事实）就能作出审美判断。但是，其所道出的，仍是关于对象本身的某些本质的东西。

假设审美判断纯粹是主观性的，那我们很可能永远不会困惑，并且只是个体偏好的表达。艺术批评也可以取消，因为毕竟人人都有权坚持自己的意见。这样一种相对的观点，若仔细考察，却是没有说服力的。其实，我们是有可能困惑的，这事实也意味着，我们的判断是依赖我们自身之外的某种客观的东西。让我们以贝多芬的音乐为例来说明这个问题。他晚年所写的弦乐四重奏和钢琴奏鸣曲，同代人不但不接受，而且也觉得难以理解，这些作品被批评为丧失了结构，过于冗长，充满不谐和音，以及古怪的节奏（在贝多芬的最后一部钢琴奏鸣曲111号作品的末尾，的确能听见一阵低音连奏爵士乐似的声音）。许多人将"缺少形式感"归因于作曲家的耳聋。

按今天的眼光来看，这种批评反倒是很难理解的了。贝多芬晚年的弦乐四重奏和钢琴奏鸣曲今天被认定为欧洲音乐史上的巅峰之作，其实每一个受过音乐教育的人，都必定喜欢这些超越时代界限的大师之作。与此类似的，还有卡夫卡与凡·高的作品——它们起初同样不为时人所理解，而今却被树为西方艺术的典范。于是伟大的艺术作品本身便成为了每一代新艺术家的标准。

故依据奥黑尔的看法，美学判断确确实实拥有一个客观的基础。我们不仅有可能在作评价的时候出错，而且也会不断地在一个美学对象上发现新的特性——无论其是荷马、米开朗琪罗或者莫扎特的作品，还是风景和人体。人们一再发现新的元素、新的形状、新的结构。也可能这仅仅是因为它是我们本身之外的某种真实的东西，它使这样一种对美的感觉释放出来。它是有点支持美学的唯实论的。美的王国从某种意义上来说，是以人类为中心的，因为美学经验是植根于主体之中。从这个角度来说，休谟和康德都是正确的。不过，美同时还有客观的一面，因为它给我们提供有关世界的某一方面的本质信息。

柏拉图是中间道路

有些哲学家曾经力图使这样一种美学的唯实论转变成形而上学的。若是那样，美学判断所指的，就不仅仅是我们自身之外的某种东西，它甚至能超越整个的经验真实。于是希腊哲学家柏拉图便认为，我们世间的美的经验，是对出生之前的既往的回忆——在那个时候，我们的灵魂还逗留在观念的王国里。归根结底，一切自然现象都仅仅是永恒的形式与观念的剪影。根据柏拉图的观点，我们通过自己的感觉器官所感觉到的世界，并不是真实的世界。它是不完整的、短暂的，而且是可以改变的。我们借助我们的理智（柏拉图就是一个唯理论者的原型）就可以明白，世间的事物仅仅是永恒而完整的观念的不完整的倒影。

按照柏拉图的观点，这一点也适用于美。我们在感性世界里首先见到的，是身穿物质性服装的人的形象之美，这就是柏拉图所指的漂亮男孩。这就是说，美的感觉是同肉欲一起开始的。不过在柏拉图的眼里，这种追求特定的某一个人的性欲，却是如奴隶般无条件顺从的，并且是目光短浅的。我们可以从欲望一跃而起，登上那使一切美好的事物相互结合在一起的美本身的高度，这样我们就能使欲望升华。我们摆脱对感性的与个体的偏好之束缚，观赏纯粹的美本身的思想。而后美学的经验——又如康德所说的——便真正自由了，不受约束了，也毫无功利诉求了。假如我们的理智看见了纯粹的美的思想，那我们就与一个更高级的先验的真实建立了联系。

奥黑尔认为，我们不必把柏拉图的形而上学无条件地变成自己的思想，然而柏拉图却给我们指明了审美方面的一些重要观点。即他证明，所谓美学经验有一整套，从一方面是物质性的性吸引力到另一方面的无功利性的乐趣。换言之，在康德与达尔文之间，在美学的距离感与性吸引之间，还有过渡的地带。达尔文所强调的，是美的意识与——繁殖、获得食物以及生活空间的选择之类的——生物学功能之间的因果关系。所以对他来说，动物也有美的意识。康德的观点则相反：美学判断始终不能有功利性的考虑，它是自由的，并且不可服务于任何目的。基于这样的认识，动物就不应有美的感觉。我们可以借助柏拉图，在这两种对立的观点之间，架起一座桥梁。柏拉图的美学证明，康德与达尔文的看法，实际上是一个连续统的相距最远的两极，而且在人与动物之间，并无原则上的对立。

康德认为，一种对感官刺激的本能的生理反应，绝不是对其词语本来意义上的美的反应。他的这个观点是站不住脚的，因为物种对某种特定刺激的专有的本能反应，正是美学经验的源头。本能与美学是彼此完全一致的。也不能否认动物有美感——美完全可以从喜悦之中产生出来。弗里德里希·尼采在这一点上的认识强于康德。对于尼采来说，创造与美是从陶醉与自知之明这两种互补的原则产生出来的。尼采将其称作狄俄尼索斯式的与阿波罗式的情绪。盲目而纵情的冲动，是感官享受、陶醉以及狂喜的基础。然而，只有借助阿波罗式的自知之明（个体发生原则）才能体验到感官的极度兴奋。

艺术之起源

奥黑尔一定是基于他自己的考虑而承认，他起初怀疑动物有美感是有点失之草率。然而，他只是部分地修改了自己的观点。虽然他既不否认人与动物之间的进化连续性，也不否认两者有共同的起源，而且他承认，无论是动物还是人，性吸引力都属于最基本的审美经历，不过与动物不同的是，人是解除了自己的生物学依赖性的。人是独特的，因为他能够评价并纠正自己的美学判断。人的美感持续不断地发展着，并且越来越精致。而动物，不管它是孔雀还是凉亭鸟，却没有这种能力，因为它们的偏好是遗传所确定的。所以在这里，奥黑尔再次强调美学经验的这两个相距特远的极点而没有考虑到其间的过渡地带。在本能的偏好与极精细的艺术批评之间，还有丰富多彩的过渡层次。

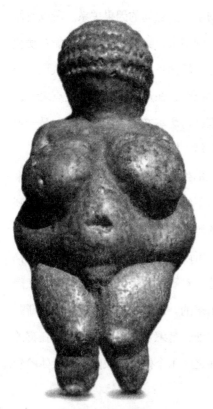

奥黑尔不无道理地指出，在造型艺术、建筑艺术以及文学之中，人的美感占领了全新的领域。不过，这与"审美经验的源头就在人的天性之中"的事实并不矛盾。在第9章中我们已经得知，人向艺术迈进的最初几步，都与生物学的绝对命令，如繁殖与获得食物是密切相关的。在许多地方，如在欧洲，人们发现史前时期的妇女形象，其性特征都特别突出。最著名的例子是维伦多夫的维纳斯（见图13-1）。

➤ 图13-1　维伦多夫的维纳斯

这尊约10厘米高的极富立体感的石雕，是在奥地利出土的，其年代确定为公元前大约2.5万年。除此之外，欧洲几乎每一座著名的考古学博物馆里，都有这样的小雕像。这些雕像很可能与多产崇拜有关系。我们所知道的，可看成是艺术表现形式的最早的人工制品，就是与性欲和繁殖结合在一起的。当然，我们尚无把握断定，这种维纳斯雕像有某种功用，如果有，也不知道是什么样的功用。也有人提出另外的解释，如认为，这可能是玩具。不过，这种可能性却并不特别大。

还有另一种史前艺术的证明即岩画，极有可能是有生物动力的。在拉斯科、鲁菲纳克以及肖维的岩洞里，几乎无一例外都是画的动物，如野牛、鹿、马、猛兽、长毛犀牛，还有熊。难道这是偶然的吗？不大可能，因为岩洞里的和凿刻在崖壁上的画，可能有一种礼仪的或者巫术的功用：应该是借助这些壁画的象征性力量祈祷打猎丰收（见图13-2）。

打猎可以带来极有营养的富含蛋白质与脂肪的食物，获得食物当然是一切生物的除了繁殖之外最基本的劳作之一。这种早期艺术形式的年代，大约与维伦多夫的维纳斯一样古老，可能也是从基本的生理需求产生出来的。不过，对此我们却没有把握。于是，也有人提出这样的论点，即猜测

➡️ 图13-2　一只动物的头部——法国拉斯科岩洞壁画

岩洞里曾经设有祭坛，在这里，青年男子听老一辈讲神话传说或者传授某种原始宗教的秘密。无论如何，描绘猎获的动物是礼仪的重要组成部分。

我们的远古祖先还具有其他艺术素质，如经过仔细的加工制造出石头工具就是证明——这些石头工具比维纳斯雕像和岩洞壁画古老得多。能人早已造出了最初的粗糙的砍刀与刮刀——这些工具的年代起码有250万年。在大约150万年前，直立人使这种技艺更加完善，于是便出现了真正的石斧。石斧主要用燧石或黑曜石打造而成，在整个旧世界（非洲、欧洲与亚洲）大量制造，实际上历经百万年而毫无变化。显然，文化创新或曰变异起了并非最小的作用。出土的许多石斧，似乎与其作为手拿工具的本来目的对不上号，因为它们要么是太大太重或者太小而不适用，或者是加工得很有艺术性，很匀称。最难以理解的是，有的石斧即使用电子显微镜细看，也找不到任何因使用而致磨损的痕迹。

不久前，考古学家马雷克·科恩和史蒂文·米森提出了一种论点，即此类石斧首先不是作工具用，而是当作社会地位高的象征。这类似于孔雀的华丽尾巴和凉亭鸟的建筑物，它们的作用是在异性面前表现自己，并且诱惑异性。石斧是身体健康的标志，是挑选异性伴侣时的装饰物。要造一把漂亮的石斧，需要付出一定的精力；这样的石斧，证明其拥有者是灵巧的、有毅力的，并且是精力充沛的。如果科恩和米森的看法是对的，那么石斧就是人科动物这个种系的最早的艺术制品。这应该是再一次证明，美学与艺术意识已在我们的基因里扎下了根。

作为适应的美感

按照进化心理学家史蒂文·平克、杰弗里·米勒及大卫·巴斯的观点，我们在博物馆与画廊里所见到的艺术作品，只是美学意义上的一种古老得多的制造美的物品的人之本能的最后的证明。最早的证明则是石斧、岩洞壁画、小雕像、人体绘画以及首饰。探索美感的起源，进化心理学遵循的是达尔文的观点。美的意识属于人类的天性，也许我们是同其他动物共有美的意识。从质上利用感官印象的能力，是一种适应，是自然选择和／或性选择的产物。美在观看者的精神里，这是一种进化过程中产生出来的精神。因而，只有当我们将美的感觉置于进化关系之中，我们才能够理解它。

如前文已经解释过的，所谓进化心理学，就是将进化生物学应用于研究大脑与精神相适应的问题的一门学科。进化心理学把我们的大脑与精神看成是通过进化而形成的相互适应，并将进化生物学的原理转用于研究人的社会行为。精神功能如情感、偏好以及我们的美感，是在人类种族史的发展过程中，作为历经磨难而得以生存下来的并且有利于繁殖的优点而形成的。进化心理学强调的是人的天性之普遍性。而精神则是由种族发展的历史过程中所形成的许许多多的模式所构成的，又是和人与其所处的环境之间的较量相协调的。虽然人的天性会受到文化的各式各样的影响，但遗传的基本素质却是处处一样的。

人类发展史的最重要的一个阶段，远在自大约160万年前开始而于1万年前结束的地质年代即更新世中就完成了。一切重要的精神功能都是在这个时期中发展起来的。不过，随着人从简单的猎人及捡食物者成长为农业经济与城市文明的一员的大跨度的进步，在过去全新世的1万年的时间里，我们的社会形态发生了巨大的变化。这个时期，从历史的角度来看，对于人类是具有重大意义的，但若是以进化的时间表来衡量，其实也是毫不重要的。1万年的时间，不足以深刻改变人体与精神的相互适应。在我们的现代大脑里，居住着一副"石器时代的精神"。进化心理学家认为，如果我们想把我们的美学模式的功能和我们的美感弄明白，那我们其实必须从我们的远祖的角度设身处地深入思索之。

于是，行为学者罗杰·乌尔里克、进化心理学家斯蒂芬·卡普兰和生态学家戈登·奥里恩斯与朱迪丝·希尔瓦根便提出了关于我们的本能的风景偏好的有趣的调研报告。参加测试的人来自不同的文化，他们分属于各个不同的年龄段，借助照片询问他们，喜欢哪种类型的风景。几乎总有人觉得，自然的风景比城市景观或者农业景观更美。至于有动植物生长的自然景观，人们对草木稀疏的热带草原的喜欢程度，远远超过热带雨林（草木密集而难以穿行）或者沙漠（植被稀疏或者根本没有）。甚至从未亲眼见过热带草原的八岁儿童，多数都向往这类生活空间。我们对有树木和一堆堆岩石点缀其间，还有一条蜿蜒曲折的小河的起伏不平的草原，似乎有一种与生俱来的偏好。参加测试的人对水、对密度较稀的植被、对丘与谷的高度适中、对高高的大树（如金合欢树）有许多枝丫下垂而遮蔽一大片地面的评价特别正面。这是一种令人不由得会联想到法国的巴洛克风格画家克洛德·洛兰的理想风景。

应该如何解释这种跨越文化界限的偏好？按照研究者的看法，这种偏好植根于我们的基因之中：我们之所以会觉得热带草原似的风景美，是因为这种景色引起一种与种族历史有关的、与生俱来的反映。第一批人科动物是在非洲的热带草原上开始其上升的进程的，他们发展的决定性的几步，就是在那里迈出的。我们的祖先偏爱这个地方的景色，他们的偏爱是功能性的，也是适应性的。热带草原为第一批人提供了一个理想的生活空间。他们在这里找到了食物与水，也找到了庇护之所以及瞭望点。聚居在这草原上的野生动物，比热带雨林和沙漠里的都多。稀稀落落地散布在草原上的小片树林，既提供躲避强敌攻击的隐蔽所，又为人们提供遮阴的方便。优选草原为家的个体，获得了自然选择的酬报。他们繁殖的机会，比那些生活在密集而难以穿行的热带雨林或者沙漠之中的同类要多。我们就是他们的后代，我们继承了他们的美学偏好。在我们的风景荟萃的大家园里，仍然不自觉地反映着他们的这种偏好。

美与对称

不管是什么样的风景，似乎也都适合一定的身体特性。在一切文化中，一定的特征被看作是美的，如丰厚的嘴唇，完美无瑕的皮肤，健康而白亮的牙齿，明亮的眼睛与光亮的头发。这里我们所列举的，也是身体素质的标志，是显示青春、健康以及有生殖能力的生理特征。我们一般都认为，年轻人比老年人更漂亮。至少对男人来说，这种评价是恰当的；至于妇女，人们喜欢的是那种处于所谓生殖力最强的年龄段的女性。

对美的感觉是一服特效药，使我们能够对一个有可能成为生活伴侣的人的遗传品质以及身体素质作出评估，我们毕竟不可能直接评价对方的基因、免疫系统或者生殖能力。我们首先是任由对方的外表与对异性的吸引力左右自己。而在这方面，美感也是适应性的。进化给我们配置了美学模型，它有助于我们挑选对象。直觉与对美的感觉在这种时候是牵手而行的。目睹一个像是始终"漂亮的"人，能引起情绪的激烈波动，引起生理反应。荷尔蒙此刻是亢奋到了极点。

有些人在年龄很小的时候就表现出了美学的偏好。女心理学家朱迪丝·朗格卢瓦的一个研究报告证明，6个月大的婴儿盯住成年人认为漂亮的面孔看的时间，比看那种吸引力较小的要长一些。幸好朗格卢瓦的研究结果也表明，具有中等吸引力的面孔并不是毫无希望的。更有甚者，卡尔·格拉默、兰迪·桑希尔、大卫·佩雷特以及史蒂文·甘斯塔德等研究者的不同的调研报告证明，中等的一般都对我们有一种很大的吸引力。有一次进行实验时，是借助一种计算机的程序，从36张照片中挑出各种人的面孔，然后拿给参加实验的人看，让他们按照美丽与吸引力分类排位。所有的参加者都把合成的面孔置于个别真人的面孔之前。按照他们的评价，"真人的面孔"纳入合成面孔的成分越多，就越有吸引力。众人一致挑选的最美丽的面孔，其实就是用全部36张照片合成的那一张。

雷根斯堡大学的一组心理学专业学生所进行的一次实验，也得出了相同的结果。他们拍摄了2002年德国小姐评选大赛的最后一轮22名参赛选手的面孔，全是正面，头发一律梳向后方扎在脑后，而且都不化妆。在这种情况下，参加实验的人，也是觉得合成的面孔更有吸引力。又是那位由全部22张面孔合成的"臆想的"德国小姐得分最多（图13-3）。

➡️ 图13-3　2002年德国小姐，真实的（左）和臆想的（右）

　　这种对中等水平的美丽面孔的强烈的偏爱，原因可能在于其匀称、无瑕，因为将不同的照片叠加在一起，不仅消除了不完美之处，而且也消除了所有的不匀称。一张匀称而无瑕的面孔，人们会无意识地感觉到，比一张不规则的面孔更有吸引力。在这种情况下，匀称也是身体素质好的标志。有一张不规则不匀称的面孔，或者整个体形都不匀称，似乎表示，其身体有功能性障碍，免疫系统虚弱，有寄生虫病，或者有慢性精神紧张的毛病。体形不规则的人，似乎比体形匀称的人更容易患身体与精神性的疾病。

　　至于对面孔的偏爱，男女之间是有区别的。对美的感觉，不仅人种不同而有所不同，而且性别不同，对美的感觉也不完全相同。男人既像妇女似的，重视匀称性，但除此之外，男人还对仍未消除娃娃相的儿童似的妇女面孔怀有不难察觉的偏爱。所谓娃娃相，可以理解为成年人的脸上还保留着青少年的特征。有一张娃娃脸的妇女，突出的特点是眼睛大，鼻子小，嘴唇丰满。其实这就是发出了一种诱惑人的信号，但这是毫不令人奇怪的，因为男人们尤其对青春朝气和具有生殖力会有所反应。对已绝经的老年妇女的偏爱，也肯定是不能完全排除的，但是从进化的角度来看，这可算不上是好策略。所以性选择的压力，对那些看起来比其实际年龄年轻一些的妇女是有利的。而对于妇女来说正好相反，有可能成为伴侣的男人的年龄，重要性小得多，因为男人们直至高龄都有生育能力。故而妇女们更好的办法就是，重视身体健康而充满活力的征兆。因为妇女们也偏爱睾丸酮水平显得很高的，即具有阳刚气质，如棱角分明的下颌、突出的颧骨以及很有特色的下巴的男人面孔。

更有趣的是，妇女在月经期的偏爱是摇摆不定的（参见第2章）。在心理学家伊恩·彭顿－沃克的领导下进行的一项研究证明，排卵期前后的妇女，偏爱"女性似的"、显得温存的男人面孔，而在她们排卵的那几天里，却觉得具有阳刚气质的男人有吸引力。显然妇女们采取的是一种聪明的双面策略：为了得到"好基因"，她们选择（不可信赖的）阳刚男人，但要物色生活伴侣时，她们却更喜欢软心肠的男人。

此外，人们还发现，在动物择偶时，匀称也具有重要的意义。早在桑希尔研究人的美学偏好之前几年，他就发现了蝎蛉长着一只能检验是否匀称的眼睛，它们对翅膀匀称的同类的喜爱，胜过对翅膀不规则的同类。生物学家安德斯·莫勒发现了燕子的类似现象。他通过对燕子的尾巴进行处理的方法，证明尾巴对称而又分叉的雄性更有吸引力，其繁殖成果大于尾巴不分叉的雄性。

妇女的丰满与未曾洗过的T恤衫

如果将人的面容之美看作是品质特征，那么对于人体的其余部分，这样看可能也是对的。在这方面，也有一系列有趣的调研结果，主要是有关男人对女性之美的想象。乍一看，不同文化在这方面的差异是很大的。在食物供应紧张的国家，男人们偏爱体态丰满的妇女，而在工业发达的国家，由于营养过剩，男人们更喜欢苗条一些的妇女。此外，西方妇女心里常常怀着同性别的理想形象，即超苗条的模特儿——但男人们却完全不是这样的看法。

故而人们可能会认为，此类偏好是与时代有关的，并且仅仅取决于文化。然而，实际上很可能不是这样的。因为似乎有一种对某种特定的腰臀比的普遍偏好。性成熟之前的女童与姑娘，这种比例大致是一样的（约

0.9）。这就是说，腰围相当于臀围的90%。处于性成熟期的姑娘，骨盆会变宽，因为女性荷尔蒙即雌激素会使脂肪堆积在腰部、大腿与臀部。因而从比例上来说，腰会变得越来越细，照此发展下去，会变成典型的"沙漏形"。美国心理学家德文得拉·辛格的研究证明，成年男人普遍喜欢沙漏形身材。属于不同文化圈的男人，观看不同腰臀比的妇女体型时，多数喜欢大约0.7的比例。

与经常会有的想法不同，这种偏好相对而言也是没有时代差别的。为了验证这一点，辛格翻阅了往年的《花花公子》杂志。虽然"玩耍女伴"的身材在过去的30年岁月里变得更苗条了，可是她们的腰臀比却没有发生变化。这当然不是指绝对尺寸，而只是指腰围与臀围的比例。所以，无论是玛丽莲·梦露还是奥黛丽·赫本，都是同一个比例，即0.7。至于有不同意见的人认为，过去几百年的男人们，其心目中理想的妇女体形是不一样的，例如他们会为了"鲁本斯形象"①而欣喜欲狂，所以，从这个角度来看，这种不同的意见是不重要的。虽然鲁本斯妇女的体态相当丰腴，但她们所显示出来的，同样是受到赞赏的女性的丰满与曲线美。

进化心理学对这种偏好的解释是显而易见的：沙漏形是青春与健康的信号，而青春与健康又是妇女的生殖价值的标志。腰臀比低的妇女（身体健康的女青年的这个比例介于0.67与0.80之间），从平均数据来看，比腰臀比高的妇女怀孕早些，并且更容易怀孕，而且前者更不容易得糖尿病、高血压以及心血管疾病。所以毫不奇怪，男人们坚持看好妇女们的曲线美。沙漏形、臀部与胸部高高隆起，都是男人偏爱的结果。身材丰满，得归因于性选择。

如果说我们在择偶时是无意识地任由视觉印象作决定，那也许人体所发出的其他信号如气味也是这样的。如瑞士生物学家克劳斯·魏德金便发

---

① 鲁本斯形象：指西欧著名的巴洛克绘画艺术大师鲁本斯（1577–1640）所描绘的妇女形象。

现，啮齿动物老鼠就是通过身体的气味找到遗传上适宜的性配偶的。因为身体的气味，部分地要由"主要组织相容基因组（MHC）"决定。MHC在免疫防御机制中起一种中心的作用，此外，它还对尿液、血液、母乳及汗水之类体液中所含的气味物质的浓度产生影响。每个个体都拥有不易混淆的MHC基因。魏德金发现，老鼠偏好那种MHC基因尽可能和自身有差别的配偶。因为MHC基因的配组的色调越多，它们的共同后代的免疫防御机制的工作就将越有效果。

为了搞清楚人类在择偶时，身体的气味是否也在起作用，魏德金设计出了后面这种实验方法。他请44名男人接连两夜穿同一件T恤衫睡觉。为了不使实验结果掺假，男人们不得使用刮胡液或者香皂。随后魏德金将T恤衫放进纸盒，每只纸盒上都挖一个小孔，他让49名妇女来闻，每人闻三件带有近似的MHC的男人的T恤衫，再闻三件带不同的MHC的男人的T恤衫，为了检查，还要闻一件没有人穿过的新T恤衫。其结果是：大多数妇女都觉得，MHC最不相似的男人的气味刺激性最强。调换角色之后再试，还是得到相同的结果。参加实验的男人也证明，喜欢MHC和自己的不一样的妇女的T恤衫的气味。显然，我们是嗅得出好基因的。

然而，魏德金还是遇见了一个出人意料，同时也许还让人有些不安的例外。他发现几名服用了避孕丸的女性实验人员，其气味的偏好发生了逆转：她们竟然喜欢MHC相似的男人的身体气味。显然是避孕丸影响了性化学。对这种情况的解释是，避孕药如此严重地干扰了妇女的荷尔蒙的平衡，以致她们再也不能"嗅到"一个合适的潜在配偶了。因为服用药丸避孕，不外乎是模拟受孕：妇女们现在已不再是寻找一个协同生殖的配偶了。在老鼠身上也发现了同样的情况。怀孕的母鼠喜欢MHC近似的公鼠的熟悉气味。魏德金猜测，雌性哺乳动物在怀孕期间设法靠近雄性的亲戚，是因为希望雄性亲戚在抚养后代方面能助一臂之力，并能在陌生的雄性嗜杀者攻击的时候保护幼崽。

进化美学的前景

如上所述，我们的美感是我们人类天性的一部分。进化为我们的灵魂配置了美学模式和基本偏好，因为这些都是服务于生存与繁殖的。特定的偏好，在种族的历史发展过程中，证明是比其他偏好更有益的。有的偏好，如对与热带草原近似的风景的偏好，或许已经失去了它们最初的作用，但另外许多偏好，如在择偶时起作用的那些，迄今仍然是合适的。

我们也觉察到了，柏拉图意义上的美的观念实际上是不存在的，因为美学的偏好是物种特有的。人类觉得恶心的，可能对屎壳郎或者苍蝇却很有吸引力，反之亦然。况且就部分人而言，美感也是随性别的不同而有所区别的。为什么这个人觉得美的，另一个异性的人却觉得是个谜（例如罗纳尔迪尼奥的球感或者路易威登的手提袋）。年龄也有作用。当我们回首往昔，15岁时所遇见的一件使我们欣喜欲狂的事，也许今天会使我们羞愧不已。至于后一个例子，说明奥黑尔说得对：我们能够发展我们的审美能力，也能使之品位更高。

不过这美，它既很少是纯客观性的，也很少是纯主观性的。它也不是社会的构件。在任何一个时代，蒙娜·丽莎、安迪·沃霍尔的浓汤罐头以及米老鼠都不可能成为平起平坐的偶像。其论点就是：美是一种生物学现象。多亏了有外界事物的客观的特性，还有易受外界事物影响的精神，我们才有了美。美是一种比例特性，我们可以和心理学家詹姆斯·吉布森一样把它称作"邀请"。"邀请"是世界的一种特性，即请人做某种特定的行为。一个成熟的果实，会邀请人把它摘下来；迷人的景色，会邀请人去仔细观赏；一个人的美丽的身体，会邀请人去爱它，如此等等。一个"邀请"并不依赖某个观察的主体，即使它未曾被人所感知，它也是存在的。这个思想破除了主观性与客观性的二分法，因为一个"邀请"所表达的，是环境特征与生物特征之间的相互关系。

然而，也可能有人会对进化美学提出批评意见，因为早已不是人人相信其是有益处的了。社会生物学与进化心理学的公开的反对者，如希拉里·罗斯和史蒂文·罗斯，认为一种"普遍人性"的思想是胡思乱想。其实重要得多的是文化对我们的行为的影响。新达尔文主义者踏上社会科学的阵地，目的只是要作出伪科学的解释。他们所讲述的关于适应和进化的电影脚本似的令人怀疑的故事，仅仅是为了有意或无意地向进化心理学家们强调，人与人之间、两性之间以及种族之间的不平等，是"大自然所规定的"。对于斯蒂芬·杰伊·古尔德来说，"不过如此而已"的故事，都是没有根据的假说，其作用都是为了强调形形色色的与人的天性有关的流行的先入之见。

也许这些批评者的说法，在某种意义上是对的。文化的影响是不可否认的。就部分人而言，对一种热带草原风景的偏好，有可能是一种经学习而获得的特性，至于全世界对英国式花园的偏好，也许不太像是生物学的遗产，而更应说是一种殖民政策的遗产。有可能男性对妇女的沙漏形身材的"普遍的"偏好也是这样一种情形。媒体——电视、电影及视频剪辑——的影响是不可低估的。有几位研究者认为，尚未与西方文明接触的所谓的原生态文化的男人们，认为腰围－臀围之比例——比工业化国家的男人们所喜欢的——高得多的妇女有吸引力，他们认为，腰臀比低，真正才是身体不健康、营养不良或者胃肠道有毛病的表现。那么，对维伦多夫的维纳斯的绝非蜂腰的腰部，又该如何看呢？或许在更新世有另一种理想的美？

问题在于，考察所有这些美学偏好时，很难区分文化的影响和生物学的影响。大多数情况下，我们都得研究这两种因素的复杂的相互关系。故而从开始就排除"某些美学偏好——恰如某些情感一般——是普遍的"观点，那将是不明智的。想要弄清真相，那就得对孤立的文化进行实地调查——假如世上还有这种孤立的文化的话。然而，对某些调研结果表示怀疑，也没有什么害处——实际上恰恰相反。对进化心理学的理论予以有根据的批评，只会促使他们把大量的有说服力的证据公之于众。这对于整个科学是有益无害的。

还有人可能提出另一种不同的意见。达尔文主义美学的解释力是有限的，尤其是在涉及艺术领域的时候。要理解我们对颜色、比例以及形状的一般偏好，达尔文主义美学是能够说出一些道理的，但是一涉及艺术作品的内涵，它便不予置评。它绝不可能解释清楚，为何我们对巴赫的评价高于对其同代人泰勒曼的评价，为何托马斯·曼是一位比博托·施特劳斯更伟大的作家，或者为何一位名叫威廉·德库宁的人的抽象表现主义，会把我们的思想搅乱。一件艺术作品，除了外表方面的特征还有"内在的"东西，而对此，经验的与定量的研究方式是无能为力的。一件艺术作品的重要意义，岂能用自然科学的词语来进行解读。谁要是从纯粹的进化角度来解释人类的美感，那就会丢掉某些本质性的东西。艺术的内涵肯定只能通过马克斯·韦伯和威廉·狄尔泰所说的解读方法才能追寻到。至于要找到一种接近的解释，主要还是一个是否能设身处地体会的问题：我们必须通过内省的方法进行探索，找出艺术家创作时心里所怀着的目的。而进化美学却无力承担这项任务，况且这根本不是它的追求。进化心理学可以解释，我们的美感从何而来，为何人们往往怀着一样的偏好。为此，它指出了美学经验的生物学的与进化的根源。

所以，进化心理学将不会取代传统美学，但它却能针对我们的艺术理论提出很有价值的补充。因为人类的艺术，是古老得多的——曾创造出装饰物的——一种直觉的特别新的表现。人类的艺术只露出了冰山的一个尖角。我们可以想想凉亭鸟所建的缀满装饰物的建筑，想想人科动物直立人花费许多精力所制成的石斧就能明白。也许杰弗里·米勒是对的。一切装饰的最初的进化功用都是一样的，即通过视觉效果使潜在的伴侣获得印象，并且展示出创造者的生物学素质。故而艺术有可能首先是展示艺术家的灵敏技巧和创造力，而并不特别是达到一个——一如既往由人制造出来的——更高目标的工具。

第14章

达尔文主义医学

死的警告

如弗拉基米尔·纳博科夫所言，我们的生命只是两个永恒的黑暗之间的一丝光亮。人们不必是哲学家，也能认识到这个令人感到压抑的真理；或迟或早，每个人都要面对自己的死神。谁也躲不开无情死神的寿命勾销日。人们自然会问：为何我们要得病，为何我们要死？为何生命如此短暂，生命的末日为何往往与身体上和精神上的痛苦纠缠在一起？因为我们得实话实说：当我们踏上历史彼岸之时，快乐也随之而一去不复返了。前景暗淡，毫无玫瑰色的迹象。视力与听力衰退，全身骨头松脆易碎，关节僵涩而不灵活。末了连记忆力也弃我们而去，智力衰退。心脏怦怦乱跳，其他器官也不再正常运行。动脉硬化，增生细胞猖狂活动。而且似乎这一切还不够糟糕似的，我们还会因为越来越严重地遭受性欲衰减以致不能勃起、机能降低或者性冷淡问题的折磨。所以，任何人都不能把《圣经》中《传道书》的话（第11章第9—10段）当作耳边风："少年人哪，你在幼年时当快乐；在生命的花季里，使你的心欢畅！行你心所愿行的，看你眼所爱看的！"

老年是一种慢性病吗？如果是，那为何自然选择不把它剔出呢？既然进化能造出眼睛、心脏、大脑之类的复杂器官，那为何它找不到防止近视眼、心肌梗死以及老年痴呆之类疾病发生的办法呢？人们可以回答，老年、疾病以及死亡是为了使物种延续，因为报废的个体必须由年轻而健康的个体所取代。不过，自然选择不是在物种的层面上而是在个体及其基因的层面上进行的。假如个体尽可能晚些变老，或者完全不会变老，那这对个体是极其有利的。一个很少或者根本不会损耗的生物，与持续衰老的同类相比，在繁殖方面的优势很大。

同样不怎么令人满意的答案是，从生物化学的角度来看，想要较长时间地维护生物使之避免磨损是很难的。因为进化还完成了完全不一样的艺术品。让我们想想个体发育的过程：从受精卵发育成一个完整的生物！人们也许会认为，保养一个生物一定比从一个细胞把它造成功要容易得多。其实说不定事情根本不是这样的。即使人们如此富有智慧，也有创造力，却无法解决这个问题。在过去的几百年里，虽然平均寿命，即可期望的寿命，有很大的提高，但人类的最长生存年限却几乎没有变化。尽管在医学方面取得了种种引起轰动的进步，但在这方面却没有发生任何变化。一个人要想活得比110岁长得多是不可能的。倘若老年人得了病，似乎暂时是无法治愈的。

此外，令人难以理解的是，不同的物种似乎各有其特定的最长寿命。有的昆虫仅能存活一天，一只老鼠最多活两三年，一个人最多活一个世纪。为什么进化不使仅活一天的苍蝇活够10年，使老鼠活100年，使人活到1000年才与世长辞呢？如前文已经提到的，寿命之有限与生物化学因素以及物质代谢都没有多少关系。很可能进化在基因的层面上就为可期望的最长寿命预设了程序，犹如刚出厂的电灯泡，其寿命也是有限的。各种灯泡，按其所设计的用途，有各不相同的"期望寿命"。在这一点上，仅活一天的苍蝇、老鼠以及人类，都是相似的情形。使躯体存活的时间比绝对必要的时间更长久，是没有任何生物学理由的。换言之，一个个体的生命持续时间，已一并考虑在相应物种的最佳繁殖成果中了。假如消耗与利用不成比例，那这样的所谓辛劳付出就是不值得的。这样的投入简直就是不合算的。

如果从基因，即遗传材料的角度来考察生命，那我们必然要断言，生物只是求生存的机器，是具有不死之潜力的基因的临时运输车，或曰躯壳。这就是说，包装不需要存活得很长久，因为极有价值的是内涵；遗传信息必须正常无损地保留，并传给下一代。健康、富有生命力以及繁殖力强，只在繁殖期间是重要的，其后，躯壳就再也没有进化的功用了——这里暂不考虑某些物种还得为了抚养后代而耗费生命。不过，这样一来，它们就完成自己的任务了。旧包装再也没有用处了，只能在垃圾堆里找到自己的最后归宿。

进化方面与衰老现象近似的一种现象，可以帮助我们揭开几个难解的谜。作为达尔文主义的示范，现代进化生物学进入了许多专业领域。这也在越来越高的程度上体现在医学科学领域。现在，我们是从进化的角度，以不同的目光，对人类的衰老病死加以想象。我们学会更好地理解我们的生命之短暂性以及我们脆弱而易受伤害的弱点。现在人类的身体不仅显示出其隐秘而难以看透的性质，并且还显示出它是有缺陷的，而进化也设法使其创伤能够治愈，使之能够抵御感染，使病菌不能得手。疼痛、发烧、咳嗽、腹泻以及呕吐之类现象，我们往往会将其视为令人不舒服的病症，必须尽快抑制并予以治疗。这种时候，我们没有弄清楚，我们的身体之所以出现此类症状，其实是为了恢复正常。生病常常是有益的。身体所发出的无数独特的警告信号和独特的防御机制，连同其令人觉得不舒服的伴生现象，都是特别有作用的，是身体正在与病灶作斗争的征兆。

进化的调和

关于衰老过程与疾病，自几年前才开始在进化论的框架内进行研究，开拓性的论著是1994年出版的心理学家伦道夫·M.尼斯和进化生物学家乔治·C. 威廉斯的《我们为什么会生病：达尔文医学之新科学》。此书获得了众多的好评，其中也有爱德华·O. 威尔逊与理查德·道金斯的评论。道金斯的评语是："买两册吧——一册送给您的家庭医生。"尼斯和威廉斯在书中论证道，达尔文主义的范式，不仅得出了关于人体的出乎意料之外的新认识，而且还给医学科学提供了发展的动力。

让我们回头再议论一下老年疾病的问题：对于尼斯和威廉斯来说，衰老过程本身并不是一种病理现象，而是进化的调和之结果——由于这个缘故，我们在晚年总是容易得"真正的"病，如传染病、糖尿病、癌症、痴呆病、供血障碍类疾病，以及诸如此类的疾病。体质与精神的衰退，是我们必须为年轻时充满活力的状况付出的代价。早在上世纪的40年代，约翰·B. 霍尔丹和彼得·梅达沃便证明，引起衰老和疾病的基因，能通过自然选择的网络潜入。确切地说，就是自然选择让有害的基因——只要它们不阻挡躯体以一定的规模自我复制——不受阻碍地潜入。如能够引起致命的遗传疾病亨廷顿①病——这种病能摧毁中枢神经系统——的基因，就依旧存在。自然选择没有将致病的基因剔除，是由于人到40岁之后，这种基因才会产生效果。进化对付不了此类疾病，是因为有关的人在显示出初期的病症时，已经有了孩子。

在上世纪50年代，威廉斯继续修改这种与多效性有关联的认识。所谓多效性，就是唯一一个基因可能有不止一种效果的现象。例如一个基因，它能提高体内的钙含量，甚至能使受损的骨骼迅速地痊愈，但同时也能使血管变得越来越狭窄。这样一种基因，会通过自然选择而得到奖赏，因为它对于许多年轻的个体都是有利的，而只有很少的个体活得很长，长到不得不因其害处而大伤脑筋。这种基因的有利之处大可以说是对其害处的补偿。只有当期望的平均寿命急剧增加之时，这种令人不愉快的效果——此处所指的就是动脉硬化症——才会越来越多地出现。

---

① 亨廷顿（1851-1916），美国医生。

此外，并不是一切在老年时期会引起负效果的基因，都必然是在青春期有利的。有的基因以前从未被自然选择所顾及，一个简单的原因还是，个体活得不够长。今天的"老年疾病"如癌症、痴呆病以及心脏疾病的发病范围扩大了，因为在过去几百年里，平均寿命增长了。这类疾病往昔极少发生，因为人们先前已经死于鼠疫、天花、霍乱或者白喉，而这些疾病在现代工业国里，可以说是已经绝迹了。引起老年性疾病的机制，往往并不是组织缺陷，而是所谓的自然选择的调和。

杂合的优点

达尔文主义医学的意图是，从进化的角度找到我们容易得某些疾病的解释。尼斯和威廉斯的解释是彼此有所区别的，一个是所谓近似的，一个是最终的（或曰进化的）。近似的解释限于直接的并且是最接近的原因。身体是如何起作用的，为什么有的人会得病，另一些人却不会？从这个角度来解释，例如心脏的病症可以归因于食物中胆固醇的含量高、具有易得动脉硬化症的遗传秉性以及其他原因。相反，最终的解释是寻找时间上久远的往昔的原因，这种解释考虑了疾病的生物学功能。进化论者研究心脏病的时候，例如想知道为何自然选择过程不将特定的基因，如把引起肥胖症或者通过遗传秉性的途径引起动脉硬化症的基因剔除。从进化角度所做出的最终解释，要回答的问题是，为何人们易得某些疾病，而不易得另一些疾病？为什么人体的某些方面如此容易出现故障？为什么对疾病的敏感会有如此大的差异？达尔文主义医学所研究的是，在进化的历史过程中，身体是怎样发展的，以致它容易得某些疾病。我们已经探明，老年疾病往往是"调和"的结果，也就是青年时期的有利之处与老年时期的不利之处之间的交易结果。

这样的进化调和的另一个经典例子就是镰状细胞贫血。得了这种病，红血球就会变形而成为镰刀形，进而导致严重的贫血。其原因在于细胞中的血红蛋白出现了偏差（血红蛋白，或曰血色素，是细胞中的一种含铁蛋白质，其作用是运输氧并使血液成为红色）。红血球变成镰刀形，会增加血液循环的困难，其后果就是出血、气喘、骨头与肌肉痛、肾脏等器官受损。直至不久之前，得这种病的人极少活到性成熟的年龄，尽管如此，引起这种病的基因却并没有消失。更严重的是，在热带非洲，有高达百分之四十的居民得这种病。这又该如何解释呢？

答案是，镰刀形细胞也是有用处的。即在特定的情况下，这种病可以保护人不得危险的热带病疟疾。疟疾这种细菌传染病是由单细胞寄生虫镰状疟原虫引起的。一种疟蚊的雌性个体叮人后，这种疟原虫便进入了人的血液循环系统。寄生虫最喜欢在人的正常的圆细胞中繁殖，而在变形为镰刀形的血液细胞中，它们却很难存活。从父母的一方遗传了镰状细胞基因，而从另一方遗传了正常的血红蛋白基因，这就是说，从遗传特征而言，是混合遗传型或曰杂合型的人，就不会得镰状细胞贫血，然而却拥有对疟疾的自然抵抗力。因为镰状细胞血红蛋白能阻止疟疾病原体在红血球里繁殖。只有同时从父母双方遗传了镰状细胞基因的人（即纯合子），才会得贫血病。

这样，镰状细胞基因就形象地说明了杂合的优势现象：拥有杂合基因的人，不会得镰状细胞贫血，同时对疟疾也有抵抗力，与带有两种形式的纯合子基因的人相比，就具有生存的优势。而带有镰状细胞基因的纯合子遗传基因拥有者，则处于不利的境遇之中，因为他们会得贫血病，与此同时，带有正常基因的纯合子遗传基因拥有者，又不具有对疟疾的抵抗力。这样一来，后果便会是，镰状细胞基因既不能完全消失，又不能在整个族群里传播。基因的频次得以平衡，而对疟疾的抵抗力的优势，便与少年时期严重贫血的害处相互抵消了。如果这样一种在各不相同的特征变形之间所达到的平衡关系能保持许多代人的传承而不变——犹如某些非洲地区镰状细胞基因的传承情形，我们就称之为"平衡的多态现象"。这种现象主要出现在杂合子基因拥有者比纯合子基因拥有者多的情况下。

依据进化论，在疟疾很少发生的地区，镰状细胞基因的频次一定会逐渐减少。在美国的非洲裔人群中，这种基因比在其祖辈的故乡出现要少得多。因为美国可以说是疟疾绝迹的地区，就不存在能保护其杂合子基因拥有者不得疟疾的镰状细胞基因的选择压力。这是仍然有效的自然选择的一个绝妙的例子。

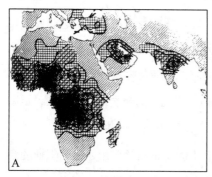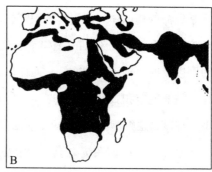

━━➤ 图14-1　非洲和南亚地区镰状细胞基因频次分布图（A）。全黑地区的频次最高。

非洲和南亚疟疾传播地区分布图（B）。引人注目的是，镰状细胞基因分布地区与地方流行病疟疾的分布地区在很大程度上是一致的

永远的军备竞赛

尼斯和威廉斯除了辨别出所谓的"进化的适应性调和之代价"的疾病之外，还辨别出其他可以归因于我们的进化遗产的一系列疾病。如通过传染而引起的疾病。病毒、细胞和其他微生物侵入我们的身体，以指数方式进行繁殖。由于这些东西的发展速度比我们的进化快得多，所以我们和它们相比就始终落后。细菌神速繁殖一天的速度相当于我们经历了上千年的发展。基于人的一代的时间相对很长，我们的身体绝对不能与这类入侵者的突变速度相提并论。我们总是慢吞吞地走在后面。所以，人和其他脊椎动物在进化的过程中，就发展出一种特殊的、能对细菌和病毒的威胁作出反应的、有适应能力的防御机制，即免疫系统。犹如我们已经在第10章中得知的，可以将免疫防御看作"达尔文机器"。因为它不仅仅是进化的变

异、选择及复制过程的结果，而且它本身也要运用这些进化的要素。它能够比遗传进化快得多地对危险作出反应，和入侵者进行斗争。故而免疫系统和病原体便处于持续不断的军备竞赛之中。

有的入侵者，如锥虫，能找到办法与途径，以蒙骗的方式绕过防御机制的堡垒。这类隐蔽在血道里的单细胞寄生虫，是一些严重的、有时甚至是致命的病原体。能引起睡眠症的锥虫，通过多次反复更换伪装而骗过免疫防御系统。由于人的身体需要10天才能形成抵御入侵者的抗体，寄生虫则以及时更换形象的方法对此作出反应，致使免疫系统再也无法识别出来。按照尼斯和威廉斯的观点，一个锥虫可以1000余次地变换形象，足以使它在其寄主细胞内隐蔽几年，始终比免疫防御系统略胜一筹。

假如免疫防御系统由于某种缘故而不能正常发挥作用，制药工业便会接手与疾病作斗争的任务。当然，军备竞赛仍然一如既往。病毒和细菌的突变能力高，会引起抵抗方法的更新，这便需要造出新型的更强劲有力的药品来。从表面上看起来，似乎我们永远都没有获胜的希望。恰恰相反。假如我们不是小心谨慎地添加生物活性物质，就可能意味着我们将会完蛋。一个很能说明问题的例子就是草率地添加抗生素。

当亚历山大·弗莱明于1929年偶然发现霉菌盘尼西林能抑制细菌的生长，于是突然之间，人类似乎占有了对付时刻威胁着我们的致病菌的显著优势。盘尼西林和其他抗菌素似乎成了万能药。许多医生认为，很可能结核病之类的传染病很快就会永远归于历史疾病之列了。1969年，美国医药局的局长认为："传染病书可以不再翻看了。"但今天的情况却完全不同。我们又失去了优势，因为我们过分放心地使用生物活性物质，并且使用的时间太久了。这使细菌有可能发展出新的侵入技术。只要有不多的几个星期时间，就足以使细菌建立起抗药性了。淋病是一种性病，直到几十年前，这种病都是容易治的，可是在世界的某些地区，如东南亚，现在至少有百分之九十的淋病菌株对盘尼西林有抗药性。

更令人担忧的，是结核病致病菌抗药性的发展。在俄罗斯往往是人满为患的监狱里，一律不加区别地用抗菌素治病，使之变成了滋生新菌株的温床——新菌株起码对一种抗菌素或者同时对多种抗菌素都具有抗药性。这类新菌株从东欧迅速蔓延开来，其间在纽约已有三分之一的结核病菌对抗菌素不敏感了，而且对两种或更多的抗菌素的抗药性迅速增强了。曾经的神奇武器之有效性日渐丧失，其原因之一是，在农业中的滥用可以说是文不对题，在大型动物养殖场亦是作为催膘剂来使用。往往"为了预防"而定期地、毫无节制地让鸡，奶牛和牛犊服食抗菌素。于是其残留量便经由牛奶、鸡蛋和肉进入我们的身体，这使得细菌又获得了大量的机会，发展起抗药的机制。

至于由病毒引起的传染病，情形也差不多，即使人们并不是用抗菌素治疗这类疾病。病毒是由其外包裹了一层蛋白质的纯DNA或RNA所构成的。由于它们与细菌不同，本身没有物质代谢，所以抗菌素对它们是无效的。幸好有别的药品可以医治病毒引起的疾病，但是军备竞赛的激烈程度并未因此而有所削弱。一个众所周知的实例，就是免疫力降低的病——艾滋病。这种病是由HIV（Human Immunodeficiency Virus）引起的。艾滋病人容易得许多疾病（有时是古怪而罕见的病），而这些疾病可以毫不困难地使健康的免疫系统土崩瓦解。

HIV能骗过免疫防御系统，因为它能像细菌似的极其迅速地繁殖。它持续不断地改变自己的遗传信息，以致病人的体内总是有免疫系统识别不了的突变体。

起初似乎还有AZT之类药品可以使用，因为它们能延缓HIV的生长与繁殖，然而其抗药性的增强也是指日可待的。经常性的突变能骗过免疫系统，并证明同样对新药有效。今天给病人所开的处方，包括一大堆药，不外乎是希望，起码其中一种会有效果。

已经查明，损害免疫系统的病毒，不仅人的身上有，而且猴子、类人猿、猫以及奶牛的身上也有。人们推测，HIV是在赤道非洲某地，通过与猴子的受了传染的血液接触而传到人的体内的。因为猴子是与HIV近似的一种病毒即SIV（Simian Immunodeficiency Virus）的一种遗传变种的携带者。加之HIV毒株的最大差异种群出现在西非地区，这表明，该地病毒出现的时间最长。引人注目的是，携带SIV的猴子和类人猿一般不会得病。也可能这种病毒对它们曾经和HIV对人一样有致命的威胁。只有具有抵抗力的灵长目动物才作为自然选择的结果而幸存下来。这就是说，大流行的传染病也是会带来益处的，因为它们在个体中培养出抵抗力。其实这也有明显的征兆，表明某些人很不容易受HIV的传染，因为他们出身于过去曾经遭遇其他大传染病之灾而幸存下来的族群。欧洲居民中，大约有百分之十的人根本不会或者很难传染HIV。因为他们拥有CCR5基因的一种突变，这种突变在世界上其他任何地方都没有出现过。CCR5蛋白质在抵御传染时能起作用，故被用作阻挡HIV进入细胞的一道闸门。

起初人们假定，在欧洲中世纪时期，突变是在鼠疫菌（即耶尔森氏鼠疫菌）施加选择压力的情况下产生的。可是在2003年，加利福尼亚的研究者们却报告，人之获得HIV免疫性，可能得感谢天花。在疫病大流行的过程中，在短时间里因此而死亡的人数，比其他任何一种病致死的都多，而天花病毒则古老得多，在欧洲因此而死亡的总计人数就更多。直至上世纪70年代，天花病才算是彻底根除了。与鼠疫不同，天花主要是在从未遭遇过病毒侵袭的青少年人群中肆虐。所以这种病对欧洲居民的繁殖能力的影响要比鼠疫大得多。这项研究尚未结束，但应该是已经证实了上述猜测，这又一次证明，研究疾病的进化起源，对医药是多么地重要。在寄生虫与其人类寄主之间，有一个既漫长又复杂的共同进化过程。如果我们对这种永恒的军备竞赛理解得更透彻一些，也许就能开发出更有效的药品来。

适应性防御战略

对我们的疾病的另一种进化解释是，疾病有利的方面还真不少。有的疼痛性疾患，使我们的身体更健康。尼斯和威廉斯认为，这些疾患有其生物学含意。无论没有疼痛感的生活显得是多么地有吸引力，感觉不到疼痛的人，在自己的身体遭到侵袭时就察觉不到，所以这种人很少活过30岁。疼痛、发烧或者机能下降之类病痛，是肉体或精神的适应，是它们发出的警告信号。谁觉得自己的身体状况特别糟糕，那他就没有心思干大事。于是便呆在家里，躺在床上消磨光阴。无所事事会强化我们的免疫系统的抵抗力，加速疾病的治愈。这也得考虑药物治疗的方法。某种药物，若只是消除不舒服的感觉，那它也会消除自己的生物学作用。谁若是没有弄清楚自身的健康状况，那他可能就无法使自身的肉体获得必要的休息而恢复健康。

这就是说，重要的是，要区别生理上的毛病和生理的防御机制。例如咳嗽常常是不舒服的，有痛感，但却具有重要的作用。咳嗽是一种保护性的反射，是为了清除呼吸道里的异物微粒。流鼻涕也是一样。如果呼吸道受到细菌或病毒的感染，正常的呼吸就会被扰乱，防御机制就会开始行动，于是制造出大量的鼻涕，以便将入侵者驱除。所以，抑制咳嗽和流鼻涕的药物，若不能消除病因，那就会害处大于益处。

咳嗽与流鼻涕也可以从寄生虫的角度来加以考察。因为身体的防御系统协调一致的反应，不仅对寄主，而且对入侵者也是有好处的。入侵者狡猾地控制了其寄主的生理系统，是为其本身的传播着想。一种侵入鼻子的病毒，若是不能使人打喷嚏，那它就注定会灭亡。不仅没有多少危险的病如伤风感冒与普通流感之类，而且就是得了可能致命的病如结核病，咳嗽咳出很微小的一点点分泌物（痰），都足以传染其他个体。所以，寄生虫的所谓利益就在于，不要太快地，无论如何不能在它们蹦到其他人的头上之前，使我们——也就是它们的寄主——得上过于严重的病。流感病毒的传播速度究竟会有多快，这取决于我们的机动性之高低。不过，也有致病菌，当我们不怎么动并毫无抵抗力的时候，倒正好是它们侵袭我们的好时机，例如疟疾寄生虫就是如此。谁要是寒热发作而颤抖不已，就再也不会有力气抵御周围嗡嗡乱飞的蚊子叮咬了。于是，这些虫子如入无人之境一般，便把它们的"传道工作"进行下去了。

　　我们的身体最古老而最有效的防御策略之一，就是发烧。这种策略是在进化过程中通过自然选择而发展起来的，虽然是抵御传染时不舒服的一种反应，但却是有益的。在动物界，可能数百万年以来就有发烧症状。在医学中，发烧与咳嗽完全一样，长期都不被当作适应性反应，而是被视为传染所引起的不利的伴生现象，人们用不着担心，给点药就能将其压下去。直至今日，仍然时时可以看见这句广告语：请服阿司匹林。然而，这样做是否真合适？其实是很成问题的。因为发烧并不是身体本身的体温调节机制"有误"，而是一种认认真真调准的防御机制。体温较高，可以减轻致病菌的破坏强度。

　　尼斯和威廉斯指出，一系列研究结果令人信服地证明，发烧是可以治愈的。一项研究是以得水痘的儿童为对象。一组儿童服用退烧药，另一组服用安慰剂。第一组治愈所需要的时间比第二组多一天。另一次实验的参加者一共有56个人，给他们使用感染喷剂喷入鼻孔，使他们得上真正的感冒。随后又给他们中间一半的人服用安慰剂，另一半的人则服用阿司匹林。这项实验也证明，第一组参加实验的人员的免疫系统比第二组人员的更好地起了作用，此外，第一组人员的血液中的抗体比第二组的多得多。

　　早在上世纪之初，就进行过一次也许是最著名的发烧功用实验，那时发烧的益处排名大概比今天还高。一些梅毒病人得疟疾之后，身体状况反而出现了大踏步的好转。这引起了奥地利医生尤利乌斯·瓦格纳－尧雷格的注意。他还查明，在疟疾多发地区，梅毒很少发生。瓦格纳－尧雷格推测，疟疾引起的高烧，能杀死梅毒病菌。为了证实自己的推测，他在1000名病人中，人为地引起疟疾。其"治疗"取得了轰动世界的成功，因为不少于百分之三十的病人的梅毒症状消失了或者大大地减弱了。瓦格纳－尧雷格的这个发现，使他获得了1927年的诺贝尔医学奖。

　　当然，退烧药也有其益处——因为体温高也是有害处的，要不然，我们身体的恒温器就会为了根本不受感染而将设定体温调高到40度或者更高。不过，这样一来，这条原理就行不通了。犹如其他许多复杂的适应，发烧是有代价的。体温升到40度，体内的储备将比正常时快许多倍地消耗光，而且体温高能使男人（暂时地）丧失生育能力。体温超过40度，会出现痉挛和感官障碍，而且还会使组织持续地受到损伤。故而人们在使用退烧药治病的时候，必须仔仔细细地权衡利弊。

对于其他病症，如呕吐与腹泻，情形也是一样的。这些症状也属于适应性反应。我们的身体一察觉到有毒或有害的物质进入胃里，就会有所反应，将胃排空。若是不喜欢的东西已经通过了胃部，那身体的反应就是肠痉挛和腹泻。出现这类情况的时候，用药物抑制此类症状也并不总是适宜的。这样处理，往往正好会延长病程——尼斯和威廉斯所指出的一些各不相同的研究，便证明了这一点。人们把防御机制切断，就是不让身体有机会对症状的起因发动进攻。

精神上的病症，如沮丧和抑郁，也可能是防御策略。2005年10月，伦道夫·尼斯作为演讲者之一，在欧洲神经心理药物学大会上作学术报告。尼斯在从事学术研究活动的同时，一直没有放弃作为精神病专科医生的实践活动。他认为，对于精神疾病来说，同生理症状如发烧一样，抑制病症并不总是合适的。如沮丧，便能阻止我们去追求无法达到的目标，因为这种目标并不是我们自己给自己确定的，并且这种目标与我们的天性其实是不相吻合的，主要是因为这种目标会得到社会的承认。假如由于某些缘故，这类对未来的希望永远实现不了，我们的反应就是沮丧。沮丧就可以看成是警告信号。懂得及时放弃无法达到的目标的人，出现精神紧张和抑郁的可能性最小。

负面的情感，如焦虑、恐惧以及嫉妒，则完全是有意义的。悲伤与哭泣可以带来益处，因为这样会促使我们去寻求他人的帮助。恐惧的作用是防止我们不预先思考就做事。嫉妒可以强化与同伴的关系。遗憾的是，我们有时会失去对此类情感的控制，而后它们就会制服我们。沮丧会发展成一种慢性抑郁症，嫉妒能转为病态，有理由的恐惧能转变为机能障碍性恐慌症。适应会转化为与我们对立。在这种情况下，去看医生或治疗师才是好办法。

文明病的进军

为什么我们会得病，其另一个从进化的角度考察所找到的原因是，我们不再生活在最初为我们设计的那个环境之中。不仅是我们的精神，而且还有我们的肉体，均起源于石器时代。人类的肉体在进化过程之中，已经适应了一个较小的地理区域的条件。人类学家把这样一种有限的自然环境称作"进化适应性环境"。差不多所有的生物种类都独占这样一个专门为它们设计的环境，它们就在这样的环境里进化发展。人类也是这样。人类在其进化过程中，百分之九十的时间都是在人科动物的发源地即非洲。我们的远古祖先是猎人、捡食物者，他们彼此之间有亲属关系的个体结成小型流动群体，在非洲的荒原上游走。他们的生活丝毫没有田园生活的迹象，死亡率高，食物、饮水也短缺，他们随时遭遇险情，很容易成为大型猛兽的猎物。儿童的死亡率高，平均可期望的寿命（假如有这样的数据的话）顶多三四十岁。

当人科动物智人于大约10万年前走出非洲散布到全球各地的时候，这个相对稳定的时期便结束了。可是现代人与人科动物直立人不同，他们不仅离开了自己起源的环境，而且还深刻地改变了它。不过，改变环境却是不久之前才开始的，只有几千年的历史。人类放弃了自己的流动生活方式，开始农耕与养殖。我们的身体是更新世时代的产物。这个更新世，起于大约160万年前，止于大约1万年前，而所有文化与技术的深刻变化，都是在全新世的晚期才发生的，也就是说，发生于最近的几千年里。至于城市与工业的兴起，则是在更近的时期才有的事。

在进化的时间表上，几千年时间是非常短暂的（更别说几百年），远远不足以改变一个久经考验的身体结构设计图。其后果就是，我们身体的结构与环境已不再是相互协调的了。自然选择没有足够的时间来这样改变我们的身体，使我们的身体能够应对现代的种种危险与诱惑。原来在非洲草原上行之有效的适应，今天往往变成对我们的缺陷有效了。

对尼斯和威廉斯来说，这种与现今生活条件的不相适应，是导致许多——且不说是大多数——现代疾病的主因。与我们的远古祖先相比较，今天工业国中的大部分人都生活在福利社会之中。为此我们所付出的代价，是糖尿病、体重超标、癌症以及心脏－血液循环系统疾病等文明疾病的持续增多。问题往往起于营养方面。我们的非洲祖先所能获得的食物，其卡路里含量或许不是很丰富，但是其种类可能很多，除了野生动物和腐尸外，还有土豆与果实。随着向农耕的过渡，食物变得显著的单一化了。在传统的农耕社会里，小麦与稻谷提供了大部分的卡路里和蛋白质。即使有奶制品和肉类食品补充每日的营养，仍存在着缺乏维生素，尤其是缺乏维生素C的危险。抵抗力减弱以及随之出现各种疾病，都是其后果。

除了单一化的食物之外，某些特定的营养品食用过多也是一种当代现象，而这就导致各种各样的疾病。尤其是在工业国里，体重超标以及与之有关的各种健康问题，就像传染病一般流行。尽管许多人已经过度肥胖了，他们却依然津津有味地大吃富含卡路里的美味佳肴。这种对糖、脂肪与盐的强烈渴望，是与生俱来的嗜好，往昔曾经是起过作用的。我们的非洲祖先对自己是否每天都有吃的绝无把握——当时富含盐、糖以及脂肪的食物比较短缺。毫无疑问，尽量多吸收一些此类营养物质，以便在体内建立起储备是适宜的。然而对于我们这些现代城市居民来说，这种经遗传而固定下来的嗜好却是会产生相反的效果的。现在，街道上无处没有大量的富含盐、糖与脂肪的食品出售，我们确确实实是在把自己吃死。多吃富含盐和脂肪的食物，提高了原则上是可以避免的患一系列损害健康的病如高血压、中风、癌症和心脏病的危险。多吃甜食也是同样的后果。对糖的偏爱，在这种物质只存在于果实之中的环境里，是适宜的。而今天，在大量供应这种物质的情况下，就会导致龋齿、肥胖症以及糖尿病的发生。

我们的生活方式的急剧改变，也使文明病得以大踏步地迅速发展。尼斯和威廉斯为此以乳腺癌、卵巢癌和宫颈癌为例加以论述，这些疾病今天的发生频率远远超过了往昔。从表面上看，这类癌症与富裕的工业国中许多妇女的生殖行为的巨大改变有关。今天的妇女将自己首次生育的时间推延得越来越迟，她们生的孩子比母亲和祖母生的都少，甚至决定干脆不要孩子。这种行为的改变，带来了难以预料的后果，因为年龄较大的妇女，得上述癌症之一的风险，与其一生中的月经次数有关系。妇女适于生育的月经周期，绝不会因为怀孕与哺乳婴儿就中断，而在此期间，她们最容易生病。这很可能与月经期间能引起乳房、卵巢与子宫的组织的变化的荷尔蒙浓度的剧烈波动有关。组织发生反应，这本身是适应性的，但和许多适应一样，组织反应是有代价的——在这种情况下，就更加容易得某些特定的癌症。在正常的情况下，通过怀孕和哺乳期间月经中断的时段里发生的平衡，风险会降低到最低水平。不过，假如这种中断没有出现，再生也不会发生。

至于那些迄今仍然存在的猎人和捡食者社会，其妇女就没有这样的问题。她们大多比现代社会的妇女怀孕早得多（一般13至19岁之间），怀孕次数也多得多。而且她们哺乳孩子的时间也长得多，有时一直哺乳到2至4岁。在一个猎人和捡食者集体里，一个妇女平均要把自己的生育时期的一半用于哺育孩子。所以，她们的月经周期也比"现代的"妇女长得多——这还会带来种种益处。尼斯和威廉斯认为，假如人们人为地模仿石器时代的状况，如采用荷尔蒙控制法，就将停止乳腺癌、卵巢癌与宫颈癌的泛滥。其实避孕丸就能完成这个任务。定期服用这种药丸，就能减少得宫颈癌或／和卵巢癌的风险。尼斯和威廉斯期望在不久的将来，开发出能减少乳腺癌风险的有效的荷尔蒙治疗法。即使在探究癌症的起因、与癌症作斗争的时候，审视我们进化的历史也是有重要意义的。

恐怖电影故事

本章开篇我们就断言，进化与遗传的知识越来越重要了，尤其是当我们想要应对新流行病迫近的危险之时。因为能引起疾病的病毒和细菌从来没有像今天这样的容易得手。大城市人口密集区域和毫无限制的机动性，保证它们能够实现最佳的传播。在前几个世纪，传染往往是限于地区之内，因为疾病发生在偏僻地区，寄生虫找不到足够多的新寄主，而时至今日，很可惜，几乎不可能把疾病限制在一个地区之内。在国际机场，只要出现一个开放性结核病的病人，就很容易引发世界性疫病大流行。世界卫生组织（WHO）日益关注传染病的毁灭性影响，并不是毫无道理的。

最可怕的病毒之一是流感病毒。在20世纪，人类遭遇了三次疫病大流行。1918－1919年的西班牙流感，夺去了世界范围大约4000万人的生命，后来中等规模的疫病是1957年在亚洲地区暴发的流感，以及1968年在香港发生的流感。人们不无道理地担忧，在不久的将来，会暴发由新型高致病性病毒变种引起的流行病，很可能带来比上述三次合计的毁灭性后果更加严重的后果。应对危机的计划已提高到最新的等级，然而问题是，人们是否真能限制损失？

引起流感的病毒，与一切病毒一样，有两个特点，使得我们同它们的斗争更加困难。这两个特点，一是它们进化的速度特别快，二是它们持续不断地交换自己的遗传特征的部件。由于它们每年都变，所以人的防御系统很难识别其新变种，这就是流感疫苗每年都要重新接种一次的原因。流感病毒分为甲、乙、丙三种类型[1]。只有甲型与我们的关系最为密切，而甲型下属有两个亚型，即H型和N型。这两个字母表示凝集在病毒外壳表面的两种蛋白质，即血细胞凝集素（hemagglutinin）和神经氨酸苷酶（neuraminidase）。这两种蛋白质在很大的程度上决定着人的防御系统能不能识别病毒并与之斗争。众所周知的是16H亚型和9N亚型；此外，这两种亚型能出现在各种各样的组合之中。如"H7N2"表示含有一种H7蛋白质和一种N2蛋白质的一种甲型流感病毒。因为每种亚型又是由各种经常发生突变的菌株所构成，所以我们的免疫系统不能保护我们免受新的传染。

----

[1] 此处原文为"A、B、C三种类型"。

在人的身上至少有三种亚型出现：H1N1、H1N2、H3N2。得了重流感就会发高烧并且四肢痛，然而在正常情况下很少会致死。危险的当然是年纪偏大、身体虚弱的人。在荷兰每年约有3000人死于这种"简单的"流感。

能从动物传染给人的甲型流感病毒，如H5N1禽流感和H7N7禽流感，其潜在的威胁还要大得多。野鸟是一切已知的甲型流感病毒的天然携带者。它们自身却根本不会得病，或者起码不会得重病。但是家禽类如鸡、鸽子、鸭子或鹅却能被禽流感病毒感染而引发致命的瘟疫，而且还能够传染给与它们紧密接触的人。只需要蛋白质发生微小的改变，就能从禽流感病毒造出致命的人流感病毒。研究人员已经查明，当年西班牙流感的病毒，便是直接起源于一种禽流感病毒。在病毒的蛋白质外壳中，哪怕是发生极其微小的突变，都足以骗过人的免疫防御系统而引发大规模的疫病流行。禽流感病毒的亚洲变种（H5N1）几年来就在蔓延，一直有人受到感染，说不定哪一天也会引发其后果比当年的西班牙流感严重许多倍的疫病大流行。

在荷兰，据皇家国民健康与环境研究所的计算，若遇到这种情况，起码会导致4万人死亡。三分之一的荷兰人会受到传染而得病。过不了几天，医院的病床就不能满足需要。健康的人们将会抢购食品储备起来，待在家里不出门。父母将再也不让子女去幼儿园或者上学，人人都避免在公共场所逗留，这也意味着，许多人不上班。总有一天社会将会陷于恐慌之中，而社会生活将几乎停顿。这就是说，疫病大流行不仅会夺走许多人的生命，而且还会造成很大的经济损失。国际货币基金组织（IMF）不久前发出警告，世界经济将因疫病大流行的严重后果而遭到巨大损失。各国将不得不调整政策，以应对交通贸易受阻、电力煤气供应中断、国际支付往来障碍重重的局面。连警察、消防甚至紧急救援等也会受到影响。

在全球化的大趋势下，流感疫情蔓延的规模，将会超过历史上的那三次——这种可能性是很大的。一个来自欧洲或美洲的旅游者，去了一趟曼谷的家禽市场，就可能在24小时之内，将某种病毒带到地球的另一侧。几乎没有办法防止。危机应急计划的硬件是能够阻止病毒蔓延的药品如达菲的分配，城市街区、整个城市甚至整个省的隔离。大型群众性集会如足球比赛和流行音乐大型演唱会将会取消，学校将会关闭。但是谁也不敢说，这样就真正足以应对了。虽然从原则上来说，范围广泛的民众接种疫苗是可行的，但实际上却几乎行不通。因为一种有效的预防疫苗，要在尚属未知的病毒出现之后才可能开发出来，而后起码需要经过半年时间，才能制造出足够数量以满足需要。也许持续地进行基因的检测分析是一种更好的办法。假如我们对病毒的进化有了更深入的认识，"生物学方式的战斗法"有朝一日或许能够使人类获胜而得益。

那位名叫查尔斯·达尔文的医科大学生，在医学院的课堂上（尤其是在解剖室里）待了两年之后，于1827年离开爱丁堡转学到剑桥学神学，估计他即使做梦也不可能想到，有朝一日一门新学科会与自己的名字结为一体。

第15章
社会达尔文主义与优生学

进化思想之危险

当今几乎没有一种学科没有受到达尔文主义范式的影响。进化论证明是一种改变了我们的世界观的、影响深刻的思想。在《物种起源》出版150年之后,达尔文革命思想的爆炸性丝毫没有削弱。然而他留给我们的遗产,不仅是很有益的知识,而且也潜藏着危险。在前面第12章我们已简略地提过,进化生物学和伦理学,很容易酿成一种具有爆炸性的综合思想。历史上的伪科学家、理论家和其他空想家,屡次盗用达尔文的名义来谋其一己之私利,有时竟然造成令世人震惊的后果。

在进化论的接受过程中,最有名的危险思想有两种,一是社会达尔文主义,一是优生学。主要风行于19世纪后半叶的社会达尔文主义,其所代表的观点是,适者生存的原理不仅适用于自然界,而且适用于人类社会。而获得令人悲哀的臭名的优生学,却是当年纳粹国家借使人种"高尚化"的口号行犯罪之实的一种工具。尽管这两种主张在某些方面彼此有所区别,它们却有一个共同点:两种主张都宣称,进化生物学的认识可以并且必须用于更新社会。而要更新社会,不是人们积极干预社会的发展,就是反其道而行之，使发展离开其既定的轨道——究竟如何决策，那要看正在台上的政治精英集团是怎么想的。因为这两种主张，其实都是建立在统治阶级自大狂的基础之上，它们都是统治阶级的既幼稚而又愚蠢的进步信念的表达，它们都是为殖民主义、种族主义以及肆无忌惮的资本主义作伪科学的辩解。其毒瘤之一便是"强者之权力"。推行强权政策，就会将那些被看作"素质低劣的"人群排除社会之外，虐待之，甚至屠杀之。虽然社会达尔文主义与优生学的毒瘤属于历史现象，但是其中的某些要素，恰恰在今天披着另一种形式的伪装，再度亮相于世人眼前。

赫伯特·斯宾塞与进化法则

最初激进的社会达尔文主义宣称，"适者生存"不仅是生物学进化，而且也是社会文化发展的主导原则。重要的是，要尽可能使人类社会的发展与进化法则相符。人类社会也和自然界一样具有竞争性，与其所处的环境达到最佳适应的个体，占据着优势的地位。由此得出的推论是，国家无论如何不能支持较少受到眷顾的人群，如穷人、病人、失业者或者智力较低者。懦弱、懒惰、愚笨决不能获得"奖赏"，因为这只会干扰进化的进程。较好的解决办法是，任能力弱者受命运的摆布，借此逼使他们自我改良，自我发展或者自行毁灭。社会达尔文主义不只是一般性地要求，所谓"优等的"社会成员可以把自己的意志强加给被看成是"素质低劣的"人群。

社会达尔文主义主要是与社会学家兼哲学家赫伯特·斯宾塞相结合，通过他而获得普及的。著名的格言"适者生存"便出自他，达尔文和达尔文之后的学者迅速抓住这种表达法。还在达尔文的《物种起源》发表之前，斯宾塞就已经是一位坚定的进化论者了。这丝毫不令人奇怪，因为在19世纪的前半叶，进化思想正处于起跑线上。不过那时的它，与自然选择的原则还没有关系，因为自然选择的原则是后来由达尔文所发现的。它是更一般性地与增长、发展以及进步有关：实际上一切都是遵循发展的法则。这种进步信念与维多利亚时代的思想是密切相关的。在维多利亚时代的思想中，工业革命、日益增长的福利以及大英帝国的扩张，都支持一种乐观主义。对于这种乐观主义而言，进化实际上与进步是同等重要的。

我们也必须在这种语境里来理解斯宾塞的进化论。斯宾塞不是对物种的起源与变化给出一种生物学的解释，而是指出历史与存在的普遍适用的规则：一切都是上一层发展过程的局部。在发表于1857年的一篇标题为"进步：其规则与起因"的文章中，他指出："凡存在者，均处于一种变化或曰发展的状态之中。"听起来，这好像是古希腊哲学家赫拉克利特的著名的"万物皆流"的论断的遥远的回响。斯宾塞认为，发展是以一种线性的过程从简单到复杂、从同质到异质而完成的，并且不仅自然界是这样，而且整个宇宙都是这样。如果说一切都会发生进化的变化，那么这当然也适用于人类社会。

这就是说，尽管斯宾塞是进化论者，但他却并不是达尔文主义者。他主要是受到法国的博物学家拉马克的思想影响。与达尔文主义的进化不同，拉马克的进化是一个特别有效且目标明确的过程，因为每一代都是以前一代的成就与成功为基础。所以斯宾塞认为，自己的乐观主义是有很好的理由的。在《物种起源》发表之后，他也受到了达尔文思想的影响，不过拉马克的思想却继续在他的哲学中扮演重要角色。斯宾塞认为，竞争是发展的动力。在他的眼里，无所顾忌的自由资本主义（人人为自己，上帝为大家）其实是一种自然过程，其结果就是，最强壮最能干的个体得以生存下去。此外，马尔萨斯对他的影响也是显而易见的。按照马尔萨斯的理论，人口数量的增长，会导致"生存竞争"，在竞争中，弱者不可避免会失败。

竞赛与竞争是社会进步的关键。依照斯宾塞的观点，竞赛不仅发生在个体之间，而且也发生在企业之间。经济与福利将通过企业界中毫不留情的竞争而被推动前进。不能适应自由市场的恶劣条件的企业，会为了经济及社会的繁荣兴旺而灭亡。这种竞争最终将导致一个或数个大型企业占据垄断地位，并给社会指示前进的道路。这种思想得到美国的经济界巨头如安德鲁·卡内基与约翰·D. 洛克菲勒之流——这些人不久之后将会引证斯宾塞的理论——的赞同。如钢铁大王卡内基便认为，权力与财富集中在少数几个人的手里，对于国家的进步是必须的。

几十年之后，社会达尔文主义的早期代表人物之一，耶鲁大学的政治与社会科学教授威廉·格雷厄姆·萨姆纳将这种思想推到了顶峰。他宣称，百万富翁是通过自然选择从竞争中脱颖而出的，他把自己的社会达尔文主义观点言简意赅地总结成"拱土，抢食，要么去死"（root, hog, or die）。这句话出自美国的养猪场主，其含义大致相当于"为你自己操心，否则就灭亡"。今天，美国资本主义虽然已变得温和一些了，可是骨子里却是没有任何变化的。在为生存而进行的斗争中，成功的个体把向上爬的梯子搭得更高了，整个社会都从其进取精神获得了利益："凡是有益于通用汽车的，也有益于美国。"所谓个人追逐利益的行为对社会整体是有益的这种思想，被奥利弗·斯通在1987年出品的影片《华尔街》中好好地讽刺了一番。片中狂妄的经纪人兼金融大鳄戈登·盖柯（由迈克尔·道格拉斯饰演）叫道："贪心好！"他振振有词地宣称："贪心好！贪心对！贪心有作用。贪心抓住了进化精神的本质！"用进化论来为猛兽般的资本主义作辩解。

对于斯宾塞及其支持者而言，社会主义理所当然是祸害。这不仅仅是因为国家的支持使适应能力差的个体与企业得以继续生存下去，而且主要是因为社会主义使个别人的自给自足受到怀疑——其实如果没有个别人的自给自足，社会是不可能进步的。因为那些依靠国家救济的人，再也不需要发挥自身的主动精神。不期望与失业作斗争，不要求国家制定健康政策或者教育方面的政策措施，只要国家负责保护其公民的安全就可以了。其他一切都可以放心地交给自由市场的动力去完成。斯宾塞的社会达尔文主义并不是要将"不适应者"淘汰出去，而是要鼓励他们，自己掌握自己的命运，改善自己的社会地位。懒惰比愚蠢更糟糕，在任何情况下都不可奖赏懒惰。对懒惰的自然惩罚就是贫穷。只要在个体的头上没有悬挂一柄达摩克利斯贫穷之剑，那他们的主动精神是不会发挥出来的，在这种情况下，国家的救助措施也只能产生负面的效果。同情是不合适的，任何减轻贫困的努力，都只能让懦弱蔓延。人们应当让天性自由前进。

社会达尔文主义的根源

如前所述，我们在斯宾塞的进化宇宙里，既能察觉达尔文的影响也能察觉拉马克的影响。斯宾塞在社会进步方面的乐观主义，主要是以拉马克的理论为基础。按照拉马克的理论，人的一生中所获得的特性与能力，是可以遗传的。拉马克的进化，进展神速，并且顺畅无阻，因为每一代都是直接以上一代的成就为基础。它不像达尔文的进化似的，取决于一个烦琐而拖沓的选择过程，前者甚至完全可以不要这样一个过程，因为它本身就内含一种进步的倾向。在达尔文的进化中，变异的出现始终是偶然的，而在拉马克的进化中，变异却是目标明确的。有这样的机制，就能神速地进步。

斯宾塞认为，社会的发展也是积累性的，可以在不多几代人的时间之内发生。如果所获得的特性是可以遗传的，那么就意味着，人能够控制自身的发展。按斯宾塞的看法，社会的成果是一个可以遗传的生物学特性。若是一名懒惰的失业者，有一天决定挽起袖子，向社会阶梯的高处攀登，那就会使他本人的遗传特征受到好的影响，给他自己的子女配备类似的抱负，后代便会具有一种与生俱来的活力与成就的素质敏感性。由于斯宾塞的观点是得到拉马克的遗传理论的强有力的支持，其实更确切地说，应称之为社会拉马克主义，而不应称之为社会达尔文主义。

后面就很容易看出，斯宾塞究竟犯了什么样的思想错误。他的错误起于他没有把天赋的影响和环境的影响严格区分开。虽然这两种因素可以互相影响，可是得自遗传的特性却是与后天所获得的社会文化特性完全不同的另一类特性。况且后者是通过各种不同的途径传播的。当然，实际的情形是，我们可以把我们在有生之年所学到的东西传递给我们的子女。这是文化进化的本质特征。不过，在生命过程中所获得的此类特性，并不具有生物学意义上的可遗传性，它们也不能以某种方式译成密码而进入性细胞。所获得的知识，不是通过遗传媒体而是通过一种文化媒体，即传统、教育及培训传递。社会成就不是可以遗传的生物学特性，一个很有成就的商人也不是自动就有"良好的基因"的。他取得成就也许该归因于他所出身的那个环境和他所受到的良好的培养。反之，一个人在社会中遭到失败，也并不一定是因为他有"劣质的基因"。他可能就是倒霉，成长于不利的社会条件之下。随着时间的推移，社会达尔文主义者也接受了这种看法。他们不再否认环境的影响，但却仍然坚持"出生时就确定了对竞争最重要的基本特性"的观点。即使每个人都得到了同样的机会，从长远着眼，仍会出现一个下层和一个上层。

拉马克的遗传理论，在19世纪是社会共有的精神财富，它对达尔文也有一定的吸引力。当德国生物学家魏斯曼于19世纪末证明所获得的特性不可遗传时，拉马克的遗传理论的名声才完全变坏了。储存在"胚胎血浆"——这是当时人们对遗传材料的称呼——里的信息，在人的一生中既不能补充也不能改变。因果之链是从属模标本到表型，而不是相反。直到1900年重新发现孟德尔的遗传理论时，人们才有了一个能替代拉马克理论的有说服力的理论。并非由于生物的努力，而是通过突变和重组，遗传的变化才得以出现。所以一个种群只能等待，直到一种有利的遗传变异出现。魏斯曼对拉马克的遗传理论的批驳，也摧垮了进步乐观主义的根基。假如"胚胎血浆"不能发生变化，那"素质低的"人的后代，原则上仍是"素质低的"。

除了拉马克，达尔文对斯宾塞的影响也是很大的，尤其是他的自然选择理论。因为竞争就是一种选择过程，只有最能干最适应者才能成为胜者。在这种意义上，自由贸易与经济竞争便是所谓的人类社会的自然选择的工具。斯宾塞捍卫自由资本主义的论点，是直接从适者生存的原则推导出来的。所谓适者生存，是指无情的竞争造就了人群中的优秀者。达尔文本人代表类似的观点，即使其所采用的是比较弱的形式。他深信，个体之间的竞争，终究会产生有益效果，通过人类文明的日益进步而削弱这种选择过程，其实可能是有害处的。然而与此同时，他并不是一种毫无节制的资本主义的代言人，他并不认为，应该让无助的人任由命运摆布。文明人配备有一种"同情的本能"，这种本能阻止他表现得过分的硬心肠。虽然通过这种方式，自然选择会受到干扰，但这是我们为达到更高的文化阶段所需付出的代价。我们现在不再有可能既压抑这种同情而又"不会因此而使我们的最高尚的天性失去其价值"（《人类的起源》，第一篇第五章）。

种族问题之争

斯宾塞所设计的进化模式，不限于个体与企业，而且也可运用于文化与种族。能从社会群体之间的竞争胜出的，就是最强大的种族和文化。据此，征服"低等的"种族与文化便是一般发展规律的组成部分。在斯宾塞的眼里，欧洲文化圈与白种人就是人类发展的顶峰。在19世纪，社会达尔文主义是为（不列颠的）帝国主义、殖民主义以及奴隶制作辩护的理论。如果说人不是由上帝创造出来的，那新教的（不列颠的）白人反正是进化之最。所以，只有由白人统治世界，才是合情合理的。

并非斯宾塞一个人才有这样的观点，他的许多（欧洲的白种）同代人都站在同样不加掩饰的种族主义与歧视妇女的思想一边。在19世纪的欧洲和美洲，流行并且盛行的看法是，种族分为"优等的"与"素质低下的"，性别分为"优良的"与"价值低的"。连达尔文也相信，白种人的男性代表是"优良的"。《物种起源》的副标题不是没有缘由的："在为生存而斗争的过程中，最有利的种族之维护"。种族是毁在其自身的缺陷上。达尔文在《人类的起源》中，直截了当地提出了人种的等级制，他把"黑人"和"澳大利亚人"（巴布亚的）划成介于白人和类人猿之间。他在书中写道，"在未来，也就是几百年之后，即不是特别遥远的将来，人类之中的文明种族，一定会将整个地球上的野蛮种族彻底消灭并取而代之。"（第六章）达尔文也提到性别差异的问题。男人无论做什么，无论是深刻的思想、智慧与想象，或者仅仅是感官与手的使用，都会"取得比妇女更优异的成就"。至于典型的女性之能力，如直觉、迅速理解的能力或模仿能力，都是"文明初期的比较低级的状态"中的特点。

在第六章中我们已经获悉，在19世纪，人类学界发生了一场激烈的辩论，人类起源多元论者与一祖论者各持己见，就人类究竟是起源于一对夫妻还是起源于多对夫妻的问题争论不休。多元论者的观点是，人类有不同的起源，人种的发展过程也是互不相同的。如非洲与澳大利亚的种族，便介于类人猿与欧洲人之间。"低等的"种族被看成是从猴子到人类的发展进步过程中的"凝固的残余"，而这种看法，又使人们能够为殖民主义与奴隶制作辩解。相反，一祖论者声称，所有的人都有一个共同的起源。达尔文在《人类起源》中就赞成这种看法。一切人种都起源于唯一一个原始部族（第七章）。如一切种族都能相互交配而产生后代，其所产子女也都是有生育能力的这事实足以证明这一点。尽管达尔文是站在一祖论者的立场上，但他的某些表述的种族主义意味，并不或者几乎不比人类起源多元论者少。他认为，虽然各个种族同属一个物种，但各种族之间显然存在着精神与智力方面的差别。

人们可以把现代人，即人科动物智人划分为三大类：欧罗巴或曰高加索人种、黑色人种以及蒙古人种，最后一种又可细分为亚洲人、美洲人以及澳大利亚人。一个人种是一个由相似的个体所组成的集群，这些个体由于有共同的起源，其彼此之间的亲属关系比其他集群的更为紧密。当然，关于这种观点，几十年来人们就一直在激烈地争论。社会科学界的某些研究者认为，任何种族或者"种族"的概念，完全如性别概念似的，都不是指一种生物学的，而是指一种社会的类别。并不是自然，而是我们自己将人类划分成各种次级群体。从遗传学的角度看，没有任何理由搞出一个种族的分类体系，因为同属一个"种族"的个体之间的差异，平均而言要大于"种族"之间的差异。

然而，对"种族"问题的科学观点始终在变。从这个角度来看，第二次世界大战和纳粹德国的垮台是转折点。如1945年成立的联合国教科文组织于20世纪50年代，曾公开谴责任何形式的种族歧视，虽然有不同的人种，但所有的人在尊严和权利方面都是天生平等的。在上世纪60年代和70年代，这种正确的政治观点汇入了"'种族'是一种传说，纯粹是社会的一个结构成分。我们大家不仅仅生来就是平等的，而且根本就没有什么种族之分！"的思想。谁提出对立的主张，谁就是在思想上失去了理智，或者简直就是一个种族主义者。今天，这个正确的政治观点主要是在美国的某些特定的科学界人士中间依旧特别流行。

不过，认为"若从生物学的角度进行更仔细的考察，'种族'概念证明是一种虚构"的观点，却并不为所有的人接受。显而易见，完全有很充分的理由，把人类划分为各种不同的生物学亚种——这是一些与现代医学的进步有关的理由。如研究所证明的，非洲裔美国人比欧洲裔美国人更容易得心脏病。起初人们把这种差异归因于社会经济因素。平均而言，非洲裔美国人比白种人穷，他们的饮食方式不同，进入保健体系的机会受到限制。但是一个研究小组于2002年宣布，差异是有一个生物学的基础。在相当大的程度上，心脏病发病率高，应归因于一种遗传的差异。制药工业不会坐失良机。2005年6月，制药企业NitroMed将一种得到美国食品和药物管理局（FDA）批准的新药推入市场——这是专门为患心脏病的非洲裔美国人开发出来的新药。这种药名叫BiDil，上市不久，便被追求平等的议会院外活动集团贬为"种族主义药丸"，不过，患者却似乎并不因此而受到影响——他们照服不误。

另外一些疾病可能也有人种学背景。如某些疾病与肤色有关系。皮肤为黑色或深色的人，若是生活在温和的气候条件下，就容易出现维生素D缺乏的病症，从而会引起佝偻病或其他疾病。一般来说，在阳光的作用下，人体本身能生成维生素D，故热带的黑人绝对不会得维生素D缺乏病。白人不会遇到这种问题，因为紫外线能穿过他们的皮肤。

而另一方面，白人如果在热带生活，就很有得皮肤癌的危险。强烈的阳光和透亮的皮肤彼此是很不相容的。总之，没有种族区别的结论也许下得太早了。

钟形曲线

美国篮球运动中有一句几乎成为口头禅的惯用语：白人运动员就是跳不高。毕竟最伟大的篮球明星几乎无一例外都是黑人。白人运动员顶多可以当个还过得去的传球员，但要像模像样地灌篮——就是纵身跳起，在空中将球从上而下塞入篮圈，他们却是做不到的。最伟大的迈克尔·乔丹得了个"飞人"的绰号，也不是没有道理的。没有一个白人模仿他的投篮艺术（顺便说一句，大多数黑人运动员也没有模仿他）。

其间还有一句"民间格言"式的说法，即黑人不仅比白人跳得高跳得远，而且也比白人跑得快。奥运会的百米短跑决赛，几乎只有深色皮肤的男女运动员参加。长跑如10000米长跑或马拉松长跑比赛，也是他们占多数。杰出的长跑运动员主要来自东非国家，或者是出身于东非的运动员。如肯尼亚运动员和埃塞俄比亚运动员所取得的令人印象深刻的成绩便证明了这一点。专家将这种现象归因于白人慢肌纤维多、体型修长、腿长、在重负下耗费的能量比较少。相反，西非的运动员以及西非裔的运动员是优秀的短跑运动员。他们的快肌纤维多，身体结构矮而壮实，犹如专为瞬时爆发力而设计的一般。

那么我们不禁会问，黑人在许多体育比赛项目中占有优势，这实际上应该归因于种族之间与生俱来的生物学差异呢，或许更确切地说，应是有其社会经济根源呢？某些科学家赞成后一种观点。对于许多黑人青年来说，要跳出黑人聚居区，唯一可行的办法就是从事体育运动。著名的黑人运动员，又是无缘享有特权的青年人的楷模——这些青年人，不惜牺牲一切，也要踏着自己的偶像的脚印奋勇前进。因而可以说，不是种族造就了一代又一代黑人运动员，而是在社会经济方面受到歧视，以及竭力赶上偶像，从而与之并驾齐驱的渴望造就了他们。而另外一些科学家却是持相反的看法，他们认为，完全应该从生物学的角度来探究其原因：深色皮肤的人，身体结构与白人就是不一样，而否认不同人种在生理上存在着这样的差异，就是缺乏实事求是精神的证明。

当然，这样一种看法是有着广泛含义的，因为假如运动能力确实在一定的程度上是以人种为前提，那么这种看法自然也能套用于其他特征，如音乐才能或智力。换言之，假如种族之间存在与生俱来的身体差异，那为何不会在精神方面也存在差异呢？

在这里，我们步入了危险地带。如果说居民中的特定的群体拥有较优良（因为是与生俱来）的韵律感，那是违背政治正确原则的。谁认为一个种族可能比另一个种族更聪明或者更愚蠢，那就是与正确的原则背道而驰，走得太远了。

美国心理学家理查德·J. 赫恩斯坦和政治学家查尔斯·默里恰恰就是这样做的，他们于1994年发表了一本书，名为《钟形曲线：美国生活中的智力与阶级结构》。此书一问世，立即引起广泛的轰动。作者声称，在美国，各个不同的"人种群体"（应读作：种族）之间，在智力的分布上是不平衡的，并且这种不平衡主要应归因于遗传因素。以前关于智商的激烈争论——似乎早已作出了有利于势力强大的、政治正确的议会平等权利院外活动集团的裁决——此时再度爆发。抨击谴责之语满天飞，可都是老生常谈。所纠缠的又是那个老问题：人究竟是其天赋的产物还是其环境的产物？这种辩论主要是在美国一再发生，究其原因，部分地还是在于，恰恰是在这个国家里，智商测试成为了一种全国性着魔一般的闹剧。很久以来，为了任何一件小事，美国人都要不辞辛劳地搞智商测试。以这种方式搜集起来的大量统计资料，当然使人印象特别深刻。其间已经搜罗了整整一个世纪的资料。大量资料显示出一个清清楚楚的、反复出现的样本：非洲裔美国人在测试中得分最少，接着是拉丁美洲裔（西班牙裔）、地中海地区出身的与斯拉夫裔的美国人，得分高一些。智商最高的是北欧、西欧出身的白人和南亚人、东亚人。借智商测试所调查出来的这种人种群体之间的智力差异，几十年来都保持不变。其结果也得到大家的认可，有争议的只是，应该如何解释差异。

对于环境理论的追随者来说，差异是有其社会经济背景的。在一个很少得到支持、很少遇到智力挑战、加之所受到的教育多半很差的穷困的环境里成长起来的人，其手中所掌握的牌必然很差。国家的任务就是，通过促进计划消除这种教育的落后状况，因为智商是可以提高的。环境论者的不同观点是，从社会经济与文化的角度来看，智商测试又是有偏见的，以致某些群体的得分就是要比其他群体的高些。因为测试所记录的，其实并非"智商"，而是受教育的水平、对美国语言文化的熟悉程度以及一个人成长的环境。与之相反，天赋论的追随者却认为，这种测试是智商分布的可靠的准绳，是建立在人种与遗传的基础之上的。所以，向非洲裔和拉丁美洲裔美国人提供昂贵的促进计划，只能是浪费国家的税收所得，因为智力水平在其出生之时就已经确定了。由于智力是可以遗传的并且是与生俱来的，故智商根本不会或者几乎不会受到影响。既然人们天生是不一样的，那么人与人之间的差异便是不可能根除的。

《钟形曲线》的作者也赞成这种政治上不正确的观点。智力差异有其人种的和遗传的前提，我们把这一点牢记在心是对的，因为智力和与之有关的能力在很大程度上决定一个个体的社会成就。按照此书的作者们的观点，一个群体可以分为五个"认知能力"等级，即：非常聪明，聪明，一般，愚蠢，特别愚蠢。在一个大型的混合种群中，智力的分布用图形来表示，一般呈现一种钟形（见图15-1）。因为正常智商的比智商很低的（低于75者）或很高的（高于125者）要多得多。所谓钟形曲线，就是表示统计学上的"正态分布"的高斯钟形曲线。

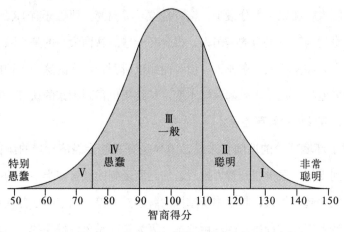

→ 图15-1　智商正态分布曲线图（钟形曲线）

赫恩斯坦和默里断言，在美国，平均智商正在缓慢下降，因为非洲裔美国人生育的子女比其他人种群体所生的多得多。此外，还得考虑到，从南美洲和中美洲涌入美国的移民持续增长的情况，这样一来，社会灾难便是指日可待。美国的智力分布呈现一种下降的螺旋形，故作者们声称，这使人不无担忧。因为智商低是与社会所不希望有的各种行为方式结合在一起的。智商低的人，一般很少是优秀的教育者，低智力往往伴随着失业、吸毒成瘾以及犯法行为。为了停止全民智力的下降趋势，必须严格地限制拉丁美洲移民涌入的人数，此外，国家还得制止贫穷而智力低下的黑人无限制地生儿育女。其好处是显而易见的。赫恩斯坦和默里认为，"一个更聪明的群体，更有可能并且更容易转变为文明的公民群体"。

如前文所言，在美国，智商之争仍然呈现出浓厚的社会政治色彩。在种种政治派别之中，一般我们都能发现，天赋论的追随者属于右翼的（新）保守派，而环境论者更有可能属于左派。一些人在其对立面的眼里，是没有责任心的空想家，而且听不得真话，另一些人则被其对立面视为种族主义者和社会达尔文主义者。斯蒂芬·杰伊·古尔德在其《人之不当测度》的修订版中，严厉地谴责赫恩斯坦与默里。他说，"年代错乱的社会达尔文主义"不是建立在事实上，而是建立在沙滩上。《钟形曲线》的大获成功所反映的，其实是一种"使人觉得沮丧的时代精神"和一个"史无前例的铁石心肠的历史时期"。

由于赫恩斯坦与默里对统计数据的使用不当，故而古尔德和其他人的观点反而是正确的。以这样的数据为基础，其结果也可以加以完全不同的解读。况且《钟形曲线》的作者似乎根本不知道有经济犯罪行为一般。有人已爬上成功阶梯的较高的位置，拥有超过平均水平的智商，而其所凭借的，却并非个人的品德。聪明人与愚笨者的潜在的犯罪能力，大小都是一样的，只不过这种能力很少引人注目罢了。幸好公众有时还有机会了解"文明的公民群体"之内幕。在《钟形曲线》发表几年之后，经济丑闻的浪涛使美国受到强烈的震撼。能源巨头安然做假账骗人，还有大肆中饱私囊以及种种诡计，甚至把乔治·W.布什总统的政府也逼入困境，这桩桩案件都值得深思。

其他评论者——即使他们是少数——认为，赫恩斯坦与默里的确言及某些重要的问题，但若是他们为了政治上的正确而维护社会禁忌，那就是不明智的。无论如何，关于《钟形曲线》的争论表明，社会达尔文主义仍然很有活力。现在主要是讨论"人究竟是取决于自己的天赋还是自己的环境"的问题，因为由此可以得出将来在移民、同失业和贫穷作斗争、卫生事业以及刑事犯罪方面的政策的结论。故而使人感到遗憾的是，在美国，讨论中各种观点严重对立，对手又深藏于壕沟之中，于是折中意见的发表受阻。这种折中意见认为，人的塑造既有其本身的天赋，又有其环境。因为这两者并不是相互排斥的。

文明之未来

赫恩斯坦与默里就"限制贫穷而不享有任何特权的黑人生育子女的数量"问题所作的辩解，不仅显示出社会达尔文主义的特征，而且也显示出优生学的特征。优生学，即"优良出生"这个概念，是很有影响的英国心理学家和自然科学家弗朗西斯·高尔顿（查尔斯·达尔文的表弟）所创造的。优生学的目标是，通过有选择的繁殖，使人类或者人类的一个种族得到改良，犹如育种者坚定不移地挑选所有具备所期望的特征与特性的个体用于下一步繁殖，以使动物或植物"优化"似的。优生学要把这种优选的方法应用于人类。人类精英的任务是，通过使家庭的大小与父母的遗传特性协调一致的方式，保障种族的"品质"：具有"优良特性"的个体，可以无限制地繁殖，相反，"特性差"的个体则加以阻止。

人们把优生的形式分成两类：建设性的和否定性的。建设性的优生促进"优秀"个体的繁殖，如通过奖金的形式予以奖励；否定性的优生就是试图阻止"素质低下"的个体繁殖，譬如采用强制绝育的办法。此外，强制推行种族隔离和禁止异族通婚应能保障"种族的纯洁性"。

社会达尔文主义主要流行于19世纪的下半叶，优生学主要流行于20世纪的上半叶。社会达尔文主义并不想插手自然选择所推动的进化，而优生学的目标却正好是通过人为的选择而影响之。对作为"遗传负担"的个体的繁殖，必须加以阻挡。贝尔法斯特大学科学史教授彼得·鲍勒在其发表于1989年的《进化，一种思想的历史》中，对这种根本性的转变做了如下解释：在19世纪，欧洲白人还把自己看成是有权征服世界的人种，他们很快将"野蛮种族"斩尽杀绝。在20世纪，他们在这方面变得悲观了一些——文明的白种人证明自己是受到严重伤害的受害者，应该在"低等种族"汹涌而来的阵势下受到保护。现在，目标已不再是扩张了，而是巩固自己的阵地。欧洲人已经站住了脚的地区应该得到保卫，以阻挡"生物进取心更强的种族"。如在美国，便于1924年颁布了限制移民法令，推行"不适宜的"人种群体的限额移民的政策。澳大利亚则直到上世纪的60年代都仍在实行这样一种限制移民的政策：只有欧洲的白种人才在其对跖地①受到欢迎。

———————————

① 指澳大利亚和新西兰地区（从欧美人角度而言）。

按照达尔文和斯宾塞的看法，博学多才的高尔顿是高居于进化尖端的一个白种人；欧洲人有资格赢得统治世界的特权。然而，白种人也能改良自己。高尔顿在其出版于1869年的最重要的一部论著《世袭天才》中断言，思维能力的差异是与生俱来并且可以遗传的。虽然理解力是可以培养的，可是个体的成长绝无可能超出其与生俱来的精神限度。依据高尔顿的观点，魏斯曼的"胚胎血浆"，即遗传特征会毫无改变地传给下一代的发现，说明为何每一代的低级成员会重新陷于不利的境地。加之其出生率较高，于是就存在着持续影响整个白种人群体的"品质"的危险。故而"有用者"必须多生育子女，"无用之人"只能少生育子女。否则文明的未来将遭遇危险。具有讽刺意味的是，高尔顿自己和体弱多病的妻子路易莎却没有子女。

其实首先考虑"优生"问题的还是达尔文本人。1855年前后，他开始仔细地研究人为选择现象，尤其是鸽种与狗种的培育。这类人为控制的选种实例，后来在《物种起源》中成为证明其进化论的证据。犹如人在不多的几百年之内选育出新的植物与动物物种似的，自然选择过程在千百万年的漫长时期里产出了新的物种。他所了解的有关植物与动物的优选的知识，也使他观察人类的目光更加敏锐了。达尔文在《人类的起源》中写道："在'野蛮人'中，肉体与精神的'弱者'将会被迅速淘汰，而我们文明人却会竭尽全力加以阻止。我们为白痴、残疾人和病人修房造屋。我们颁布穷人法规，我们的医生奉献出所有的灵巧技能，尽可能把病人的生命维持得更长久。（……）因此，连衰弱的个体也能繁殖后代。凡是懂一点儿家畜繁育的人，都不会怀疑，这样对种族是特别不利的。"（第一篇第五章）

达尔文也像高尔顿似的断言，穷人和弱者繁殖的速度比"优秀的"个体快，会带来种种不利于文明的后果。然而和高尔顿不一样，达尔文却并不赞同必须让"弱者"任由命运摆布的观点，更不能允许剥夺他们生育子女的权利。如前文已经提到的，达尔文认为，应当给予人本能的同情——

同情能使之得到保护，不致因过分的无情而受到伤害。而对同情的抵触，不啻道德上的卑鄙："但假如我们有意要冷淡弱者与无助者，那就只在某些情况下，譬如，当我们关怀他们反而会造成祸害，对其置之不理倒是善举的时候，这才是说得过去的。所以，我们必须容忍维护弱者并任其繁殖无疑会带来的不利后果。"

优生学与社会达尔文主义一样，首先是在英国广泛流行。高尔顿于1907年组建起国家优生学实验室，紧接着便开始出版《优生学评论》杂志。20世纪初，优生成为国际性的运动；在欧洲、俄罗斯与美国，兴建起全国性的优生学会。1912年，首届国际优生学大会在伦敦举行。其目标是，保护（白人）种族的"品质"。其主要办法是，力图阻止社会最低层的人繁殖，在精神残疾者、罪犯以及越轨者之类的人群尚未繁殖后代之前，就把他们清查出来。为了"去粗取精"，首次开展智商测试。经过测试，其中得分最低者，即"退化者"，就要拘押起来，并且将其男女隔离，必要时使之绝育。

在上世纪30年代，美国的各个州都颁布法令，使强制绝育可以施行。这主要涉及精神病人。据谨慎的估计，这项国家优生计划，至少使7万名美国人成为牺牲者。而在欧洲，不仅仅纳粹德国推行了这样的政策，斯堪的纳维亚各国也醉心于此。据1997年才公布的资料，在瑞典，在1935—1976年期间，有6万多人被强制绝育并被阉割。不过，优生学的最惨无人道的毒瘤还是在"第三帝国"。按照国家社会主义"优生学"的精神，不仅要阻止"没有价值"的个体和民众群体生育子女，而且还要使之臣服于"雅利安主人"，或者干脆把他们消灭。除了对犹太人、吉卜赛人和同性恋者进行大屠杀，还对无数的主要是身体和精神有残疾的妇女施行绝育。此外，按照海因里希·希姆莱的命令，还举办了所谓的生育院，其目的是提高"雅利安"孩子的出生率——也可以出自非婚姻关系。先是匿名生产，而后通过中介将新生儿转给领养家庭——优先由党卫队成员家庭领养。此外，希姆莱认为，每个党卫队成员，起码得生养四个孩子：两个要为祖国而战死，另两个则要为了保证日耳曼种族的长久存在而成长。

圩田地区"优生学"

在荷兰，之所以没有形成优生学的毒瘤，很可能是因为荷兰的优生学运动从来没有参与纳粹党徒的声名狼藉的、部分难以置信的"种族人类学"问题的讨论。然而，假如认为优生运动在荷兰没有追随者，那就错了。实际上完全相反：在一定的圈子里，这种主张是很受欢迎的。史学家扬·诺尔德曼于1990年发表了一篇调查报告，其标题为"为了后代的品质"，其中详细描述了荷兰优生学的历史概况——这能令读者感到羞愧。尽管在荷兰从未颁布过优生的法规，但是却采取了无数的其他措施，以促进"优生"运动。况且相关的建议主要出自高等教育界。如生物学家C.J.乌因能兹·弗兰肯早在19世纪末就赞成禁止罪犯、社会弱者、嗜酒成瘾者以及聋哑人结婚的提议。法学家兼社会学家S. R.斯泰梅茨则认为，可以无所顾忌地让贫穷的底层群体任由其命运摆布。他们陷入这种境地，完全是自作自受。斯泰梅茨于1910年在《指南》杂志上发表了一篇标题为"我们种族的未来"的臭名昭著的文章，其中他把民众中最穷的群体的儿童死亡率高称为令人高兴的消息。大自然用这种方式使人类摆脱"杂草"的缠绕。妇产科教授海克托·特略普则要求每对男女结婚前都必须做医学检查，以此作为结婚的前提条件。他在1920年发表的文章《婚姻与疾病》中表示，赞成推行严格的生殖卫生，他以反问的腔调表述自己的观点：为何动物育种的规则不能适用于人这种"唯一熟知这类规则的动物"呢？而心理学家雅可布·普拉克则鼓吹，应由智商超过110的人组成社会的精英集团，并由他们来治理国家。至于智力的底部沉渣，大约占总人口的百分之十，最好是把他们放逐到一个四面环海的沙滩岛上。

医生兼性科学家扬·卢特格尔是荷兰优生学运动最著名的代表人物之一。他于1881年参与创建了荷兰性教育与计划生育联合会（NVSH）的前身"新马尔萨斯同盟"（NMB）并多年担任其领导人。NMB就计划生育与避孕等问题给其成员提出建议。在其1905年所发表的《种族之改良与有目的的节育》一书中，他建议，让"遗传方面有问题者"绝育，并以"禁止生育的禁令"惩罚拒绝绝育的人。同高尔顿一样，卢特格尔也梦想培育出一个优等种族来。

当30年代须德海的部分区域露出水面而成为圩田的时候，荷兰官方有了机会将几条建议转化为现实，并造出一种模范的民众群体。诺尔德曼用了单独一章来评述荷兰历史上已被人忘却了的这个插曲。由于需求超出了供给，便采用了一种选择程序。人们想要以这种方式避免再犯19世纪中期向哈勒姆海圩田地区移民时所犯的"错误"。因为当时国家没有介入那个地区的移民事务，负起调控的责任，故而不久之后那里就被"无赖们"占完了。这次当局想方设法使移民依照严格的标准流入。选择新移民不仅要看其有无经济上的"利用价值"——原则上失业者不予考虑，而且还要看其是否具有社会生物学的"利用价值"。因此每个移民都要进行体检。主要挑选身体健康而强壮有力，并且出身良好——已经证明具有"可遗传的素质"的农业工人。

人类家园的规则

通过选择性繁殖的方法便可改良人类的想法，与世界一样古老。古代的斯巴达人把身体残疾的、虚弱的以及天生瞎眼的新生儿一生下来就立即遗弃。连柏拉图也考虑过优生学的问题。在其对话录《理想国》中，这位希腊哲学家提出的观点是，必须废除婚姻，让最优秀的男人尽量多和优秀的妇女性交。应在一个"隐秘而不为人所知的地方"将身体虚弱的孩子处死。类似的思想在其后的几百年里一再出现。奥尔德斯·赫胥黎出版于1932年的长篇小说《美丽的新世界》，是一部出色而吓人的讽刺人之可受影响的文学作品。如同托马斯·赫胥黎的孙子朱利安·赫胥黎一样，这位赫胥黎在书中描绘了一个乌托邦世界。在这个世界里，国家养育人，并把人划分成不同的等级。只有精英阶层的成员可以保留其个性，他们受聘任职，领导集权体制。低等级则由预先设定了程序的工人所组成，他们既无个性，又没有主动性与惰感。

第二次世界大战之后，鉴于以优生学的名义所犯的难以描绘的罪行，优生学的思想财富失去了说服力。作为这种学说的基础的，显而易见也是一些幼稚而错误的见解。同社会达尔文主义者一样，优生学者也犯了对与生俱来的因素的影响和环境条件的影响不加区别的错误。起初举办智商测试，并未将教育与社会环境方面的差别考虑在内。不是对智力加以所谓的"衡量"，而是"衡量"社会经济出身。这样便很难判断，一定的特性也确实是可以遗传的。一般智商所表示的，究竟是可以遗传的素质还是贫穷的出身？起作用的到底是天赋还是环境，抑或两者都起作用？另一种误解是，一种肉体的或精神的特性，只取决于唯一一个基因。其实并不是这样的。许多特性是以若干个基因的复杂的共同作用为基础，并且这些基因本身又和环境处于相互作用的关系之中。

故而自1950年代起，优生学理所当然地名声扫地。60年代和70年代在社会科学界，也发生了一种转变。生物决定论从此成为禁忌，而人主要取决于文化的看法，从此成为信条。直至20世纪的最后几十年，人们才认识到，我们是从一个极端滑到另一个极端。大家改变了态度，醉心于文化决定论，而不再相信生物决定论了。其实真相是在两者之间的某个点上。一个人究竟会怎样发展，不仅取决于社会经济因素，而且也取决于他的生物学的与遗传学的配置。

在破译人类基因组中处于最前沿的分子遗传学研究，给我们带来了更多的关于疾病与其他身体问题的遗传学起因的知识，而且看来还出现了采用新的治疗手法的机会。于是，优生学又回到我们中间——尽管以不同的名义。今天我们所说的是产前诊断或曰基因分析。而其意图部分地还是同高尔顿及其论辩战友的那个时代一样，即对后代的素质进行监控。因为借助一种羊水检测或曰凝聚测试，可以阻止产出"不符合希望的"孩子。对此，持不同意见者却认为，这个问题拿优生学来作比较，并不是很恰当，因为这个问题必然涉及父母的自由选择权，作这种比较只是部分有理。这是因为，由于父母所要承受的给世界带来"健康"孩子的社会压力与日俱增，故而他们的选择权也不可能是这么自由的。人们为了提前终止妊娠而提出的理由越来越多——譬如当人们查明，孩子将会带着某种危及生命的疾病或严重的残疾降生的时候。医学的进步使人们的期望越来越高。即使是经常听见的所谓"此事所涉及的不仅是一种优生学的措施，而且也是为了避免不必要的痛苦，因为中断妊娠同时也能防止'素质低下的个体，成为社会的负担'"的理由，其实也并不是很有说服力的。在中世纪时期，世界上还挤满了驼背与奇形怪状的人。而今天，我们却几乎见不到这样的人了。说不定几十年以后，具有衰颓症候的人会从街道上完全消失。澳大利亚的生物伦理学家彼得·辛格多年以来就表示支持这样的观点，即呈现衰颓症候的婴儿，应该给他注射一针致死剂。辛格称，这样的"非人"绝对不可能过上一种"货真价实的"生活。

与前一个题目密切相关的还有后面这个问题，即我们究竟有没有权力剥夺弱智者与智障者的生殖权。在荷兰，这类人实际上是可以有性关系的，当然，要着重向他们推荐使用避孕工具。若其怀有要孩子的愿望，有关当局就得迫切地加以劝阻，并且帮助有关当事人找到替代的办法，如买一只宠物来养，或者买一个玩具娃娃。但是，假如要孩子的强烈愿望丝毫没有削弱，那最终还是不要干预为好。要是智障者有了孩子，那就可能出现使人很为难的窘境，因为这样的父母往往没有能力抚养自己的同样带着残疾降临人世的孩子。有时这种情形会延续几代。2004年初，荷兰健康问题国务秘书克莱门斯·罗斯女士曾建议，更坚决地使智障者失去要孩子的勇气，必要时就采取强制绝育的方式。不过在这种时候，需要决策的问题是，为此应该确立什么样的标准。有必要预防性地使一切智商低于一定分值的人也失去生育能力吗？或者必须为此而设计出新的标准？毕竟有许多完全"正常"的父母也没有能力抚养自己的孩子。应该如何对待那些精神变态者与臭名昭著的性犯罪者？难道也要预防性地给他们做绝育，或者阉割他们？到底孰重孰轻？是性交权与生殖权重，还是防止痛苦发生以及设法防止不利基因扩散重？

未来的父母有可能从一整批试管婴儿中挑选子女。那他们是否也有权利决定自己孩子的性别呢？例如在印度和中国等国家里，想要男孩子的占多数。三个月以上的胎儿，是否可以因为是女的而把她打掉呢？在这方面，关于堕胎的道德评估问题，还根本没有触及。说不定在不久的将来，每个人都会有一张基因证明，健康局和保险公司借此可以看得一清二楚，我们得某种疾病的风险有多大。分子生物学即遗传学方式的调控与修改、生物技术以及克隆的成果使得我们有可能自己掌握自己的进化。

1999年夏季，彼得·斯劳特戴克在德国上巴伐利亚的埃尔茂宫作了一个题目为"人类家园的规则"的报告。其学术性的阐释其实是为同行而构思的，但是其中几句话很快就公之于众，立即引发了愤怒的浪潮。在这篇被谴责为"法西斯论调"的报告中，斯劳特戴克论述道，自启蒙运动以来就统治着西方思想界的人道主义，今天已走进了一条死胡同，并作为"人类驯化"学派而归于失败。可是当代科学却奉献出一种很有希望的替代物：借助生物技术"培养"人类。也许可以"培育"出新人。若尼采地下有知，一定会特别高兴——他在某些人的眼里，可是一个具有文学天赋的社会达尔文主义者。超人正是产前选择、人类遗传学和生物政策的结果！

不过在德国，公众的愤怒已然平息，因为斯劳特戴克的报告早已不像某些评论者想使我们相信的那样具有爆炸性了。他的阐释充斥着含糊不清的暗示和抽象的反思，在其中任何地方都见不到就生物伦理或基因技术方面的问题提出的具体的建议。斯劳特戴克在生物技术的迅速发展中所看见的，大体上是一种根本改变的过程，这种过程可能会有长期而巨大的、无法预见的后果。人是一种自己培养自己的物种，是生活在一个自己设计的人类家园中的物种。在时间还不算太晚的时候，在我们不知不觉间发现自己又陷入了柏拉图的理想国或者赫胥黎的美好的新世界中之前，先就人类家园未来的规则仔细思考，也许是明智的。

第16章
进化与进步

进化赞歌

让我们进化，让我们

攀登未来那长无尽头的天梯；

让我们突变，改变，推动我们前进，

芟除我们的芜叶杂草，

因停滞而失望：

探索，猜测，早晚会进步，

让我们个个不知身在何处。

——C．S.刘易斯

渐进的进化？

"用词绝不可过高过低。"——达尔文于1846年用潦草的字迹把这句话写在他的一本书的页边空白处。这本仿照拉马克的论述方式阐释进化问题的书，名为《自然创造史之遗迹》①。达尔文不是唯一一个认真阅读《遗迹》的人（"Vestiges"意为遗迹，在该书中是指已灭绝的动物与植物的化石证据）。这部著作出版于1844年10月，问世之后就成为一本真正的畅销书，维多利亚时代的广大读者纷纷如饥似渴地阅读起来。于是该书重印了一次又一次。除了其内容受到众人的欢迎之外，另一个原因是，该书系匿名发表，这肯定对其畅销也起了一定的作用，况且人们纷纷猜测作者是谁，更丰富了大家的谈资。一些人觉得，该书的风格与内容表明，作者是一位具有才华的女性，另一些人却怀疑作者是查尔斯·达尔文——他当时已经发表了一些自然史方面的著作。不过，到那时为止，关于自己的进化论，达尔文一个字都没有透露出去，一直到1858年，他才由于见到华莱士的文稿而不得不把自己的思想公之于众。

然而，由《遗迹》所引起的激动，并不利于达尔文保持内心的平静。因为较长时间以来，如何向一个守旧而又敬畏上帝的维多利亚时代的社会介绍自己所发现的自然选择的原理，是一个令他坐卧不宁的问题。就这方面而言，《遗迹》对他是一个教训，因为从事自然研究的同行们，并不是像广大公众那样兴高采烈。如达尔文的老师——也是朋友——地质学家亚当·塞奇威克便写了一篇全盘否定的批评文章，谴责匿名作者是骇人听闻的无知。激烈的争论又一次证明，达尔文的"衍变"——这是他对自己的物种变化理论的称呼——是一个棘手的题目，谁想就此发表意见，必须事先做好充分的思想准备——这种警告达尔文是明白的，而这或许也能解释，他为何会写下前面所说的页边注。在任何情况下，都不能表现出《遗迹》那样的幼稚行为。

几十年之后，该书作者之谜才被揭开。《遗迹》出自苏格兰出版商、业余进化论者罗伯特·钱伯斯的笔下。其实他的进化概念与达尔文的理论核心即选择原理毫无关系。对钱伯斯所设计的整个自然界之发展史的一幅

---

① 以下简称《遗迹》。

包罗万象而且具体入微的画图，一般公众是不会产生什么反感的。对于钱伯斯来说，进化与进步和发育是同义语，进化就是持续不停地朝着更好的方向前进。在《遗迹》中，作者描述了宇宙的发展——从行星和太阳系的形成、地球上生命的自动出现直至现代人的诞生。基本题目仍是这些：发展与进步。在某种程度上，宇宙发展的初期与低级阶段的目标，就是其晚期与高级阶段。钱伯斯和拉马克一样，设想发展路线是持续不断的，同时每个阶段都是对前一个阶段的改良。

钱伯斯与达尔文之间的区别是很大的。达尔文肯定没有怀着描述整个宇宙发展的雄心壮志；他的暂时还严格保密的理论，仅限于地球上的有机物生命的发展。与钱伯斯完全相反，他的可以解释发展的假说，是经过了经验研究的论证的：这就是自然选择的机制。此外，他的理论还有一个中心内容，即一切生物拥有共同的起源，而钱伯斯却认为，各种不同的生命形式是沿着平行的、彼此完全不相关的起源路线发展起来的，并且生命本身是通过自动产生而形成的。凡是钱伯斯最后强调"变化"的线性特征之处，我们却发现达尔文的多样性思想，也就是起源路线的不断分叉的思想。

尽管有种种区别，也有一致的地方，然而可以肯定，主要是这些一致之处在《遗迹》被定调子的博物学家批得体无完肤之后，使达尔文心怀隐忧。因为和达尔文一样，钱伯斯也是借助胚胎学论证自己的理论。物种的发展也遵循胚胎发育所遵循的同一条法则。可以说，一种生物的胚胎之发育所"概述"的，是其种族史的各个阶段。达尔文也赞同这个观点：胚胎的概述表明，发展之中包含着进步。不过他的看法与钱伯斯所确信的观点相去甚远。然而对于进化等同于进步的想法，他一辈子都是持针锋相对的观点。故可以在他的一本私人笔记本里看到，将一种动物的地位排在另一种之上，是"荒唐"的。这样一种等级制，只是我们观察事物的方式所造出来的。

然而在其多本笔记中的其他一些地方，却似乎与这种信念确确实实是矛盾的。譬如他认为，倘使人类灭绝了，那就意味着，某个时候人还会重新从猴子发展起来。这就是说，在他的眼里，人类的产生是必然的。此外，犹如我们在前文中已经获悉的，我们毫不怀疑达尔文是把人类，即欧洲的男性白种人，看成进化的顶峰的。尽管他在理论方面有所顾虑，但他依然如《物种起源》中不同的地方所证明的那样，喜欢进化的进步思想。该书最后倒数第二段以这样几句话结尾：

> 由于自然选种只通过并只为每个生物的优点而产生效果，故该生物日后的每一种肉体与精神的配置，都将竭力促进该生物的完善化进程。

达尔文是借竞争来解释这种完善化的倾向。通过生物（生物要素）之间的竞争和生物与其环境（非生物要素）之间的争斗，身体结构计划每一次通过自然选择而得到的改善，都会受到奖励——例如能比其他人跑得更快，更有耐力，或者对疾病的抵抗力更强。通过这种连续不停的"生存斗争"，进化终归是要进步的。在《物种起源》研究生物的地质年代先后顺序的第十一章的结尾处，达尔文的表述如下：

> 在地球史的一个接一个的时期中，每一个时期的居民都在为生存而进行的斗争中战胜了自己的前任，并且到此为止都在完善化的阶梯上居于比其前任更高的位置，而其身体结构一般都更为专门化；如此之多的古生物学家的普遍假设都可说明，生物组织从总体来说是进步了。

这个"进化是否也意味着进步"的问题，在进化生物学家中间，迄今一直争论不休。达尔文的针锋相对的态度，也在今天的讨论中有所反映。有的生物学家认为，达尔文在这方面还过分拘泥于他那个时代的思想，故不可能跨出最后一步。如果说他最初是对正在经受人们评估的等级分类法抱着否定的态度，而后又放弃了这种否定态度，那是因为19世纪的进步信念无所不在，以致无人敢于对其产生怀疑。而这一派生物学家却认为，今天我们知道，进化与进步毫无关系，但这一点又无法以任何方式加以证明，故可借"不科学"为理由而否定之。然而，还有另一些坚持进步的概念不放弃的进化生物学家——而且并不是极少数——对此作评估时，态度克制一些。虽然他们并不是怀着旧式的以人类为中心的意识，即认为人是进化的真正目的，但他们却怀着地球上的生命发展史是进步的意识。不可否认，事实上是以某种方式取得了"进步"的。

长长的生物链

人们之所以在很长的时间里一直坚定不移地认为进化等同于进步，是因为人们怀有一种古老得多的概念，认为世界是依据等级制而划分成各种类别与阶层的。在前面出自《物种起源》的引文中，达尔文使用了生物阶梯或曰自然阶梯的比喻——这种比喻起码有2500年的历史，在亚里士多德的理论中就能发现：大自然是按照上帝或宇宙的设计，划分为各个层级，并按照其复杂的程度，从低等向高等，从单细胞向人类步步上升的。亚里士多德在《动物史》中，将昆虫和鱼类定位在最低等级上，接着往上是鸟类、爬行动物和两栖动物，然后是陆生哺乳动物与海洋哺乳动物，最后是人类。在中世纪，自然阶梯进一步扩大：在上升的阶梯上，不仅有生物，而且还有全部的创造物。位于最低层的，是无生命无灵魂的事物与现象，如岩石与火。它们只具有存在的特性。较高一级的，是不仅存在，而且有生命的植物。再往上便是动物，动物不仅仅存在并有生命，而且还有意志，可以运动。在月球领域之下，人类是最高级的生物，因为人除了拥有上述素质之外，还拥有智力。在天空中，我们发现有各种天使的群落，最高处则是上帝——上帝给每种生物都指定了永恒不变的位置（见图16-1）。

➡️ 图16-1 一幅中世纪绘制的自然阶梯图

　　阶梯，或者——如美国哲学家亚瑟·O. 洛夫乔伊在其发表于1936年的历史研究报告中所称的——"生物长链"的思想（他的这个报告的标题就是"生物长链"），是西方思想史中，不仅是在哲学和神学中，而且也在别的学科中，反复提及的一个题目。达尔文也使用这幅图画。所以，认为达尔文的进化论已与自然阶梯思想永远断绝了关系，其实是一个误解。达尔文的贡献在于他证明了，生命的发展在没有一位造物主存在的情况下也是可以解释的。然而，大自然按等级制分类的设想，却在很大的程度上未受到触动而保留下来。这就是说，达尔文把这梯子安在一个进化的框架中：大自然并不是以超自然的方式在六天时间里创造出来的，它是按照自然法则逐渐地发展起来的。达尔文动摇了上帝意旨的信念，但是却没有动摇进化的进步与人之特殊地位的信念。即使人不再是上帝的创造物，但他却仍然是进化的高峰与终点。

德国生物学家恩斯特·海克尔——他是达尔文的钦佩者，又是胚胎概述论的辩护士——于1874年发表《人类起源发展学》，其中有一幅动物界谱系图。他的分类使我们联想到亚里士多德的分类。我们发现，在其最底层的是细菌（无核原生物）和低等蠕虫，中间是昆虫，然后是鱼类、两栖动物、爬行动物以及鸟类。树冠上是哺乳动物的位置，其顶端是人的位置——不这样安排，又能如何安排呢？虽然关于拉马克和钱伯斯所主张的一种顺利的线性进步过程，再也没有什么可说的了，但尽管分枝繁多变化莫测，人又一次被视为最高级的有组织的生物（图16-2）。

有些当代的生物与进化教科书，仍然保留着这种看法。现今已不再借阶梯或大树，而是借钟来象征性地表示生命的发展历程。要是把整个地球史浓缩在一天的24小时之中，那早晨6点便在海洋中出现了第一批原核生物（没有细胞核的生物），中午12点出现第一批进行光合作用的细菌与藻类，下午4点出现第一批真核细胞（有细胞核与细胞器的生物）。晚上快8点的时候，在世界海洋中出现第一批多细胞生物；然后植物移居到陆地上生长繁殖。离午夜还有几秒钟时间的当口儿，现代人出现在画面中——他们既出现得很迟，从进化的角度来看又没有什么重要性，可是他们却是如此突出，仿佛整个进化都只是为了他们的出现而进行的（见图16-3）。

人之所以失去了自己的特殊地位，是因为他不再是按照上帝的模样造出来的创造物。达尔文极端怀疑意图十分明确的上帝的意旨，然而对一种进化的进步和对一种目标明确的世界秩序的信念，却似乎是无法根除的。束缚在等级制结构中的思维，显然是深深地植根于我们的脑子里。因而我

人之谱系

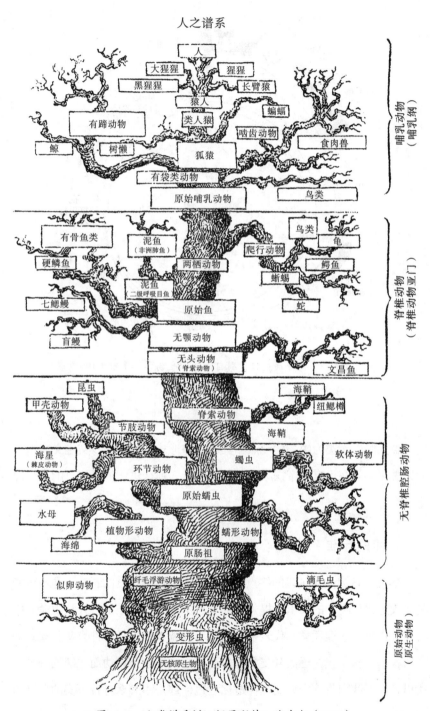

➡ 图16-2 人类谱系树，据恩斯特·海克尔（1874）

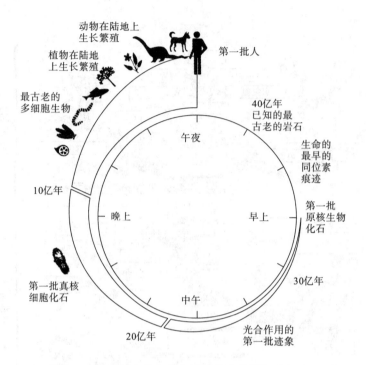

动物在陆地上
生长繁殖

植物在陆地
上生长繁殖

最古老的
多细胞生物

第一批人

40亿年
已知的最
古老的岩石

生命的
最早的
同位素
痕迹

午夜

10亿年

晚上

早上

第一批
原核生物
化石

第一批真核
细胞化石

30亿年

中午

20亿年

光合作用的
第一批迹象

➤ 图16-3　地球历史钟，引自《认识生物学》手册（1991）

们很难摆脱以人类为中心的观点和其他一些形式的生物学沙文主义意识。
如果进化必须在没有上帝操纵的条件下进行，那么进化的最终目的至少应
是人本身。

进步的标准

然而，认为人是进化的终点和衡量一切事物的尺度的看法，是不可能
与当代进化生物学的知识相提并论的。达尔文的理论正是把人从生命的中
心拔了出来。在地质学年代表中，人科动物智人仅仅是一种昙花一现式的
现象，是一株年代久远而分支繁多的进化之树的一个年幼而微细的分支。
所以，如果我们将这个分支称作进化之冠，那是不怎么符合事实的。其所
表达的，更多的是我们的偏好，而不是人的真实地位。

有各种理由反驳"人是进化的真实目的"和"自然选择始终与进步是意义相同的"看法。首先，自然选择并不是一道咒语，而是一个盲目的无目的的机会主义的过程。自然选择仅仅意味着，繁殖成果中的差异并不是偶然的。一切都是以"谁把大部分基因传给了下一代"为中心。另一方面，自然选择很少或者根本就没有能力搞出一种完美无瑕的设计来，因为它只能用已有的身体结构设计图及适应做自己的工作。

这样一来，等于是排除了大踏步跨越式发展的可能性，因为大规模突变一般是没有生存能力的。故而很难达到十全十美，因为总是要对照考虑成本与收益。只要其功能达到了差强人意的有效程度，则再做任何改善都属于不必要的浪费能量。

若是人们回想一下许多偶然的因素，那就很难想象进化是有明确目标的，其实进化大概就应是从单细胞向人的一种线性的发展。生物的大量灭绝、火山的大规模爆发或者瘟疫的大流行，均属于无法理解的现象。假如在6500万年前没有一颗小行星撞上地球，也许恐龙迄今仍是动物界的主人，哺乳动物的主宰地位恐怕也绝不会形成。不过，这一来自宇宙的帮助并没有使人必然会出现。如遗传学研究结果所表明的，人差一点儿就灭亡了。在大约10万年前，人类的种群从进化的针眼（瓶颈）爬出来，濒临灭绝的深渊。由于其数量突然间大量减少，人的数量缩减到几千。只差一点点，就根本没有我们了。那样的话，生命的发展轨迹就会完全不一样了。然而，这却意味着，进步的想法本身必然已经过时。若是我们想以某种方式抓住进步的观念不放，那我们无论如何得防止生物学的沙文主义泛滥。难道说，没有命中注定和必然性，也可以进步吗？

为了能够继续使用"进步"的概念，我们应当对这个术语的定义加以斟酌。形式上的定义可以是这样的：

进步的含义是一种有目的的变化，在其过程中，后面的发展阶段按照一定的标准，比前面的阶段"更好"。

以此为出发点，我们需要有标准——进步性的转变必须满足的标准。也是我们辨认进步所必须依据的标准。难点当然是在于"更好"这个词。如果我们说什么东西更好，或者说更差，那道出的其实是一种价值的判断——而在科学中，这却是应该规避的。不过，也许有人会认为，在价值的判断可以产生知识，并且也有经验的依据的前提之下，是可以作价值判断的。

例如有的进化生物学家曾经指出，生物在其进化的过程中总是会变得更加复杂。人们可以断言，这种形态之复杂性的增加，其实就是一种进步的象征。乍一看，这个论点的确是有些理由的。第一种生命是从自我复制的有机大分子的原液之中产生出来的。从原始的细菌和微生物发展成多细胞的、肉眼可见的动物，再从这种动物发展成鱼类、两栖动物、爬行动物以及鸟类，最后从陆生脊椎动物发展成哺乳动物、灵长目动物和人科动物。在几乎所有的起源路线上，不仅可以发现动物的体型增大——这就是所谓的以美国古生物学家爱德华·德林克·科普之名命名的科普规则，而且也能发现，发展一般都伴随着复杂性的增加。

然而，这种看法远不是始终与实际相符。进化并不是一定要等于向更高级发展。一个很有力的反证就是寄生虫——可以发现，其发展史往往是一种简化过程。它们隐藏在自己的寄主的血道或者胃肠道中，既不需要长肢体，也不需要有感觉器官，更不需要消化器官，因为已经消化好了任其享用的食物十分丰富。譬如一种名为绦虫的寄生虫，在进化的过程中，这些器官都退化了，于是它们变得越来越简单。从陆地返回海洋的哺乳动物如鲸和海豚的身体结构也是这样。它们的骨骼结构也明显简化了。海洋哺乳动物可以放弃关节结构十分复杂的腿。所以说，自然选择并不仅仅"奖励"复杂性。

还有一种误解认为，已经灭绝的动物，其本身必定不如今天的动物复杂，否则它们是不会消亡的。这样推论也是错误的。如恐龙当时与其自然环境的适应并不比今天生存在地球上的哺乳动物差。其身体结构的设计绝不是已经过时，或者落后了。一个物种的灭绝，不会自动地表示这个物种是有缺陷的。恐龙们真是倒霉，天上掉下来一块大石头，刚好砸在脑袋上。所以我们可以说，在生命的发展过程中，曾经发生过几次重大事件，如从原核生物转变为真核生物，或者寒武纪大爆炸——在大约5.3亿年前，在世界的海洋中"忽然"出现了无数种动物，不过从那以后，生物一般就没有很显著地变得更复杂了。

其间，所谓"基因组中所包含的遗传信息的量，会随着进化的进程而越来越多"的论点，也可以算是已经被驳倒了。一种生物的基因组中所拥有的编码DNA的数量，并不能透露其组织程度有多高。一个人"只有"大约3万个基因，同老鼠的基因一样多，比拥有2.2万个基因的鸡多不了多少。至于线虫，尽管这种"低级的"动物只拥有300个脑细胞（人所拥有的要多10亿个），却拥有2万个基因。一般哺乳动物所拥有的基因数量是蛔虫与果蝇的两倍。另一方面，一种不起眼的草本植物拟南芥，却拥有2.6万个基因。基因组中所包含的信息之总量，并不是自动地与表现型之复杂性有因果关系。拥有比较少的基因，也可以构建高度复杂的生物。没有任何证据显示，在进化的过程中，遗传信息是持续增加的。主要是通过重组与突变促成遗传变异。

进化与升级

关于生物在形态学、解剖学或遗传学方面会持续发展的看法，其实依然是以人为中心的先入之见的表达，其他所谓的进化之进步的证明亦然。诸如动物的脑容量越来越大，动物变得越来越有智慧，其社会行为发展得越来越复杂，等等。人们设立此类判断标准，证明人始终是高度发展的生物，而我们恰恰要防止这样一种生物学沙文主义。如果我们想要表述一个科学上合理的关于"进步"的概念，那我们应当尽量用客观的眼光观察大自然与生命的历史。而要做到这一点，并不是一件简单的事情。当代进化生物学的泰斗级人物中间，对这个问题的看法存在着很大的分歧就是明证。

例如理查德·道金斯就坚信，进步是进化的常态。他与达尔文的观点相同，但他不相信人的产生之必然性或者变得越来越复杂的必要性。按照达尔文的观点，以竞争为基础的进化，从总体上看是向前进步的。在为生存而进行的斗争中，任何适应性改良都能得到奖励。道金斯把这种思想进一步加工修改，并把自己的参与竞争的生物之"军备竞赛"的概念也糅合进去。按照他的观点，这种竞争是生物越来越好地适应其环境、其结构设计持续优化的最重要的原因。

这方面的一个例子是猎豹与瞪羚之间的赛跑——确确实实是进化意义上的赛跑。这一对冤家，一而再再而三地使自己的"武器"适应于生存竞争的战斗。只有跑得最快的猎豹，才能猎杀足够多的瞪羚，而只有跑得最快的瞪羚，才有机会逃脱猎豹的追捕。今天猎豹的身体结构更像一种名为灰狗①的猎犬的身体而不太像大猫。猎豹如灰狗一般身材修长，四肢超长，还有如鞋底钉似的利爪。而瞪羚也并不是只发展更快的速度和更高的灵活性，而且还发展更持久的耐力更灵敏的嗅觉。猛兽与猎物之间的"军备竞赛"所促进的，就是使两种动物的身体结构设计更加精致。

由于两个对手在这样一场进化的竞赛中哪方面都不比对方差，仔细算来，其结果依旧是势均力敌，所以我们可以依据美国生物学家利·范瓦伦，将其称作"红色女王效应"。在刘易斯·卡罗尔的《爱丽丝镜中奇遇记》中，爱丽丝和红色女王赛跑，跑得腿都从身体上掉下来了，以致她寸步难行。女王对爱丽丝的奇怪问题的回答是："在我们这个国家里，如果你想待在一个地点不动，那你就必须能跑多快就跑多快。但你想到别处去，就必须至少跑两倍这么快！""红色女王效应"不仅仅出现在进化生物学中，而且也出现在其他许许多多的领域，如出现在体育运动之中。在过去的100年里，美国的棒球比赛中，投球手投出的球力度越来越大，但

---

① 灰狗（windhund），指一种靠视觉而不是嗅觉追捕猎物的猎犬。

这却并未造成不平衡，因为击球手也变得越来越灵巧。

进化竞赛的另一个例子，是热带雨林中树木之间的竞赛——树木为了竞争阳光而越长越高。这种竞争也引起了选择的压力，同时结构设计中每一次偶然的改进，都会得到奖励。按照道金斯的看法，生物的竞争比非生物的竞争更能导致进步性的适应。因为生物的环境是由本身也在发展之中的竞争对手所组成。非生物的环境（例如土壤的性质、气候）同样也可以发生变化，但是其变化却不会按照进化的规律而变，因为非生物环境是不顺从于积累性选择的影响的。寄生虫如绦虫的进化，按达尔文的定义，也是一种进步的形式，尽管其形态的复杂性有所削弱。如同猎豹和瞪羚一样，寄生虫与其环境（即其寄主）的适应也越来越好。所以，只有当复杂性或者脑容量的大小之增加能给起源路线带来益处之时，这种增加才有希望发生。换言之：在一切进化的起源路线中，进步都是为了成为某种"东西"而发生，但这件"东西"却不一定非得是在一切路线中都一样的。

故而进化的军备竞赛的结果，就是生物的身体结构的设计得到改进。然而改进并不是绝对的，而是相对的，这就是说，改进是和一个特定的环境或一个特定的对手有关。况且军备竞赛是可以升级，并且证明对于竞争双方都是不利的。譬如猎豹，其速度之快是以消耗体力与耐力为代价的。其他猛兽如狮子与鬣狗，甚至狒狒，都很容易把它的猎物抢走。所以过度的专门化可能证明是死胡同。雨林中的树木也一样。树干快速长高，除了有利之外，也会有不利之处。迅速长高需要很多能量，而这些能量本来是可以用于其他目的的。树干越高越是弱不禁风。在这种情况下，结构设计的发展也是相对的，而不是绝对的。换个说法，改进得确定特定的倾向及特定的范围，然而却根本不可能实现绝对意义上的进步性发展——这里所谓绝对意义，是指仿佛设计已没有了改进的可能性。

然而道金斯却认为，进步是进化的一个本质特征。按照他的看法，甚至可以从思考而先验地得出这个结论。如进化便一再地为不同种类的动物分别创造出眼睛。这种发展可以称之为进步性的，因为它是以非常简单的光感受器为出发点——光感受器渐渐地进化发展而成为具有功能性的视觉器官。适应并非从天而降。关于适应——如眼睛——的唯一解释，就是积累性的选择。经过许许多多一个接一个的微不足道的变异，设计就会变得越来越精细了。所以，适应性的进化确实是目标明确而且是具有进步性的。

生命的模式

斯蒂芬·杰伊·古尔德可能会立刻声称，进化本身并不是适应性的。因为自然选择只是许多推动进化的力量之一。某些变化，如基因的漂流，绝不会导致进步性的变化，因为它没有明确的目标，并且是偶然性的。所以生物也不是完美无瑕的，同时也不是生物的一切特性都是适应。某些变化只不过是进化的中性的副产物或者附带效果。道金斯认为，几乎自然界中的一切，都是通过自然选择而塑造成型的——他的这个信条被古尔德称作虚构。虽然我们可以说，一种适应——也就是一个功能性的特点——一定是自然选择的结果，但这并不意味着，生物的一切特征都具有适应性，更不能说，如道金斯所认为的，进化从整体上来看，是一种进步的过程。

古尔德终生表示强烈反对生物学进步的观念——这种观念全靠其植根于广为流行的远古神话中而得以顽强地生存下来。而媒体也为此做出了自己的贡献。我们可以想想在卡通画与广告中翻来覆去采用的从全身披毛的一瘸一拐行走的动物直至直立行走的——手握长矛、腰围遮羞布的——克罗马农人的人类祖先系列的画片。"人类的进军"促使人们产生了向更高级发展的想法（如用两条腿行走比用四肢行走"更好"），通过这个传统的题目，线性地向前发展的进化，仿佛是自动存在于一般意识之中。

然而，按照古尔德的观点，这种想法并不属于进化生物学的范畴。在其整个研究生涯中，他收集了一系列支持自己的观点的论据。

其论据之一与进化的极端偶然性有关：由于有许许多多的偶然因素，所以进化过程其实自发端起就是不可预言的。故而人类的起源不外乎是一种幸运的偶然。古尔德反问道，假如进化可以像一盘录音磁带似的倒回起点，然后再从头放一遍，那会怎么样？40亿年之后，会不会还有人类出现，同时还有蚂蚁、乌鸫以及玉兰树呢？恐怕其可能性会等于零，即使我们把进化的磁带反复重放1000遍也无济于事。生命能够跨过原核生物与真核生物之间的难以逾越的鸿沟，就已经算得上是个奇迹了。为此，进化所需要的时间，不会少于20亿年。假设再来一遍，说不定需要更长的时间，也许50亿或者100亿年吧。可惜到那时，太阳早就变成一颗红色的巨星，而地球上再也不会有生命了。第一轮进化的时候，一切都是偶然地刚好通过，与进步不进步毫无关系。

无论进化的偶然性特点有多么明显，我们所发现的生物大量灭绝时期，都使生命的历史发生了崭新的转折。迄今人们论定了五次这样的全球性灾难，最著名的当数恐龙的灭亡。不过，最严重的毁灭性灾难则是发生于2.5亿年前二叠纪至三叠纪之间的转折期，此时90％的海洋物种和70％的陆生物种都灭绝了。在进化的过程中，某些生物被另一些生物所取代，也并不是有什么东西与进步有关。后起的生物并非总是比其前辈"更好"。通过灾难而解放出来的小生境，被劫后余生的投机者占领。这些投机者并不是最适宜者，只是它们的运气更好罢了。

古尔德批驳进化的进步的第二个论据是，我们自以为弄明白了的显而易见、目标明确的变化，实际上并不是进步的倾向。古尔德在其《客满》中写道，我们只是觉得，所发生的，似乎是一种目标明确的发展，随着发展的进程，生物的体型越来越大，越来越复杂并且越来越有智慧。但这只是表面现象，是类似于科普规则的一种统计学错觉。进化只能朝一个方向发展，也就是变得更为复杂，但却不是因为这样就"更好"，或者更有利，而是因为只有这条路走得通。一个生物不可能变得比单细胞更简单。

古尔德认为，平均而言，生命可能会变得更加复杂，但是统计的平均值不适宜于用来辨认非均匀分布的倾向。考察分布方式即其中出现得最多的值，就可以确定，虽然某几种起源路线上的个体大小、复杂性以及智力都会增长，可是生物总量的最大部分却始终是由单细胞生物所组成。古尔德写道，人活一辈子，其个人的仅仅是大肠杆菌的数量，就远远地超过了地球上现今活着的人与自古以来生存过的人的总和。总之，生命的方式一直是细菌，在我们这颗行星上，细菌是第一种生命形式，也是最有成就的形式，而且也将是最后的一种形式。有何进步可言？

古尔德批驳进化中的进步的第三个也是最后一个论据，源自古生物学。他于1989年发表了一本名为《奇妙的生命》的书，其中只研究那批为数众多的寒武纪神秘化石——这批化石出土于加拿大不列颠哥伦比亚省那个著名的落基山脉化石发掘地布尔吉斯页岩。按照古尔德的观点，对化石的分析证明，偶然性在进化过程中起支配作用。我们没有发现种类的持续增加，反而发现了大量减少。生命不是持续产生分支，而更应称之为分支猛然停顿。更确切地说：通过寒武纪的大爆炸，生命突然四处蔓延，可是过了不久之后，大部分的分支却又被随意砍掉了（见图16-4）。

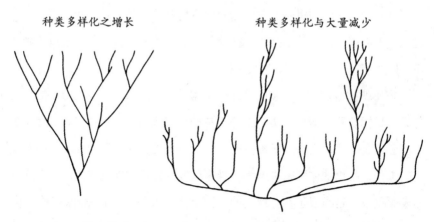

种类多样化之增长　　　　　　　种类多样化与大量减少

➡ 图16-4　种类多样化之增长的习惯图示法（左图）和按照古尔德的观点通过布尔吉斯页岩化石所证明的种类多样化与大量减少之校正模式（右图）

布尔吉斯页岩化石有大约5.3亿年的历史，证明在寒武纪的水域中有数量特别巨大的各种各样的生命形式。化石发掘地犹如寒武纪生物激增之后不久所留下的一个瞬时镜头，表明在一个很短的时期中，我们今天所知道的所有的动物身体结构设计都出现了。以这样一种身体结构设计为基础的动物，可以归入分类学的一个种群。现在布尔吉斯页岩化石证明，5.3亿年前，动物的种类比今天多得多。其中有些模样怪异的创造物，无法与今天已知的动物种类中的任何动物联系起来。古尔德举出的一个典型例子是一种很奇特的动物，其名字颇耐人寻味：Hallucigenia[①]。这种动物只有几厘米大，在海底靠七对高跷式的腿活动（见图16-5）。显而易见，Hallucigenia是离开了原来所属的种类而单独发展起来的。从来没有哪位古生物学家见过这样一种古怪的生物。这块化石显示出一种完全没有见过的身体结构设计。按古尔德的看法，布尔吉斯页岩的许多生物都有这样的特点。寒武纪时期的生物多样性显然远远超过今天。所以，根本说不上进化的进步。至于生命是持续不断地分支的流行看法，就需要进行彻底的修正了。化石遗存所显示的完全相反，即起初是生物的多样化，接着却是大量

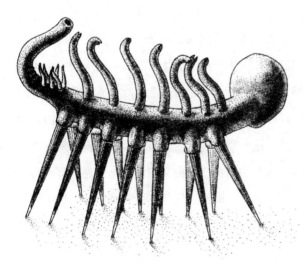

➤ 图16-5 有尖的高跷上的Hallucigenia。此图源自古尔德的《奇妙的生命》。这个重新建构的图证明是错误的；臆想的高跷其实是背上的尖齿

[①] Hallucigenia：这是专家为在布尔吉斯页岩出土的一种已灭绝的动物之化石所起的名字，可译为"梦幻虫"。

地减少。劫后余生的动物种类，就是我们今天仍然知道的那些。进化只能建立在现存的结构设计图的基础之上。虽然在仍然存在的种群之内，出现了许多不同的新物种，然而这些新种类，只是一个题目即现成的结构设计图修订之后所产生的变种。

在《奇妙的生命》发表几年之后，人们才搞明白了，原来Hallu-cigeenia的重新建构是错误的。古尔德对这种动物的描述并不正确。那古怪的有尖的高跷式的东西，其实是背上的尖齿。在中国发掘出来的类似生物，和布尔吉斯岩发掘出来的许多化石一样，都属于Labopodia——这是一种类似于毛虫的动物、即今天的有爪爬行动物和其他有爪节肢动物的前辈。其余的"有疑问者"（很难鉴定其种属的化石），若经过仔细的观察，也能将其归入已知的生物种属。所以，暂时还没有证据证明，真如古尔德所设想的那样，在远古曾经发生过动物身体结构设计的大量而急剧的减少。

古尔德的其他论证却肯定是正确的。细菌事实上是地球上最有成就的生物，而进化是——在一系列不可估计的因素的基础上——在深层次上确定了配额的，是偶然性的。假如重来一遍，那生命的发展很可能完全不一样，人的的确确是一种幸运的偶然。是否因为这个缘故，就非得把关于进步的想法从进化生物学中清除呢？绝不是这样。古尔德只是令人信服地阐释了，进化并非预先确定的，这一点我们已经知道了。他所提出的论证，可以作为反对人类的高傲自大和生物学沙文主义的论据，但是他却没有对线性的渐进式发展的想法提出反驳。即使进化并非预先确定的，进步也是有可能的。

进化与趋同

但是不管怎样，对于古尔德在哈佛的多年的同事爱德华·O.威尔逊来说，进化的进步简直就是无法否认的事实。威尔逊与古尔德的一致意见是，进化没有明确的目标，乍一看，进步的倾向似乎是可以排除的。但是对于威尔逊来说，"进步"还有另外一种对于进化生物学极端重要的意义，即是可以断定，有一种显而易见的、不容置疑的向种类更为繁多的生物多样性发展的倾向。

威尔逊把生命的历史划分为四个重要的进步性阶段。第一也是最重要的一步是在差不多40亿年前，从"生物前有机分子"产生出生命本身。这个过程持续了20亿年，而后才形成了第一批真核生物。真核生物细胞很可能产生于一种组合体，即所谓的原始细菌的"体内共生物"。线粒体与叶绿体之类的细胞器，曾经是可以自由运动的原核生物，它们被其他的单细胞生物吞噬并抑制，于是便在真核生物的细胞之内获得一种功能。我们获得这种知识，在很大程度上得归功于美国的微生物学家林恩·马古利斯。生命历史中第三个重要事件是5.3亿年前在寒武纪的水域中发生的动物身体结构设计的"突然"扩散。过了没有多久，生物就开始占领陆地和空间。最后一步之前的第四步，是动物与人类的意识发展阶段。有了意识，出现第二种进化形式就有可能：这种形式就是文化。现在，重要的信息也可以通过非遗传的途径，通过模仿或语言的方式而传播。

威尔逊称，一切都显示，进化就是进步。按照一切可以设想的标准，进步都是进化的一个本质特征。从原液中产生出生命的第一批构件，这些构件在生物圈中散播——先在海洋里，后在陆地上和空中。尽管由于大量灭亡之类灾难而导致进化过程中的退步，生命却继续蜂拥而出，总是占据新的小生境。生物的多样性越来越丰富。按照威尔逊的观点，自寒武纪大爆炸起，生物的种类数量很可能是增加了，而不是像古尔德所认为的减少了。无论如何，就物种的种类数量和整个生物量而言，的确是增加了。生命膨胀了许多倍，不仅仅是数量的增加，而且质量也扩充了。说不定有朝一日，有机生命还会涌向我们的太阳系和宇宙的深处。

现在我们可以依据威尔逊的"进步"观来这样描述：进步是生物进化的一个范畴，因为生命的历史具有多样性、传播性以及勘察性的特点。在第10章中我们论述过，人们可以把进化看成是一个认识过程。联系上面所提出的定义，这更是可能的。

我们关于"进步"的定义的一个重要方面是，什么生物门类、种类或者哪种生物将会是地球的遗产，或者再来一次进化会不会把人重新创造出来，这都是无关紧要的。并不是人给进化指定了一个进步的方向。决定性的是，生物多样性的数量增加了。若是我们能够让进化从头开始再来一遍，那很可能人类（以及蚂蚁、乌鸫与玉兰树）不会第二次产生。然而，特定的"发明"如光合作用、眼睛、翅膀或神经系统极有可能重新再出现。或者如丹尼尔·丹尼特所言：不管我们让进化再进行多少遍，好的发明总是会重复出现。

人们把进化往往通过不同的路径找到相同的解决办法的现象称作"趋同"。最有名的例子便是澳大利亚的有袋类动物与其他大洲的有胎盘的哺乳动物之间十分值得注意的相似性。有袋类动物与有胎盘的哺乳动物的区别在于，它们在很早的阶段便来到世上，住在母亲的袋囊里，紧紧含着乳头吸吮，以这样的方式继续其发育过程。尽管在繁殖方式及进化发育方面有所区别，尽管早在1亿多年以前，这两种动物就已经彼此隔离地走上了不同的发展道路，然而对相同的小生境的适应，却使这些动物变得特别相似。

在澳大利亚地区，生活着200多种不同的有袋类动物，我们可以把它们看作与有胎盘动物老鼠、鼹鼠、家兔、野兔、獾、猫、狗、美洲飞鼠、食蚁兽类似的动物。在澳大利亚，几乎所有的小生境都被有袋类动物占领，而在世界的其余地方，小生境却是被哺乳动物占有。吃草的袋鼠占领了羚羊和马的地盘，树栖袋鼠其实是一种善于爬树的猴子，考拉从其生活方式而言与南美洲的树獭极其相似。直到1930年，在塔斯马尼亚都有袋狼生存——因其背部有引人注意的条纹，故又被称作塔斯马尼亚虎。最后一只有名的袋狼于1936年死于霍巴特的动物园中。幸好在岛上还有塔斯马尼亚恶魔（食肉类有袋动物），这种动物从其外表与行为看，显得与生活在欧亚大陆北部和北美地区的属于貂科动物的一种猛兽狼獾极其相似。

然而哺乳动物与有袋类动物并不是平行发展的唯一证据。趋同可能是在一切时期都发生过的现象。被有袋类动物和哺乳动物所占领的小生境，曾经是恐龙的栖息地。如出土的化石所显示的，在澳大利亚也曾经生活着食肉的巨型袋鼠。似乎是世界硬要将特定的身体结构设计和生活方式赐予生物。美洲飞鼠及其有袋的类似动物小鼯鼠都受制于同样的空气动力学与生物力学规则。这两种动物各自独立地在四肢之间长出薄薄的一层褶裥，使它们可以借此从一棵树飞向另一棵树。在第10章中我们已经获悉一个类似的例子：翅膀的进化。翅膀已经许多次彼此毫不相关地在完全不同的动物种类的身上长出来。然而此类设计全部遵循一样的空气动力学规则。另一个趋同的例子是动物的流线型——这些动物都是在水里游动，如海豚、鲨鱼、金枪鱼、企鹅或墨鱼。这些相互差别很大的动物，其身体结构的建造，也是遵循同样的流体力学的基本原则。

按照英国古生物学家康韦·莫里斯的看法，地球上生命的历史是由趋同决定的。所以，人的起源是必然的。从某种意义上来说，智慧的生命已经确定在第一批DNA分子中了。依据莫里斯在其2003年发表的《生命的解决方案》中的解释，生命是明确地朝着一个可预见的方向发展的。人并不是幸运的偶然或者自然界一时心血来潮的创造物。因为在地球史的进程中，生命一再找到同一个解决办法。具有讽刺意味的是，莫里斯是通过古尔德的书《奇妙的生命》而出名的。他在成为剑桥大学的进化古生物学教授之前，对布尔吉斯页岩化石研究了许多年。关于Hallucigenia的错误分析便出自他。然而，这种"人会出错"的信号，既未使他倍加小心，也没有使他更为谨慎。相反，莫里斯坚定不移地相信，进化无处不在，并会一再地出现在智慧物种的身上。有的批评者认为，他这个虔诚的基督徒，内心里隐藏着宗教的打算。对此他本人断然地予以否定。不过，人们的怀疑是有理由的。

生命的未来

威尔逊既是当代进化生物学的杰出代表人物，又是社会生物学之父，在最近几年里，他变成了一位维护生物多样性的热情饱满的斗士。在其出版于2002年的《生命之未来》中，他呼吁千方百计维护我们地球的生物多样性。因为一场新的大规模灭绝即将发生，这次不是陨石从天而降撞击地球，或者某种别的自然灾害，而是我们人类自己所造成的。最后的热带雨林被摧毁，大海大洋上过度的捕捞，这只不过是我们对环境漠不关心的很少几个例子。假如我们不采取任何对策，至本世纪中期，所有的植物和动物的起码20%的种类将会消失。当前，四分之一的哺乳动物与八分之一的鸟类都濒临灭绝的危险。眼下世界范围内，所有两栖动物中约有30%—50%直接面临灭绝的威胁。作为生态系统之精华的所谓"关键物种"一旦消失，就将危及所有的附属物种。生物多样性面临被破坏的危险。今天物种灭亡的速度，比尚无人类的影响存在的洪荒时代快千万倍。从来没有一个物种像今天的人类这样，使其余的生物如此急剧地大量减少。

按照威尔逊的观点，我们对环境的漠不关心，属于我们的天性。人的大脑进化之后，便在感情上同地理上的一个小范围地区，并同一小群亲属紧密地结合在一起。我们行事仅以自己的短期利益为准，我们顶多能预见一代或两代人之后的情形。往昔我们在生态上的短视，所造成的损害不大，可是随着世界人口数量的增长，后果更加深刻了。到21世纪末，地球上的人口将会超过100亿。

不过威尔逊并非灾难预言家。他相信人能克服漠不关心与短视的毛病。他从中看出一项教育培养的重要使命。如果我们想要预防生物大量灭绝的危险状况出现，那我们就得使我们的孩子们尽早熟知自然的价值与生命的多样性。威尔逊寄希望于人之"亲生物"的特性，寄希望于其与生俱来的对大自然的爱，寄希望于其接近其余生物的下意识的友好。这是因为，假如生物圈中所储存的信息丢失了，那将是一场灾难。可以说，生命就是一座巨大的"数据库"，是生物理智的一座图书馆。这种"知识"的价值之巨大，是难以估量的。我们只需要想想制药工业必不可少的许许多多种类的生长在原始森林中的霉菌与植物就明白了。所以，维护丰富而巨大的物种宝库，也是为了我们自己的利益。然而，主要是生命本身的未来，正濒临绝境。按威尔逊的说法，如果我们维护生物的多样性，实际上就是投资于生命之永垂不朽。

人类的威胁就是要毁灭威尔逊在生命的历史中所发现的进化的进步。我们就像古代劫掠烧毁亚历山大图书馆的野蛮人：我们始终还没有明白，费尽精力收集起来的知识，面临着永远丢失的危险。然而，威尔逊认为，现在觉悟还不算太晚。如果我们团结起来协同努力，理性地使用科学技术，也许这一页还是可以翻过去的。

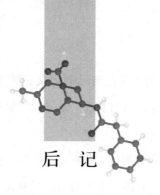

后　记

　　"若是宇宙中发展程度更高级的生物有一天来到我们的地球做客，他们会为了判断我们已达到了文明的哪个阶段而首先发问：'他们已经发现了进化吗？'"这是理查德·道金斯的《自私的基因》开篇第一句话。道金斯认为，无论何处的智慧生命，一旦认识到它自身存在的原因，便达到了成熟的状态。我们在我们的行星上，获得这种认识，达到这种成熟，要感谢达尔文。他的进化论，是智力与科学的里程碑。在科学史上，此前从来没有任何一种认识具有如此巨大的影响。因为在此之前，从来没有人借如此之少的假设，说明了如此之多的问题。而且达尔文包装其理论的形式，亦是特别地雅致与优美。

　　在本书中，作者大胆尝试给读者概要介绍达尔文的精神遗产之后果及其影响范围，然而，这个尝试从一开始就注定了是不会成功的。因为直至今日，即在《物种起源》出版150年之后，达尔文的革命还远远没有结束，其内在的意义仍在一点一滴地渗透进许多专业领域。进化论不仅对生物学，而且对神学、哲学、心理学、社会学、人类学、语言学以及医学等都很重要。几乎没有一种学科不会受到达尔文的"危险思想"的影响。借丹尼尔·丹尼特的话来说：达尔文的基本思想犹如一种能侵蚀一切、渗透一切、什么都无法阻挡的"万能之酸"。

　　达尔文的学说动摇了根源深厚而历史悠久的信念。达尔文认为，人并不是依照上帝的模样被创造出来的，人在大自然中并不占据一个独特的地位。由上帝灌注给人的不死的灵魂，以及关于我们的存在具有某种先验意义的设想，纯粹是子虚乌有。人并不是下凡的天使，而是一种已然升至高处的灵长目动物。

　　达尔文所引起的革命，在于使流行的解释模式发生了逆转：其实在生命的初期，并无任何超自然的力量，而只有前生物的、能自我复制的大分子。生命的形式是在一种自然的连续过程中，起源于一个低级的起点。　自达尔文起，我们就知道了，一种复杂的设计，并不需要有一个富有才智的创造者为其前提条件。即使是通过积累性自然选择的盲目而漫无目的的过程，也能产生出极其精美的创造物。

　　然而，进化论不仅随身带来使人清醒的知识，而且也带来动人心魄的新认识。譬如在我们这颗行星上，一切生物，直至最微小的纤维与细胞，在本质上都是一样的。从我们每一个人，都能引出一条接续不断的复制链条，一直追溯到太初时期。这种谱系的延续时间，不是几千年，而是40亿年。如果我们追溯我们自己的起源路线，我们会抵达第一批人科动物产生的那个阶段，灵长目 "诞生" 的阶段，陆生的与海洋的哺乳动物和脊椎动物出现的阶段，最后抵达寒武纪生物爆炸式激增以及之前的微生物与单细胞生物的时代。我们随着时间的进程倒退得越远，便会有越多的发展路线汇合起来，先遇到进化之树的最幼小最柔嫩的枝丫，最后才是所有直接从主干长出来的枝干。这个命运的集体使我们不得不对其肃然起敬，因为这个集体把我们同一切活着的人联系在一起——而且其优越的联系方式，是任何神话传说都无法超越的。

　　与某些人的看法相反，达尔文并未使我们的存在失去魅力，确切地说，他是以最深刻的方式丰富了我们的存在。在认识到一切生命的同属性的同时，也意识到了随之而来的义务，因为人类在进化的过程中形成了所谓的自我意识，所以人类就应该自己负责使这种生命以其所有的表现形式继续存在下去。

2005年秋季，纽约的诺顿出版公司出版了达尔文最重要的四部著作的豪华新版，以《一开始竟是如此地简单》为总标题。这套书包括1845年出版的《比格尔号航海记》、1859年出版的《物种起源》、1871年出版的《人类的起源》和1872年出版的《人与动物之表情》。而其总标题则使我们联想到《物种起源》结尾处那句著名的话——这句话我们在本书第11章已经提过：

人们认识到，起初生命以其种种不同的力量注入很少的几种形式——甚至唯一一种形式——之中，而在我们这颗行星依照万有引力定律绕圈子运行的同时，以如此简单的一种生命的初始形式为起点，发展出一个最美最奇妙的生命形式的无穷无尽的系列，而且至今仍在发展。人们对生命的这种认识，具有十分重大的意义。

爱德华·O. 威尔逊给这套书的每一部都加了一篇前言和后记，对他来说，达尔文的革命之影响甚至超过了哥白尼所引起的思想巨变——这位哥白尼，把地球从宇宙中心的宝座上拉下来，并将其降格为太阳的一颗毫无重要性的卫星。达尔文证明，我们人只是一株历史悠久、分支繁多的进化古树上的一个毫无重要性的新生的嫩芽，这样一来，他就把我们从世界的中心拉了出来。于是，他便使人们摆脱了原先已经喜欢上了的信仰，从此不再相信自己是按照上帝的设计、为了一个特定的目的而来到人世的。

如前所述，时至今日，进化论的诸多内涵，人们尚未能一览无余。也许在21世纪即生物学世纪的进程中，达尔文的范式才会充分地展现在我们的眼前。与此同时，进化论将会继续遭到那些并不打算深入研究进化论的结论或者不会同进化论的结论取得一致的人的抵制。宗教将会继续大举进军，它将越来越频繁越来越激烈地同阔步前进的科学知识发生冲突。科学与信仰之间的鸿沟将变得更加深邃。然而，我们不应妥协，因为即使狂热者们接管了政权，把世界再次推入黑暗之中，达尔文革命也是不可逆转的。

按照威尔逊的观点，达尔文的革命意味着是与产生于太古时代的、难以消除的人类自画像决裂。然而，迷信、流传下来的传说、超自然的解释与经验科学却不可能是一致的。这道理尤其适用于进化论，因为在人类的历史上，与达尔文的革命相比，没有任何一种思想能把我们的自画像改变得更加彻底。我们是谁？我们从何而来？我们将走向何方？当我们的远古祖先在非洲的草原上，披着昏暗的夜色仰望星空之时，也许会给自己提出这几个问题。自达尔文起，我们知道了我们从何而来。至于我们将走向何方，则只有进化才知道。最后决定权掌握在进化的手里。

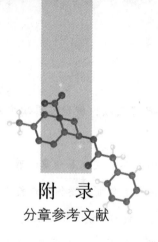

附　录
分章参考文献

第1章　追寻进化的足迹

Barlow, N. (Hg.)(1958), *The autobiography of Charles Darwin, 1809-1882*, with original omissions restored, London.

Darwin, C. (1859), *The origin of species*, London.

Dawkins, R. (1986), *The blind watchmaker*, New York.

Desmond, A. & J. Moore(1991), *Darwin*, London.

Dennett, D. (1995), *Darwin's dangerous idea：evolution and the meanings of life*, London.

Mayr, E. (1991). *One long argument：Charles Darwin and the genesis of modern evolutionary thought*, London.

Vermij, R. (2006), *Kleine geschiedenis van de wetenschap*, Amsterdam.

Williams, G. C. (1996), *Plan and purpose in nature*, London, Phoenix.

第2章　性选择

Cronin, H. (1993), *The ant and the peacock：altruism and sexual selection from Darwin to today*, Cambridge.

Darwin, C. (1871) *The descent of man, and selection in relation to sex*, London.

Gould, J. L. & C. G. Gould (1989), *Sexual selection：mate choice and courtship in nature*, New York.

Gould. S. J. (1977). "the misnamed, mistreated, and misunderstood Irish elk"，in：*Ever since Darwin*, S. 79-90, London.

Deutsche Übersetzung(1984), *Darwin nach Darwin. Naturgeschichtliche Reflexionen*, Frankfurt am main(u. a.).

Miller, G. (2000), *The mating mind：how sexual choice shaped the evolution of human nature*, New York.

Radcliffe Richards, J. (2000), *Human nature after Darwin: a philosophical introduction*, London.

第3章　物种的形成

Eldredge, N. & S. J. Gould(1972), "Punctuated equilibria: an alternative to phyletic gradualism", in: T. J. M. Schopf(Hg.)(1972), *Models in paleobiology*, S. 82-115, San Francisco.

Goldschmidt, T. (1994), *Darwins hofvijver: een drama in het Victoriameer*, Amsterdam.

Mayr, E. (1963), *Animal species and evolution*, Cambridge.

Mayr, E. (2001), *What evolution is,* New York.

Schilthuizen, M. (2001), *Frogs, flies & dandelions: speciation—the evolution of new species*, Oxford.

Tudge, C. (2000), *The variety of life: a survey and a celebration of all the creatures that have ever lived*, Oxford.

第4章　人类的产生

National Geographic(2003), Nr. 1, Niederländische Sonderausgabe, "De oorsprong van de mens".

Scientific American, Vol. 13, Nr. 2, Juli 2003, Sonderausgabe, "Human evolution".

Caird, R. (1994), *Aapmens: het verhaal van de evolutie van de mens*, Antwerpen.

Johanson, D. & M. Edey(1981), *Lucy, the beginnings of mankind*, New York.

Johanson, D. & B. Edgar (2001) , *From Lucy to language*, London.

Jones, S. , R. Martin & D. Pilbeam(Hg.)(1996), *The Cambridge encyclopaedia of human evolution*, Cambridge.

Mckie, R. (2000), *Ape man: the story of human evolution*, London.

Morgan, E. (1982), *The aquatic ape*, London.

Shipman, P. (2001), *The man who found the missing link: Eugène Dubois and his lifelong quest to prove Darwin right*, New York.

Stringer, C. & R. Mckie(1998), *African exodus: the origins of modern humanity*, London.

第5章　社会生物学与进化心理学

Barkow, J. H. , L. Cosmides & J. Tooby(Hg.)(1992), *The adapted mind:*

evolutionary psychology and the generation of culture, Oxford.

Bekkum, D. van, et al. (Hg.)(2003), *Darwin en gedrag*：*de wortels van onze geest*, Den Haag.

Buss, D. M. (1999), *Evolutionary psychology*：*the new science of the mind*, Boston.

Dawkins, R. (1976), *The selfish gene*, Oxford.

Mithen, S. (1996), *The prehistory of the mind*, London.

Pinker, S. (2002), *The blank slate*：*the modern denial of human nature*, London.

Radcliffe Richards, J. (2000), *Human nature after Darwin*：*a philosophical introduction*, London.

Rose, H. & S. Rose(Hg.)(2000), *Alas, poor Darwin*：*arguments against evolutionary psychology*, London.

Wilson, E. O. (1975), *Sociobiology*：*the new synthesis*, Cambridge.

Wilson, E. O. (1978), *On human nature*, Cambridge.

第6章　进化与人类学

Darwin, C. (1872), *The expression of the emotions in man and animals*, London.

Ekman, P. (1998) "Zijn emotionele uitdrukkingen universeel？ Een persoonlijk verslag van de discussie"，Epilog in der niederländischen Ausgabe von Darwins *Der Ausdruck der Gemütsbewegungen bei dem Menschen und den Tieren*, S. 373-405, Amsterdam.

Freeman, D. (1983), *Margaret Mead and Samoa*：*the making and unmaking of an anthropological myth*, Cambridge.

Howard, J. (1984), *Margaret Mead*：*a life*, New York.

Kloos, P. (1988), *Door het oog van de antropoloog*：*botsende visies bij heronderzoek*, Muiderberg.

Mead, M. (1928), *Coming of age in Samoa*, New York.

Trigg, R. (1985), *Understanding social science*, Oxford.

Vandermassen, G. (2005), *Darwin voor dames*：*over feminisme en evolutietheorie*, Amsterdam.

第7章　进化和语言

Aitchison, J. (1996), *The seeds of speech*：*language origin and evolution*, Cambridge.

Bickerton, D. (1990), *Language and species*, Chicago.

Calvin, W. & D. Bickerton(2001), *Lingua ex machina: reconciling Darwin and Chomsky with the human brain*, Cambridge.

Corballis, M. C. (2002), *From hand to mouth: the origins of language*, Princeton.

Dunbar, R. I. M. (1996), *Grooming, gossip and the evolution of language*, London.

Mithen, S. (2005), *The singing Neanderthal: the origins of music, language, mind and body*, London.

Pinker, S. (1994), *The language instinct: the new science of language and mind*, London.

第 8 章　进化与意识

Churchland, P. M. (1995), *The engine of reason, the seat of the soul: a philosophical journey into the brain*, Cambridge.

Damasio, A. (1999), *The feeling of what happens: body, emotion and the making of consciousness*, London.

Dennett, D. C. (1991), *Consciousness explained*, London.

Flanagan, O. (1922), *Consciousness reconsidered*, Cambridge.

Gould, J. L. & C. G. Gould(1994), *The animal mind*, New York.

Nagel, T. (1974), "What is it like to be a bat? ", *Philosophical Review* 83, S. 435-450.

Schouten, M. (Hg.)(2001), Thema der Ausgabe: "Vijftig jaar philosophy of mind", *Wijsgerig Perspectief* 41.

Searle. J. (1992), *The rediscovery of the mind*, Cambridge.

第 9 章　文化之进化

Aunger, R. (Hg.)(2000), *Darwinizing culture: the status of memetics as a science*, Oxford.

Blackmore. S. (1999), *The meme machine*, Oxford.

Brodie, R. (1996), *Virus of the mind: the new science of the meme*, Seattle.

Dawkins. R. (1976), *The selfish gene*, Oxford.

Dennett. D. C. (2002), "The new replicators" in: M. Pagel(Hg.) (2002), *Encyclopedia of evolution*(Vol. 1), S. 83-92, Oxford. Auch aufgenommen in Dennett(2006), *Breaking the spell*, Appendix A, S. 341-357, New York.

Dugatkin, L. A. (2000), *The imitation factor: evolution beyond the gene*, New York.

Hull, D. L. (2000), "Taking memetics seriously", in: R. Aunger(Hg.)(2000), S.

43-67.

Waal, F. de(2001), *The ape and the sushi master*, New York.

第 10 章　进化认识论

Buskes, C. (2003), "Over wetenschap en evolutie", in：M. van Hees *et al.* (Hg.)(2003), *Kernthema's van de filosofie*, S. 161-184, Amsterdam.

Hull, D. (1998), *Science as a process*：*an evolutionary account of the social and conceptual development of science*, Chicago.

Plotkin, H. (1994), *Darwin machines and the nature of knowledge*, London.

Popper, K. R. (1972), *Objective knowledge*：*an evolutionary approach*, Oxford.

Rescher, N. (1990), *A useful inheritance*：*evolutionary aspects of the theory of knowledge*, Savage.

Ruse, M. (1986), *Taking Darwin seriously*：*a naturalistic approach to philosophy*, Oxford.

第 11 章　进化与宗教

Dawkins, R. (2003), "Good and bad reasons for believing", in：*A devil's chaplain*, S. 242-248, London.

Dekker, C. (Hg.)(2005), *Schitterend ongeluk of sporen van ontwer*? Kampen.

Dennett, D. C. (2006), *Breaking the spell*：*religion as a natural phenomenon*, London.

Drees, W. B. (2000), "Kan God de evolutietheorie overleven? " in：*Algemeen Nederlands Tijdschrift voor Wijsbegeerte* 92 (Januar 2000), S. 83-101.

Gould, S. J. (1999), *Rocks of ages*：*science and religion in the fullness of life*, New York.

Philipse, H. (1998), *Atheïstisch manifest*, Amsterdam.

Ruse, M. (2001), *Can a Darwinian be a Christian*? Cambridge.

第 12 章　进化与道德

Axelrod, R. (1984), *The evolution of cooperation*, New York.

Dawkins, R. (1976), "Nice guys finish first. ", in：*The selfish gene*, S. 202-233, Oxford.

Ridley, M. (1996), *The origins of virtue*, New York.

Waal, F. de(1996), *Good natured*：*the origins of right and wrong in humans and other animals*, Cambridge.

Wilson, E. O. (1978), *On human nature*, Cambridge.

Wright, R. (1994)*The moral animal*, New York.

第 13 章 进化与美学

O'Hear, A. (1997), "Beauty and the theory of evolution", in: *Beyond evolution: human nature and the limits of evolutionary explanation*, S. 175-202, Oxford.

Miller, G. (2000), *The mating mind: how sexual choice shaped the evolution of human nature*, New York.

Orians, G. & Heerwagen, J. (1992), "Evolved responses to landscapes", in: Barkow, J. , Cosmides, L. & Tooby, J. (Hg.)(1992), *The adapted mind: evolutionary psychology and the generation of culture*, S. 555-580, Oxford.

Thornhill, R. (1998), "Darwinian Aesthetics", in: C. Crawford & D. Krebs(Hg.)(1998), *Handbook of evolutionary psychology: ideas, issues and applications*, S. 543-572, Mahwah.

Voland, E. & Grammer, K. (Hg.)(2003), *Evolutionary aesthetics*, Heidelberg.

第 14 章 达尔文主义医学

Ewald, P. W. (1997), *Evolution of infectious disease*, Oxford.

Morgan, E. (1994), *The scars of evolution: what our bodies tell us about human origins*, Oxford.

Nesse, R. M. & G. C. Williams (1994), *Why we get sick: the new science of Darwinian medicine*, New York.

Olshansky, S. J. , B. A. Carnes & R. N. Butler(2003), "If humans were built to last", in: *Scientific American*, Vol. 13, August 2003, S. 94-100.

Zimmer, C. (2000), *Parasite rex: inside the bizarre world of nature's most dangerous creatures*, New York.

第 15 章 社会达尔文主义与优生学

Bowler, P. (1989), *Evolution: the history of an idea*, Berkeley.

Darwin, C. (1871), *The descent of man*, London.

Gould, S. J. (1996), *The mismeasure of man*, New York.

Hermans, C. (2003), *De Dwaaltocht van het Sociaal-Darwinisme*, Amsterdam.

Noordman, J. (1990), *Om de kwaliteit van het nageslacht: eugenetica in Nederland 1900-1950*, Nijmegen.

Sloterdijk, P. (1999), *Regeln für den Menschenpark*, Frankfurt am Main.

第16章 进化与进步

Conway Morris, S. (2003), *Life's solution: inevitable humans in a lonely universe*, Cambridge.

Dawkins, R. (1997), "Human chauvinism and evolutionary progress", Rezension von S. J. Goulds *Full house*, in: *Evolution*, Vol. 51, Juni 1997, No. 3, S. 1015-1020; abgedruckt in: *A devil's chaplain*(2003), S. 206-217.

Gould, S. J. (1989), *Wonderful life: The Burgess Shale and the nature of history*, New York.

Gould, S. J. (1996), *Full house: the spread of excellence from Plato to Darwin*, New York.

Ruse, M. (1996), *Monad to man: the concept of progress in evolutionary biology*, Cambridge.

Wilson, E. O. (1992), *The diversity of life*, Cambridge.

Wilson, E. O. (2002), *The future of life*, New York.